U0244608

国家自然科学基金：基于情境理性的不确定条件下的管理决策研究（70640008）

国家社会科学基金：基于环境要求的特殊型实物资产投资评估的理论与实施方法研究（05BJY043）

拥抱复杂

数字交互复杂性的产生与迁移

EMBRACE
COMPLEXITY

the Emergence and Migration of Digital Interaction Complexity

李　昕　李长青　◎著

中国财经出版传媒集团

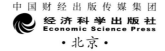

经济科学出版社
Economic Science Press

·北京·

图书在版编目（CIP）数据

拥抱复杂 : 数字交互复杂性的产生与迁移／李昕，
李长青著 . -- 北京 : 经济科学出版社，2024.6.
ISBN 978 - 7 - 5218 - 5974 - 4

Ⅰ. TP11

中国国家版本馆 CIP 数据核字第 2024SR4102 号

责任编辑：刘　莎
责任校对：郑淑艳
责任印制：邱　天

拥抱复杂：数字交互复杂性的产生与迁移

YONGBAO FUZA：SHUZI JIAOHU FUZAXING DE CHANSHENG YU QIANYI

李　昕　李长青　著

经济科学出版社出版、发行　新华书店经销

社址：北京市海淀区阜成路甲 28 号　邮编：100142

总编部电话：010 - 88191217　发行部电话：010 - 88191522

网址：www. esp. com. cn

电子邮箱：esp@ esp. com. cn

天猫网店：经济科学出版社旗舰店

网址：http：//jjkxcbs. tmall. com

固安华明印业有限公司印装

787 × 1092　16 开　16. 75 印张　310000 字

2024 年 6 月第 1 版　2024 年 6 月第 1 次印刷

ISBN 978 - 7 - 5218 - 5974 - 4　定价：98. 00 元

（图书出现印装问题，本社负责调换。电话：010 - 88191545）

（版权所有　侵权必究　打击盗版　举报热线：010 - 88191661

QQ：2242791300　营销中心电话：010 - 88191537

电子邮箱：dbts@ esp. com. cn）

序 言 一

回望 2010 年，可谓中国移动交互服务爆发增长的元年，刚刚硕士毕业留学回国的我，惊叹于手机功能的飞跃发展——不仅仅可以发短信、打电话，还可以登录 QQ 和网页。从那时起中国数字服务产业进入了空前繁荣的十年，创新的数字应用层出不穷，数字生活方式不断嵌入日常，人们对于数字产品的需求持续增加，整个社会仿佛走进了一个全新的数字生态时代。

然而，随着数字产品和服务的普及，用户所体验到的交互复杂感也在成倍增长。这一现象逐渐引发了我对数字交互本质及其复杂性产生的研究兴趣。2015 年，在我博士学业的第一年，我在海外发表了以交互复杂性为议题的论文，并初步提出了设计模型和用户模型两个重要概念。彼时，基于自然语言的人工智能大模型尚未出现，阿尔法狗（AlphaGo）以 4∶1 战胜围棋世界冠军李世石是当时热门的话题之一，很难想象不到十年时间，人工智能已经能够在如此多的领域带来巨大变革。我当时的研究集中在自然人机界面（NUI）和泛在网络（Ubiquitous）等新的交互形式上，并认为这种更接近直觉的交互方式将是未来发展的方向，也是降低数字交互复杂感的根本之道。随着算法技术和网络服务的发展，今天我们正在经历的语音界面、自动结算、智能家居、智能交互决策支持等更直觉化的交互体验，正验证了我当时的预判。

在多年的教学与设计实践中，我始终保持着对交互复杂性问题的关注与思考。简化交互流程、提升交互效率和用户体验，解决真实应用场景的复杂性问题，成为我科研、教学和设计工作的核心任务。在我与李长青教授合作完成国家自然科学基金项目（基于情境理性的不确定条件下的管理决策研究，项目编号：70640008）和国家社会科学基金项目（基于环境要求的特殊型实物资产投资评估的理论与实施方法研究，项目编号：05BJY043）的过程中，深刻地体会到了决策模式对整个系统所产生的结构性影响，在真实的设计问题情境（浙江联盒智能的交互系统设计、广州有芈公司的数字藏品项目、青岛奇异果交互产品等一系列设计实践）中我发现，交互形式、信息模型、思维方式等策略层面的因素，对交互复杂性有着更为底层的影响，其不仅决定着用户的使用方式和体验，更决定了数字信息的组织模式和流动模型。

此外，随着数字交互在生活中的深度嵌入，其所承载的社会责任也日益增加，社会性因素越来越多地混叠在设计过程中。交互设计已不再是一个仅仅关注人与计算机关系的学科，而是拓展成为如何构建信息交换模式、如何设计交互策略、如何更合理地分配注意力资源、如何解决公共服务问题的综合性学科。

回望这些年的设计研究、教学和实践，交互设计始终是我钟爱的领域。信息的流动所产生的万物间微妙的联系让我着迷，其所构建的基于技术的社会宏大叙事，也让我看到了人类的集体智慧之光。希望本书能够为读者揭示数字交互复杂性产生与迁移的冰山一角，并为未来的交互设计研究提供新的视角和思路。

李　昕

2024 年夏

序 言 二

自人类造物开始，设计就一直是推动社会进步的重要力量。从原始社会的简单工具到手工艺时代的精美制品，从工业革命的机械化生产到信息时代的广泛互联，每一个时代的设计都反映了人类对美好生活的追求和对问题求解方式的创新。今天，我们站在后数字时代的开端，回望过去，展望未来，可以说设计过程中的决策和策略选择，不仅决定了设计结果，也塑造了我们的物质世界，更深刻地影响了我们的思维方式和生活方式。

信息革命让人类的技术水平得到跨越式发展，但人机交互的复杂性并未因这一轮技术革命而弱化。相反，随着数字产品的普及和人们对数字化生活的依赖，我们所体验到的数字交互复杂感愈发强烈。尽管设计领域一直在尝试弱化这种复杂体验，但简单性本身就是复杂性的一种形式，营造数字交互简约体验仍然面临着许多困难和挑战。这种复杂性的本质是工业时代人机交互逻辑的延续，也是人类与数字媒介交流的一种初级表现。

管理学领域的不确定条件下的选择理论一直是我关注和研究的焦点。不确定性是真实决策场景中不可避免的一种复杂现象，为决策过程带来了丰富可能性的同时，也带来了一系列决策挑战，这正是不确定性理论研究的难点所在，也是它的迷人之处。现代管理决策与设计决策在本质上是相通的，在真实设计过程中，一系列设计决策同样是从不确定性逐渐向确定性收敛的过程，其影响着最终的设计结果，是设计师与市场、用户、技术综合博弈的结果。我和李昕老师在长期的科学研究合作过程中逐步形成了一套"基于情境理性的决策理论与实施方法"，其要点是：（1）复杂决策一定是从基于"情景理性"的选择开始的；（2）"情景理性"必然导致"理性的碎片化"，为了避免决策主体理性的碎片化，复杂决策必须经历开放交换式讨论过程上升为具有统一底线共识的"情境理性"，基于情境理性作出的决策往往是

"帕累托选择"，或者是"由'卡尔多－希克斯选择'转化而来的帕累托选择"。讲一个故事说明之：内蒙古乌海市是一个因煤而兴起的城市，该市根据禀赋资源自然演化走上了一条以煤炭和煤化工产业为支柱产业的发展之路，进入21世纪，乌海的发展之路受到越来越多的质疑，北京的专家认为这是一条不可持续发展之路，是非理性发展之路。我和李昕老师在承担内蒙古自治区发展和改革委员会课题"内蒙古泛乌海地区资源转型集聚区规划（2010－2020）"，调研时发现当地很多官员和老百姓有一句口头禅："宁可被熏死也不要被饿死"，当地人认为自己才是理性的。到底是北京的专家更理性还是当地的官员和老百姓更理性？经过讨论我们认为无论是传统的先验理性（通常指的是不依赖于感觉经验、先天存在的认识能力和知识。柏拉图、康德是这一理论的主要提出者，后来从基础假设上影响了传统西方经济学）还是现代的工具理性（是一种主体认识客体的理性，是一种强调精确计算成本与收益的理性形式。马克斯·韦伯在其著作《新教伦理与资本主义精神》中探讨了资本主义与工具理性的关系）都应对不了复杂的现实问题，我们双方都是理性的，这种理性是自身情景的函数，我们称为"情景理性"。

但情景理性会产生理性的碎片化，基于此进行的选择在执行时往往是成本巨大的。我们在组织多次会议和充分沟通后（由李昕老师建立的保障平等、开放、深度讨论的成员匿名数字交互平台），形成了在国家和自治区加大转移支付和财政补贴的基础上高碳产业低碳化发展之路的方案（并非破掉原来的支柱产业），这个方案是一个通过"补偿"将"卡尔多－希克斯选择"转化为"帕累托选择"的方案，方案后来得到了很好的落实，同时转移支付和财政补贴并没有特殊增加，支持主要体现在政策上。这一过程证明了通过平等和开放的交互沟通、形成共同的底线使"情景理性"上升为"情境理性"是解决问题的关键。而在"情景理性"上升为具有共识"情境理性"的过程中开放、平等的交互互动是关键环节，德国哲学家哈贝马斯称之为"交往理性"。因此我们的结论是"情景理性"上升为"情境理性"必须经过"基于交往理性"的交互环节。这一交互环节不仅是主体—客体关系的互动，更强调主体间性。主体间性是人对他人意图的推测与判定，它有不同的级别和复杂的层次关系，其中一级主体间性涉及对另一人意图的判断，而二级主体间性进一步涵盖一个人对另外一个人关于第三方意图的理解。这些复杂关系的理解可以通过现代交互设计来助推实现。

李昕老师作为内蒙古管理现代化研究中心的核心成员，一直专注于交互设计领域的设计问题，而我则一直专注于"基于情境理性的选择过程中的交互问题"，我认为交互问题很重要，不经过交换环节，"情景理性"就不能够上升为"情境理性"。本书由李昕老师执笔完成，我只是在成书和成书之前的思想形成过程中参加了长期讨论，承蒙李昕老师对交互知识的尊重，坚持将我列入专著的作者之一，我也欣然接受。李昕老师在深入的学术思考和广泛的设计实践中形成了独特的设计洞察，经过系统思考和整理，终成本书。在数字产品已经深度嵌入生活的今天，重新审视数字产品的交互复杂性具有重要意义，能够更好地帮助我们理解当代设计决策的本质及其复杂性产生的原因，并在新兴技术的背景下，观察和预测未来数字交互的新形式和新生态。

　　展望未来，交互的复杂性将随着新兴技术和交互方式的发展，逐渐向大数据、人工智能、决策支持、多学科组织和思维方式等"后台环节"迁移，用户在"前台"将获得更感性、更直接的交互支持和体验。这将是一个全新的数字智能时代。一个更富足、更精准、更直觉、更显现人类共同底线的基于"情境理性"进行选择的世界，正向我们走来。

李长青

2024 年夏

前　言

　　谈及复杂，人们往往避之不及。无论是我们的大脑还是情绪，都本能地向往处理相对简单的信息，渴望将复杂的世界简化为易于理解的模型、公式和定理。然而，尽管我们试图抹去世界的复杂性，但在真实的生活中，复杂性却无处不在。正如诺曼所说，"复杂才是世界的常态"。[1] 自然界的群体自组织、多维因素形成的进化路径、人类城市的自发聚合、股票市场的变幻莫测、人体的适应与调节机制、心智的成长、情绪的产生与消退……这一切都包含在复杂性之中。

　　在对复杂性的认识论中，有一派理论认为，目前知识界所体验的复杂性，其根本原因来自掌握信息的局限性。如果我们能收集并理解与事件相关所有的影响因素，便能如"拉普拉斯妖"一样预测所有事情的结果。不过就目前人类处理信息的能力而言，这一理想的实现可以说是天方夜谭。另外一派观点认为，既然复杂性不可消除，那么我们便以现有的认知能力对复杂性进行尽可能的理解与分析，尝试理解其内在逻辑，由此便衍生出了复杂性理论。

　　在数字化时代，我们与世界的连接方式也正处在这样的复杂性之中。"我们塑造工具，然后工具塑造我们"，[2] 数字媒体是我们的延伸，同时我们也成为数字媒体的延伸，我们是数字内容的生产者，同时也是数字内容的消费者。人们前所未有地依赖数字媒介，几乎无时无刻不在以某种形式与数字产品发生交互。

　　然而令人惊讶的是，今天的数字交互却呈现出巨大的复杂性，设计师越来越难以通过单一的思维模型和设计方法完成设计工作；交互产品的使用体验也变得越来越复杂，资讯繁复的门户网站、搜索不到信息的咨询平台、难以登录的选课系统以

---

[1]　Norman D. A. Living with Complexity [M]. MIT Press，2010.
[2]　Culkin J. A Schoolman's Guide to Marshall McLuhan [J]. The Saturday Review，1967.

及老年用户很难学会的智能手机……这些复杂且糟糕的使用体验已经受到设计领域的重视，相关的研究成果和设计策略正在指导设计实践，逐步改善交互体验。然而，在笔者多年从事交互设计教育与实践的过程中，愈发认识到，数字交互的复杂性不仅仅来源于行为层面的设计，其中混叠的技术、模式、文化与社会性因素，逐渐让交互设计不再仅仅作为视觉艺术或行为设计被思考，而是成为需要考虑更宏观因素的"类机制设计"工作。这也成为本书的写作动因之一，尝试探求数字交互复杂性更底层的产生逻辑，并观察由数字交互衍生出的信息方式和社会共识是如何重新塑造我们的生活的。

此外，尽管交互设计常被视作是一门新兴的设计学科，但实际上人类社会已经有着很长时间的交互设计历史。交互设计是从传统机械领域的人机交互学分支并发展形成的学科，具有十分典型的跨学科特征，涉及范围包括计算机科学、计算机工程学、信息学、美学、心理学与社会学等，是当代设计生产力的一种综合体现。在数字技术、人工智能技术飞速发展的今天，传统意义上的数字交互复杂性正在以多种形式发生迁移，我们正在迎来全新的交互形式和交互生态，而从交互复杂性这一角度对其新发展进行的观察，将会是一个从内部机制出发的独特视角。

在当今社会，无论是设计师的设计工作还是使用者的用户体验，都呈现出越来越强烈的复杂感。现代设计已经不再是单一设计者的个人行为，而是一个多方协作的动态系统，在这个系统中，设计师、用户、技术、环境等诸多要素相互作用、相互影响，使设计的过程和结果变得更加丰富且复杂。虽然我们对于这种复杂感已经有了直观的体验，但是对于数字交互而言，这种复杂性究竟是如何产生的却少有人研究。

本书旨在探讨交互设计的复杂性问题，关注在数字技术深度嵌入生活的当下，用户需求、设计目标、社会因素、新兴技术、设计思维等产生的变化及其带来的深远影响。本书共分上、下两篇。上篇着重讨论数字交互设计复杂性的产生，共分4章。

第1章对交互设计的复杂性进行了背景性阐述，从设计的分工协作模型入手，考察了人类不同阶段的设计协作模式与演变，并梳理了交互形式的变迁，观察了人与人、人与物、人与信息、物与物的交互方式的递进发展。最后，结合复杂性理论，对设计领域的复杂性进行了宏观分析，并探讨了当代设计的四个转向。

第2章聚焦于数字时代用户需求的爆炸性增长，首先讨论了数字化生活带来的需求刺激，设计师面临的商业价值与社会责任之间的矛盾困境。深入分析了传统用户调研方式在数字时代的局限性，以及折中而生的基于经验主义的用户洞察方法。

第 3 章探讨了体验驱动的设计导致的设计目标终极化。设计师在面对 W 型问题时，定义问题成为决定设计策略的重要影响因素。梳理了用户体验研究涉及的各种模型，并详细阐述了设计模型与用户模型的差异对用户体验的影响与塑造。

第 4 章从社会学视角探讨了社会性因素在设计工作中的混叠。从系统性设计思维和社会化的设计分工组织模式出发，观察设计思维及其模型，揭示在建构设计路径的过程中，社会性因素的重要作用。

以上 4 章着重阐述了交互复杂性的产生机制，第 5~7 章所组成的下篇则着重讨论由新兴技术、交互形式和思维方式所引发的交互复杂性的迁移。

第 5 章首先讨论了用户分析方法的变革，在大数据技术背景下，传统基于经验主义的用户研究方法被彻底颠覆，取而代之的是全天候、多维度的交叉验证分析，使设计师准确认识用户、发现潜在的结构性需求的能力大幅提升。其次，讨论了设计的跨专业协作，协同设计与多学科协作有效稀释了设计问题的复杂性。

第 6 章探讨交互方式变革的可能性。从有限注意力到两种不同的信息供给模式，讨论了在信息爆炸的当下，数字服务应以何种模式供给信息。通过梳理图形界面的发展及其实质，展望了语音界面、自然人机交互、平静技术等新交互形式的崛起，阐明复杂体验由"前台"向"后台"迁移的必然趋势。

第 7 章从全球文化的融合与冲突出发，探讨了中国设计特质的复杂探索、核心问题与新的视角。提出了思维方式是设计思维的底层逻辑，是具有生命力的设计特质的表达形式，是形成具有跨文化能力的当代设计语言的建构基础。

综上所述，本书围绕数字交互设计复杂性这一课题，尝试回答其复杂性的产生和迁移相关问题。如人类社会的交互形式经历了哪些变迁发展至今？为什么说今天的数字交互正处在交互复杂性的巅峰？现代数字交互的复杂性从何而来？在新兴技术背景下将催生出何种新的交互形式？未来设计工作的流程与方法将会发生哪些变化？……交互设计不仅仅是一门设计学科，更是一种对人类行为和社会机制的映射。让我们一起踏上这段探索之旅，探索数字交互所形成的复杂世界。

目 录

Contents

上篇　复杂性的产生

下篇　复杂性的迁移

上　篇

复杂性的产生

第 1 章

交互复杂性的背景研究

1.1 设计的分工协作模型

1.1.1 人类早期

人造物（artefact）是指人类制造或赋予形状的物品。人造物以许多不同的形式存在，考古学家的研究使我们能够了解人类是如何发展到今天的，可以说，人类的设计史同样也是人造物的历史，我们升起的篝火、使用的刀叉、穿着的衣服、制造的混凝土，甚至产生的垃圾都是某种形式的人造物，这些人造物或许在未来都会被视为古代的人工制品，标志着一个时代的生产力水平和人文风貌。

古代人类制品为我们提供了早期人类生活形式的证据。例如，用于烹饪的陶器遗迹，用于切割食物的石刀，或者用来庇护家庭的简单圆形建筑。这些古代人造物可以追溯到至少 280 万年前。这些古代制品与今天我们所熟悉的人造工具存在巨大差异，主要在于其设计目的和设计过程与今天大不相同。人类早期的钻木取火、枝叶遮体、茅棚穴居和结绳记事等活动，其核心目的都是能够在恶劣的自然环境中生存下来，因此以生存为目的的设计活动就此展开。制陶是较早的设计活动之一，人们利用黏土塑造成所需形状的物体，然后在高温下加热使其变得坚硬耐用。陶器可以被视为最古老的人类发明之一，起源于新石器时代之前。在考古学中，这些古代人造物为我们提供了了解古人生活方式和设计过程的重要证据。正如亨利·德雷夫斯在《为人的设计》中提道："在很久以前，原始人用手掬水喝，但是水会从指缝中漏掉。于是他们用黏土捏出了碗，想办法让它变硬，再拿它喝水。碗还是不太方便，于是再加个把手，就出现了杯子。杯子倒水不方便，就再捏出注水口，于是出现了罐子。"①

在这一过程中，设计就自然而然地发生了。制作者会根据陶器可能的用途思考陶器的形状和使用方式，进而决定其大小、形态和结构，有时候还会依据自己的兴趣和信仰添加装饰纹样，最后再亲自进行烧制，直到陶器制作完成供他自己使用。在这个过程中，制陶者清楚地知道自己想要什么样的工具，用工具干什么，以什么方式使用，形状和纹样自己是否喜欢，用起来是否顺手。很显然，当时人造物的设计和生产基本上处于"自给自足"的状态，即设计者、生产者、使用者为同一个人，并不需要展开大规模的设计协作，其实施的过程也相对简单。再如，莎草鞋的设计和制造也是早期人类典型的设计和制造活动，制造者首先从水边采集莎草，剥去外皮，切成细条，在水中浸泡使其变软，将莎草条交叉排列，形成一个与脚大小相匹配的矩形，将矩形向内折叠形成凹槽，用来固定脚趾，将凹槽缝合起来，形成鞋面。用同样的方法制作另一个鞋面，然后用莎草条将两个鞋面连接起来，形成鞋底。最后用莎草条制作鞋带，穿过鞋面绑在脚踝上从而固定鞋子。这种莎草鞋在我国的草鞋山遗址中便有发现，根据考古编织物的印痕推断，可以追溯到约六千年前的新石器时代。②

观察这一时期的设计过程，便会发现一个鲜明的特征：由于设计的整个过程发生在个体内部，所以设计者、生产者、使用者几乎不存在交流上的信息损失，设计者清楚自己的使用需求，并出于功能、强度、舒适性等因素进行提前计划，最终完成制造，而这种提前计划便是典型的设计思维，尽管那时人们并不这样称呼它。这一时期的设计过程是朴素且简单的，无须考虑制造与个人使用之外的其他因素（见图1-1）。

设计者
生产者
使用者

图1-1 人类早期的设计协作模型

资料来源：笔者绘制。

———————

① 亨利·德雷夫斯. 为人的设计（*Designing for People*）[M]. 南京：译林出版社，2013：1.
② 苏州市考古研究所. 草鞋山遗址新石器时代以来的植硅石研究 [J]. 中国科学院南京地质古生物研究所图书馆，2021.

由此可见，人类早期的设计活动，其最直接的目的是解决生存问题，所有制造的人工制品都以尽量务实的形态出现。设计是存在和生产的前提，是人类创造力的具体表现，在人类与自然的长期互动中，设计逐渐塑造了我们的生存空间和环境。无论是衣、食、住、行，还是成长、时间、精神、交往都有设计的参与和影响，人们的家庭环境、生活方式、社会结构也都在潜移默化地被设计改变。可以说，人类早期不存在设计分工，设计结果主要反映了人们的"生存"态度。

1.1.2　手工艺时代

新石器时代是人类社会发展的一个重要转折点，这一时期，人类社会出现初步的社会分工和商品交换，农业成为主要的经济活动，同时也出现了一些城市和国家。这一时期，人类开始掌握了陶器和铜器的制造技术，这是人类最早利用化学反应将一种物质转化为另一种物质的创新实践。陶器和铜器不仅具有实用功能，也具有美观装饰功能，反映了人类对自然界和社会生活的认识和审美情趣。随着新材料的诞生，人类不断创造出各种适应社会需求的生活用品和工具，如石斧、弓箭、针线、篮筐、鼓乐等。这些产品不仅体现人类对物质形态、结构、性能等方面的探索和理解，也体现人类对功能、形式、色彩等方面的创造和表达，从而开拓了设计活动的新领域，并使设计活动日趋丰富多样，进入了手工艺设计阶段。

手工艺设计阶段是人类设计活动的一个重要阶段，它从原始社会晚期开始，经历了奴隶社会和封建社会两个历史时期，直到工业革命前夕。在这一阶段，人类创造了灿烂的手工艺设计文明，各个地区和民族都形成了具有鲜明特征的设计传统。在建筑、金属制品、陶瓷、家具、装饰、交通工具等各个设计领域，都留下了无数令人赞叹的杰作。这些作品不仅展示人类对自然环境和社会文化的适应与改造能力，也展示人类对美好生活与理想世界的向往与追求。这些丰富多彩的设计文化正是我们今天工业设计发展的重要根源。

下面是一个制造马蹄铁的中世纪铁匠完成从设计到生产再到销售的标准过程：铁匠首先测量马蹄的大小和形状，然后相应地画出马蹄铁的草图。然后选择合适的制造材料及生产工具（如锤子、钳子、铁砧等）。在生产前，铁匠必须与客户修改和确认草图，确认后开始正式生产，铁匠利用锻炉、锤子、铁砧把金属棒锻造成"U"形曲线，待形状达到设计标准后，用水或油对马蹄铁进行淬火或回火，以增加其硬度和韧性，并使用锉刀或其他工具把马蹄铁磨平、擦亮，开出钉钉子的孔洞，清洗并在上面涂上油脂以防生锈。马蹄铁的销售通常有以下三种方式：一是订单来自客户的制造委托，在客户检验产品质量并满意后完成销售。二是直接在他自己的铁匠铺或附近的集市进行展示和出售。三是通过中间人或代理人进行收购，并将它们运送到其他地方进行销售。

上述过程经常出现在小说、电影中，用来描述中世纪铁匠生活。从中发现，除了未能实现大规模的批量生产，其设计、销售过程与今天我们所熟悉的模式已经有诸多相似，设计活动的基本形式和商业逻辑已经形成。在手工艺设计阶段中，不同地区和民族之间也存在着相互影响与借鉴关系。例如，在古代丝绸之路上就有许多东西方文化交流与融合的例子，在建筑风格、纺织图案、金属雕刻等方面都有不同地域风格的融合与变化。这些文化交流与融合促进了手工艺设计的发展与创新，这一阶段的设计活动有两个显著的特点。

手工艺时代的设计分工模型如图1-2所示。

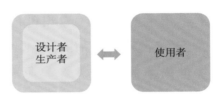

图1-2　手工艺时代的设计分工模型

资料来源：笔者绘制。

第一个特点是设计者即生产者。由于生产力水平和生活方式的限制，这一时期的设计产品大多是满足基本生活需求的用品，如陶瓷制品、家具、金属制品、纺织品以及各种农具、武器等。这些产品的功能相对简单，但并不意味着缺乏美感。相反，由于生产方式主要依赖手工劳动，以个人或小作坊为单位进行生产，生产者往往就是设计者本人（如木匠、铁匠等），因此他们可以在充分考虑技术和成本的限制后，提出具有创造力和个人色彩的设计方案。这样虽然生产效率低下，但每个产品都具有独特的个性和风格，并且可以通过精美的装饰来提高产品的审美价值和市场价值。装饰成为体现设计者技艺水平和文化内涵的重要途径，也是区分产品设计者/生产者的标识性要素。这与工业时代批量生产、标准化、机械化、专业化分工等特征形成鲜明对比。

第二个特点是使用者开始表达设计需求。由于手工艺设计阶段没有形成完善的市场机制和分销渠道，因此设计者与消费者之间存在着直接或间接的联系。消费者可以根据自己的需要向设计者提出定制要求或反馈意见；而设计者也可以根据消费者不同地域、民族、宗教、职业等背景来进行差异化或个性化的服务。这样就在双方之间建立了最初的设计服务关系，并激发了设计者对产品质量和使用效果的责任感，这种责任感则激励设计者投入更多的智力与技术来设计并制造产品，这也正是手工艺时期涌现大量优秀作品的重要原因。

　　手工艺时代的生产力和生产方式决定了其设计劳动分工的形态，设计者与生产者通常为同一个人，而使用者则为另一个人。通过市场销售或接受制造委托是当时匠人们的主要生存方式，虽然设计与生产的过程可以由匠人独立完成，但此时手工艺者必须考虑产品的市场接受度，或委托者所提出的需求，这就意味着与人类早期的造物活动相比，设计者与使用者产生分离，二者间需要通过语言沟通、文字协议、市场反馈甚至猜测来完成信息交换，在此过程中则必然产生信息差，设计过程也因此而变得复杂烦琐起来，充分理解受众需求、把握市场风向成为设计者在完成与造物有关的工作之外，额外需要处理和考虑的问题。这一思考延续到今天则衍生为一些专门的学科，如设计调研和市场分析。

1.1.3　工业时代

　　工业革命促进人类社会从农业社会向工业社会的转变。它的标志是新技术的出现和应用，使商品的大规模生产（也称为连续生产）成为可能。工业革命的本质是人类精神和身体能力的根本解放和扩展。在工业时代，有三次主要的技术革命改变了生产方式和工作性质。

　　第一次技术革命是从手工生产向机械化生产的过渡。农业社会的生产方式主要以手工作坊为主，而工业社会的生产方式首先以蒸汽机的发明和广泛使用为特征，实现社会生产的机械化。蒸汽机的发明和应用标志着工业革命的正式开始，推动社会生产从定制化、低产量的手工生产模式向标准化、大规模的工厂生产模式转变。这场技术革命始于机械进入纺织工业，最终实现整个人类生产方式的根本变革。

　　第二次技术革命是从机械化向电气化的转变。进入 19 世纪，蒸汽动力已不能满足生产需要，迫切需要新的动力技术。19 世纪下半叶，物理学家通过研究电磁运动定律发明了电力，引发第二次技术革命。这场以电力技术为主导，以工业电气化为特征的技术革命，在机械化生产的基础上，用电动机取代了蒸汽机，实现了更清洁、更可控、更高效的工业生产。形成以电力技术为核心的技术生产体系，使工业社会从蒸汽时代进入电力时代。

第三次技术革命是从电气化到自动化的转变。第三次技术革命开始于20世纪中叶，在机械化和电气化的基础上实现了生产方式的自动化，在技术层面上将部分脑力劳动的工作内容转移到电子设备上。第三次技术革命经历了电子管时代、晶体管时代、集成电路时代、大规模集成电路时代一直延续到智能计算机时代。这场技术革命使社会生产形成了以电子技术为核心的技术生产体系，生产方式在机械化和电气化的基础上实现了自动化。

在工业社会中，人类在生产活动中的主体性发生了根本性的变化，这主要表现为劳动者在生产中的地位、角色与作用的转移与异化。人类不再是单纯地依赖自然环境的生存者，而是成为生产工具的发动者与操作者。生产工具不仅是人类自身能力的延伸，而且是自然力的转化与驱动，甚至是人类智能的替代与超越。生产工具的不断发展使人类突破了自身的机能限制和自然资源的限制，人与自然的关系也从依存关系转变为控制关系。

从工业革命的历史不难发现，工业时代所追求的是集约化生产，如何集中产能以尽可能低的成本实现生产制造是工业时代所有生产者的追求。这意味着工业时代的生产必然是聚集的、成规模的，原材料的集中、生产设备的集中、人力的集中、能源的集中……在这样的生产力需求下，生产者从设计者中剥离出去，以其专注于提供生产服务而加入整个设计链条，成为上承设计、下接销售的中间环节（见图1-3）。

图1-3　工业时代的设计分工

资料来源：笔者绘制。

工业时代人们不再需要马车来进行交通，取而代之的是零件庞杂的汽车。在一个标准的汽车制造中，需要经历从设计到制造再到销售的复杂过程。首先是调研部门通过调研对市场需求作出准确判断，之后是汽车设计环节，设计团队负责汽车的外观、功能、性能和成本等方面的规划和设计，经过多次的草图、主题选择、模型制作和评审，直到最终敲定设计方案。其次是汽车的制造环节，工程师将设计方案转译成生产可用的工程图纸，工厂负责汽车的各个部件的生产和组装，过程遵循设计图纸和标准，同时考虑效率和质量的平衡。生产完成后进行车辆质检，由物流部门将质量合格的产品进行运送和分配，包括物流、仓储、装卸等。最后是销售环节，包括品牌维护、广告宣传、经销商管理、客户关系等。至此，一辆汽车才真正到达消费者手中，而上述过程只是一个粗糙的过程描述，如原材料采购、技术研发、政策解读等诸多因素，在实际生产中都将参与其中。

显然，工业时代设计的劳动分工的进一步细化。不同于手工艺时代设计服务于个人或小范围市场，工业时代设计的目的转向服务于机械生产以及大市场的需求。机械生产与手工生产有着本质的区别，其强调标准化、成本控制以及批量生产，抹除手工生产的个性表达、不精确和低效率，这一变化在工业革命初期让人们感到不适，以约翰·拉斯金、威廉·莫里斯为代表的工艺美术运动，正是为了对抗机械生产中个性与装饰的消失而发起的，截至目前，精细繁复的类手工装饰通过机械加工仍然难以实现。然而机械化批量生产所带来的巨大利润，很快将人们对传统手工艺审美的追求淹没，取而代之的是更适应机械制造的几何形态，这也正是包豪斯等现代主义设计先驱所尝试解决的问题：如何在工业制品中表达美。设计目标的变化让设计师需要考虑的问题进一步增加，一方面，设计师要考虑在机械制造的前提下如何形成产品；另一方面，公司制的运营模式让追求利润成为最优先考虑的问题，这就要求设计者在设计中首要考虑设计方案能否帮助企业获利，以刺激消费者的购买欲为目的，着重思考设计的获利点和商业逻辑。虽然利润驱动型的设计观念一直以来被很多学者所批判，但在现实的设计工作中，创造商业价值无疑是设计师不可忽视的职责之一。这也使设计师陷入刺激消费与社会责任难以平衡的窘境，这一话题将在下一章展开论述。

工业时代的设计过程也变得更为烦琐，设计师要兼顾生产者和使用者两方面的诉求。一方面，不同于手工艺时代，匠人的制造委托多来自使用者，工业时代的设计委托则来自生产者，因此设计师在思考设计问题时必须关注生产者的技术储备、成本和生产周期，这无形中为设计者带来了很多限制，大部分时候设计者出于这些因素的限制不得不提出折中的设计方案；另一方面，设计师要面对更大的市场和更多样的受众，了解市场预期和受众喜好，从而提出具有市场竞争力的设计方案。大市场和多样的用户开始让设计师将注意力从"解决具体问题"转移向"营造用户体验"这样更宏观的愿景上。此时设计师与消费者的互动，已经不能像手工艺匠人一样通过观察和直觉来完成，而是需要设计学、统计学、社会学、逻辑学等诸多学科的共同参与，且发展出了与之相关的成熟产业链条。

综上所述，工业时代设计的分工协作变得更加烦琐细碎，设计者、生产者、使用者三者完全分离，完成造物的每一个环节都有相应的专业机构负责，而设计作为一项总揽性的工作，需要协调各个环节的利益和局限，其沟通成本之高、涉及学科之广是手工艺时代无法想象的。

1.1.4 信息时代

信息技术革命是 20 世纪中叶以来全球范围内的一场科技变革，涉及信息的获取、传播、处理和存储等方面的技术创新。信息技术革命经历了三个阶段：第一阶段是公共计算机的出现和普及，使信息技术从电子化向数字化转变，开创了信息的电子化传播模式。第二阶段是个人计算机的普及，它使信息技术从数字化向网络化转变，扩大了信息的个人化获取和利用。第三阶段是互联网的兴起和广泛应用，它使信息技术从网络化向智能化转变，通过各种网络技术工具实现信息资源的整合和共享，提高信息的效率和质量。信息革命彻底改变了人们的生活方式，移动互联网的应用，普适性计算时代的到来，以及物联网、云计算等信息技术和设备，为人们的生活提供了更加广阔的信息应用空间，使现实世界与数字世界紧密地连接在一起。信息技术革命的产生意味着基于现代科学的信息技术已经逐渐成熟，并进入了面向社会的应用阶段。信息技术革命的本质是利用信息技术资源创造先进的信息工具，从而拓展人类社会生产实践的能力和改造社会的能力。

信息社会的产生方式引起许多学者的关注和探讨。1973 年，哈佛大学社会学教授丹尼尔·贝尔（Daniel Bell）发表代表作《后工业社会的来临》[①]，其著作从社会学理论的角度明确重塑了人们对"信息社会"的惯常认知，贝尔认为前工业社会是人类与自然的对抗；工业社会是人类利用能源将自然转化为技术，是人类与人造自然（机器）的对抗；后工业社会是以信息为基础的智能技术对科学活动及其机构的组织和管理，是人类与人类的对抗。信息社会是工业社会的延续，是以知识为核心，

---

① Bell D. The Coming of Post – Industrial Society［M］. New York：Basic Books，1973.

以数字化信息为主要资源和连接方式的全球化社会。

信息社会的特征之一是生产的全球化。在信息社会中，资本和商品的生产、交换、消费和分配等各种社会经济活动在全球范围内快速地发展，并对全球经济发展产生了巨大的影响。信息技术革命的推动使社会生产、加工、经贸的全球化成为可能。设计与制造活动利用互联网络实现了全球范围内的分工与协作，传统的生产方式由"劳动密集""资本密集"向"技术密集""智能密集"转变，生产的全球化趋势已成为现实。借助先进的信息网络和交通工具，社会生产范围从区域性向全球性转变，市场经济模式下的资源配置和经济流通已成为社会共识。

在信息时代，除了工业实体产品，信息技术还衍生出人类历史上未曾出现的全新产品种类：数字产品。数字产品是指没有物理存在，但可以通过计算机或互联网购买、出售和使用的产品。数字产品的最常见的类型是计算机软件和手机 App，对于今天的人们而言，这些数字产品已经和实体产品一样重要，深度介入日常生活，如果不能通过数字产品将自己接入互联网世界，很多人是寸步难行。

数字产品拥有许多实体产品没有的属性，如可更新与高反馈。数字产品能够通过程序的更新来提高其功能或性能的能力。传统实体产品一旦完成制造其造型和功能几乎是不可变更的，一直以来尽管产品设计领域都在尝试以模块化设计实现产品的功能重组，如谷歌的 Project Ara，但受制造工艺和成本的限制，始终未能出现普及性的产品，而基于程序的数字产品，其界面、功能、内容只需修改后台代码即可完成变更，且无论用户身处何地，只要接入互联网便可完成更新，甚至很多产品在面市之初只是一个粗糙的纯功能性产品，但这并不妨碍其通过多轮设计更新最终成为优秀的数字产品，微信便是这一过程的典型案例（见图1-4）。可更新性为数字产品设计者提出全新的要求，一款产品的面世只是产品设计的开始，设计师需要时刻关注用户反馈和市场趋势，通过更新不断调整产品、优化功能、提供新的价值点，从而在激烈的数字产品竞争中胜出。数字产品的可更新性对于产品的寿命延长、提升客户满意度和环境保护都具有积极的作用，但同时也要求设计师持续对产品追踪、进行设计迭代、时刻掌握用户喜好的变迁并及时反应，可以说相对于实体产品设计师而言，数字产品设计师的工作周期更短、设计迭代的频率更高。

另外，数字产品的高反馈性对设计也产生了重要的影响，基于程序和网络，数字产品使用者的交互行为能够被记录下来，以数据的形式汇总到产品运营者的后端系统，通过分析数据，运营者能够清晰地知道用户的个人信息、使用方式、使用目的、用户体验等信息，并将这些数据反馈给设计师，成为设计师产品更新迭代的依

图 1 - 4　谷歌的 Project Ara 手机

资料来源：https：//mt. sohu. com/20161111/n472905452. shtml。

据。在互联网大行其道之时，美国经济学家托马斯·弗里德曼宣称"世界是平的"，而当智能技术已经深刻地嵌入日常生活后，他又宣称"世界是深的"。[1] 弗里德认为，随着科技的进步和全球化的加速，在智能技术的加持下，事物间的联系变得更加紧密、复杂和深刻，人们因丰富的数据对世界和自身产生了更深入的理解。可穿戴传感器、金融和医疗数字系统都在不停地记录人们的身体特征和交互行为，今天数字产品对用户行为的追踪能力已经远超我们的想象，因此，通过数字产品反馈给设计师的信息比以往任何时期都要更加丰富，这让设计师能够在宏观和微观对用户行为进行观察，进而评估数字产品设计的优劣。

信息技术最主要的贡献是将人类链接为一个亲密互动的整体，随着信息能够以光速进行传递，人类社会作为一个整体系统的反馈机制得以建立，设计师第一次可以清晰地观察到设计行为所带来的社会影响结果，因此，社会性因素在设计行为中的占比也越来越高。在这样的背景下，设计的目的和过程再次发生变革。

信息时代的设计目的更趋向于"营造精神上的满足"，可更新性可以让数字产品不断叠加新的功能，界面和交互方式也可以随时更新。与工业时代相比，数字产品在视觉（界面）或功能上的创新已经不足以使其脱颖而出，能否持续为用户带来精神上的愉悦和满足，才是用户持续使用的关键。这要求数字产品将用户体验作为设计的终极目标。特别是大量用户通过互联网连接成的使用者集合，其涌现行为和集体共识在设计中应受到格外重视。这就要求设计者在专注于传统设计表达的同时，关注与文化、社会、经济、政治相关的话题，深入理解受众的多样性、不确定性和文化属性，这些内容已远远超出传统设计专业的知识范畴，因此信息时代的设计师

---

① 托马斯·弗里德曼. 世界是平的：一部二十一世纪简史 [M]. 何帆, 肖莹莹, 郝正非, 译. 长沙：湖南科学技术出版社，2006.

需要和其他专业人士开展广泛合作（见图1-5）。

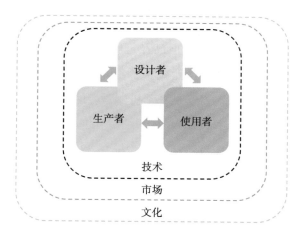

图1-5 信息时代的设计分工模型

资料来源：笔者绘制。

信息时代的设计过程也更加复杂，线上合作与多学科交叉是其典型特征。超远距离的线上合作已经成为今天设计的常态，这种方式让更多人参与到设计过程中，无论是专业人士还是普通的使用者，都可能通过网络参与到设计开发和迭代中。虽然线上交流经常因效率低下、组织松散等问题而被诟病，但其也确实为设计带来了新的可能性，在客观上进一步细化了设计分工。信息时代的设计需要解决复杂的社会和人文问题，问题涉及不同的利益相关者、价值观和诸多影响因素，因此设计工作中的多学科交叉成为必然趋势，数字产品的高反馈性要求设计师更高的换位思考能力，以协调不同学科的知识、方法和观点，从而作出合理的设计决策。

1.1.5 后信息时代

在后信息时代，设计工作的分工和协作模式正在受到新兴技术的影响，经历着深刻的变革。生成式人工智能、区块链等新技术对设计工作产生了显著影响。

2022年以ChatGPT为代表的生成式人工智能的大爆发是新技术的一个醒目里程碑。关于人工智能（artificial intelligence）的研究，几乎是伴随着现代计算机的诞生而开始的。早在1966年，麻省理工学院（MIT）实验室就开发了一款名为ELIZA的聊天机器人，其设定为心理治疗师，不同于通常以少言多听为特点的聊天机器人，

ELIZA 可以通过询问对方的想法来进行沟通。其背后的代码基于简单的 if-then 规则，例如，当检测到关键词"mother"时，会触发类似于家庭的话题。[①] 30 年后的 1995 年，ELIZA 的后继者 ALICE 问世，进化更为强大的聊天机器人，能够处理更日常化的对话，虽然无法与 ChatGPT 相比，但已经足够处理日常对话。[②] 然而，这种模式匹配的方法并不具备真正的智能，虽然减少了重复回答的机械性劳动，却无法创造新的答案，也无法应对所有情况，于是基于机器学习的智能技术研究开始全面展开。

人工神经网络（artificial neural network，ANN）是机器学习中一个重要的领域，旨在模拟人脑处理信息的方式。虽然这个想法早在 20 世纪 60 年代就出现了，但由于缺乏数据和算力的支持，直到 2010 年左右才真正开始应用。2015 年，马斯克等人注资 10 亿美元创立了非营利组织 OpenAI，用于进行 AI 方面的研究。2017 年，谷歌提出了 Transformer 框架，使机器在自然语言处理领域取得了巨大成功。2019 年，OpenAI 转型为营利组织，微软随后注资 10 亿美元，为 OpenAI 提供资金和计算资源支持。OpenAI 推出了 GPT 系列模型，通过加入人工反馈的强化学习，提高了模型的训练效率和效果。2020 年，OpenAI 推出了 GPT - 3 模型，其效率和效果得到了显著提升。GPT（generative pre-trained transformer）模型作为一种大型语言模型，通过计算下一个词或句子的概率来生成文本，其本质是通过学习大量数据和复杂模型来提取语境相关性，从而实现了自然语言理解和生成。GPT 模型的出现颠覆了人们对聊天机器人的认知，使人机交互更加高效便捷。

OpenAI 开发的 GPT 模型在短时间内吸引了数亿用户，其月活跃用户数量迅速增长，达到了史无前例的规模。面对 GPT 模型的崛起，谷歌也感到压力重重并发布了红色预警。为了应对竞争，谷歌加快智能服务 Bard 的发布，但发布会却显得仓促和慌乱，引发市场的担忧，但谷歌很快调整了研发策略，于 2023 年 10 月发布了全新架构的生成式智能服务 Gemini，但与风头正劲的 ChatGTP 相比，Gemini 从用户数量到使用体验都略逊一筹。不过这场 AI 战争刚刚打响，除了 OpenAI、微软和谷歌，像 Meta、百度、腾讯、阿里、讯飞等都在研发自己的 AI 服务，英伟达、AMD 这样提供算力基础的硬件厂商也迎来了新的发展机遇。

同时，以 Midjourney 和 Dall - E 等为代表的生成式人工智能，也正在改变着设

---

① Natale S. The ELIZA Effect：Joseph Weizenbaum and the Emergence of Chatbots ［J］. In Deceitful Media：Artificial Intelligence and Social Life after the Turing Test （pp. 50 - 67）. Oxford Academic，2021.

② Labadze L. ，Grigolia M. & Machaidze L. Role of AI Chatbots in Education：Systematic Literature Review ［J］. International Journal of Educational Technology in Higher Education，2023.

计行业的分工协作模式，为设计行业带来了新的机遇。Midjourney 是一个独立的研究实验室，旨在探索新的思维媒介和扩展人类的想象力，于 2022 年推出一个基于扩散模型（diffusion model）的在线生成式 AI 工具，可以根据用户输入的文本描述生成高质量的图像。Dall－E 则是 OpenAI 于 2021 年发布的神经网络系统，可以根据用户输入的自然语言描述生成逼真的图像和艺术作品，它能够结合不同的概念、属性和风格，展现出多样化和灵活性。

生成式 AI 工具对传统设计行业带来了巨大的冲击和挑战。一方面，生成式 AI 可以作为设计师的辅助工具，提供灵感、参考和素材，提高设计效率和质量。生成式 AI 可以帮助设计师快速地探索不同的可能性，验证和优化自己的想法，减少重复性和简单性的工作，让设计师可以专注于更复杂和有创造性的任务。另一方面，生成式 AI 也对设计师的角色和能力提出了新的要求，设计师需要与 AI 进行有效的沟通和协作，利用 AI 优势的同时避免 AI 的局限和风险。设计师需要有更强的逻辑思维和语言描述能力，能够理解 AI 的工作原理，控制输出结果。

更为重要的是，生成式 AI 工具能够以惊人的速度（以秒为单位）生成大量设计概念，而传统的设计工作则需要花费大量时间手工绘制草图和概念设计（以小时为单位），这种生产效率上的飞跃让大批原画师、平面设计师面临裁员的风险，甚至许多企业的原画团队在使用 AI 之后已经裁员 30% ~ 50%[①]，其可能在根本上改变原有的设计分工模式和产业流程。

后信息时代可能的设计分工模式如图 1 – 6 所示。

首先是交付形式的变化。由于生成式 AI 的加持，设计创新的速度大幅提高，设计作品的生产效率是传统工作模式的数倍，因此没有必要再经历过去的"创作—审稿—修改"的工作流程，而是可以充分发挥设计师的主观能动性，引导 AI 生成海量的设计结果，由甲方选出合适的作品雏形，再进行二次生成或手工加工。虽然新的交付方式看起来有些简单粗暴，但这确实是在生产力过剩的场景下的合理选择，也确实提高了设计产业的供给效率。其次是协作关系的变化。一种结合人类智慧与机器智能的全新工作组合正在形成，可以称为"半人马"团队，由人类成员与人工智能共同组成，人类成员为人工智能提供设计目的并审核设计结果，人工智能成员为人类带来效率。最后是设计岗位的变化。设计行业将逐渐呈现出多元化的发展趋

---

① 第一批因为 AI 失业的人出现？游戏原画师迎来变革［EB/OL］. https：//new. qq. com/rain/a/20230405
A0706700，2023.

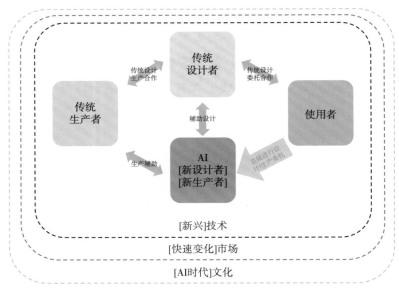

图 1-6   后信息时代可能的设计分工模式

资料来源：笔者绘制。

势，全新的工作岗位将随之诞生，Prompt 工程师、数字资产生成与管理、AI 服务代理商、交付流程规划师、AI 算力协调师、生成结果评价师等都可能是未来设计行业不可或缺的角色。

从更宏观的角度观察，生成式 AI 工具的出现将引发设计思维的普及。生成式 AI 使每个人都具备了图形生产力，因此设计思维将成为设计行业的核心能力，而绘制或实现能力将退化为次要能力。因此更多的行业和领域开始重视设计思维的重要性，并将设计思维融入其业务流程中。

此外，在强大的人工智能技术环境中，越来越多的使用者尝试绕开传统的设计委托方式，直接与 AI 展开设计合作，通过 AI 生成设计结果，从合作模式上绕开了传统设计者和传统生产者，这将带来整个设计行业的底层协作逻辑的变更。就目前的 AI 发展现状而言，不具备设计专业知识的使用者（用户）仅依靠 AI 生成的结果往往不尽如人意，用户对于需求的描述和设计目的的认知也具有局限性，可以说目前人工智能在设计思维层面还无法替代人类设计师，但随着 AI 技术的不断完善，特别是解决复杂问题的能力的提升，用户直接与 AI 合作完成设计项目的现象将会越来越普遍。

除了人工智能对设计行业带来的影响，区块链技术以其去中心化、不可篡改和高度安全的特性，为设计领域带来全新的机遇和挑战，实现数字设计作品版权的可追溯和不可篡改，从而在一定意义上保护了创作者的知识产权，通过将作品的版权信息记录在分布式网络上，实现设计产业链的透明化和可追溯性，降低信息不对称的问题，促进了设计生态的良性发展。设计师可以通过区块链技术了解自己设计作品的生产过程和流向，确保设计作品的合法性和品质，提高设计师对设计产业链的掌控和管理能力。不过区块链技术的性能和扩展性问题仍然存在，当前主流的区块链技术如比特币和以太坊等在处理大规模数据和高并发交易时往往存在着性能瓶颈和延迟问题，某些区块链上链成本高昂，同时也与各国的法律法规产生不同程度的摩擦。

总体来说，信息时代的设计工作分工和协作模式正朝着高效率、合作化、可追溯、开放化的方向发展。生成式人工智能、区块链等新兴技术为设计领域带来了更多的创新可能性，而后信息时代的社会文化则为设计工作提供更加丰富和多样化的背景和支持。这是一个充满挑战和机遇的时代，设计行业首当其冲，承受了 AI 变革带来的阵痛，正是这些冲击促使设计行业发生变革，率先形成融合了人工智能技术的全新产业模式。

1.2　交互的形式变迁

1.2.1　人与人的交互

人与人的交互起源可以追溯至人类数万年前的协作行为，此行为在原始社会中扮演着重要角色。在早期阶段，人类群体的生活方式相对单一，主要依赖个体的体能和基本的社会协作来抵御恶劣的自然环境，采集食物以维持生存，并对抗野兽的威胁。这一时期，人类的信息传递活动与其他社会活动密切相关，其起源可追溯至比象形文字更早的古代，即早期类人灵长类到早期猿人的进化时期。在这个阶段，每个个体既是信息的传播者，也是信息的接收者（有趣的是，今天基于网络的信息交换也是如此，只是量级不同）。最初人们发送和接收消息都是接触式的，这种体验依赖于人类的感官系统，身体语言、表情、手势、语气和语调都使这种信息交换充满了情感，这些冗余的情感信息是信息交换过程中有效的信息补充，不过我们的大脑通过进化形成了处理和理解这种信息的独特能力，并学会了将注意力集中在信息中最重要的部分。然而，由于可利用的符号和信号有限，信息传递的复杂程度受到生理限制。

人类有语言，会说话，实在是一件了不起的大事。它是把人和其他动物区别开来的一个重要的标志。语言是人类最重要的交际工具。《荷马史诗》最初完全是口头传播，虽然内容的准确性没有保障，但更注重信息传播中所包含的情感。这种对于情感信息的需求一直延续到今天，微信语音留言功能的开发正是基于这一诉求，在当代我们所熟悉的数字环境中，人们仍然对这种充满情感的原始社交方式充满了渴望。当然，大段的内容和长篇故事往往需要人们拥有超强的记忆力才能背诵，这极大地限制了人类文明的继承和保存，于是人们在语言基础之上建立了文字系统。

语言、文字的发明让人与人的交互上升到了全新的高度，人与人之间能够完成复杂信息的传递，个体之间的交互关系越发紧密、细致，同时人类的另一个重要能力也在信息交换中得以凸显，那便是想象力。当今人类社会的一切，包括宗教、科技、社会、经济，甚至国家和家庭，这些我们早就习以为常的概念都是基于想象而形成的共同体。就如尤瓦尔赫拉里书中所言，"我们用什么标准，来证明'标致公司'确实存在呢？是因为公司的员工、工厂机械，还是生产出来的汽车？答案不在其中。想象一下，如果我们把所有生产汽车召回，砸成废铁，公司也依旧存在；即使把现有的员工都辞退，所有的机器在事故中被毁，我们也能重新雇用员工，购买机器，继续生产产品……标致公司存在于我们集体的想象之中。"[①] 想象能力从根本上改变了人类的行为方式，基于想象力的延迟满足成为社会运作的基础。智人开始在更大范围内组织协作，他们愿意为一个共同的想象，选择在危急时将后辈交给素未谋面的同类。现在的考古发现也证明，在智人战胜尼安德特人的战役中，大部分是以绝对的人数优势取胜，而非使用了更先进的工具、武器。尼安德特人只会和同部落里的人协作，即便他们认识到百米外的部族被灭亡后自己会受到灭顶之灾，也依然会选择袖手旁观，因为他们无法想象素不相识的人可以成为战斗伙伴。正是凭借更大规模的群体协作，智人成为地球上有力的竞争者。

在农业被发明后，农业生产的周期性劳动和土地的不可移动性，要求人们较长时间内定居在一个地方，人们开始思考生产劳动规律，观察气候环境，积累知识和生产经验。在这一过程中，人类的信息交换进一步发达，知识的传承成为社交内容的重要部分，同时由社交形成基于身份认同和文化分野的团体意识，家族、村庄、

---

① 尤瓦尔·赫拉利. 人类简史［M］. 北京：中信出版社，2014.

土地逐渐成为包裹于个体社交关系之外的新的抽象的人类社交关系，形成个体从属集体的典型前现代社会。造就了这一时期人与人交互的基本基调，人们在强大的规则共识下，形成自洽的信息交换体系。以中华文明为代表的东方文化为例，东方文化体系发展出了完善而稳定的前现代社会关系，费孝通先生所提出的差序格局①便是对这种社会关系最精辟的总结。在这样的社会结构中，信息交换以土地为中心变得频繁，知识和生活经验以言传身教和示范性教育的方式进行传承。

随着人类生产力的不断发展，人类社会的交互方式开始发生转变，我们的关注点也从人与人的信息交换，转移到人群与人群、组织与组织间的信息交换上，从更宏观的视角观察人类协作的变化。无论是农耕文明还是游牧民族，社会分工和商品交换已经形成，人类的脑力劳动和体力劳动已经有了较为具体的分工。这对于人与人信息交换的效率和精确程度提出了更高的要求。人类进入了复杂社交时代，法律、契约、舆论、誓言、命令等文化性因素对人们的交互行为产生了越来越多的影响。国家组织的出现可以被视为前现代社会成熟的标志之一，在国家中人类个体被包裹在更大的想象共同体中，信息交换也从简单的个体信息交换转变为具有群体代表性的公共性对话。人类的社交活动开始以贸易、文化交流、战争等更高级、更复杂的形式展开，信息交换向更遥远的空间拓展，但人与人的交互形态并未发生本质的变化，仍是基于语言、文字以及团体意识所形成的低效率信息交换。

一方面，工业社会的生产力进一步改变了生产关系，广泛的大规模群体协作成为人类社会运作的基础，人类进入现代社会，个体与集体的从属关系开始发生动摇。现代社会人们的社交关系既密切又疏远，随着工业生产和经济贸易规模的不断扩大，特别是随着火车、汽车、电报、电话等现代工具的发明，人与人在空间上的距离被大幅缩短，人类社会进入了高效率的频繁社交状态。另一方面，在工业社会中，人的自我意识的觉醒使原本强大的规则共识开始瓦解，取而代之的是基于利益权衡的、冷漠且高效的社会契约关系。虽然这一取代过程在不同国家以不同形式和程度表现出来，但其本质都是个体尝试从集体中挣脱出来，而形成的半分离状态。

在现代社会中，人与人的交互进一步变得复杂，隐私观念、社交边界、信息共享、赛博外向人等诸多概念，都在表明现代社会人的交互的多样性。随着一些人对集体意识的逃离，后现代社会意识开始萌芽，特别是随着互联网信息技术的发展，接触式的社交方式被彻底改变，人与人的交互不再需要面对面地进行，在虚拟的数

---

① 费孝通. 乡土中国 [M]. 北京：北京大学出版社，1998.

字世界中，从文字到语音，从视频聊天到元宇宙会议，人类在不断尝试通过技术模拟现实中的社交行为，完成随时随地的、高效率的远程信息交换。

非接触式社交既继承了传统网络社会互动的特性，又对人类的互动行为进行了重塑。虚拟性意味着人们无法再像在物理空间中那样感知方位，也无法触摸到屏幕中显示的网络事物。在网络社交中，每个人既是信息的接收者，也是信息的传播者。凯斯·桑斯坦认为网络社交的条件之一是"有一定程度的共同经验，假如无法分享彼此的经验，一个异质的社会将很难处理社会问题。共同经验，特别是由媒体所塑造的共同经验，提供了某种社会黏性。一个消除这种共同经验的传播体制将带来一连串的问题人格与网络互动的差异"。① 正是这种共同经验的缺失，使网络社交并不能取代现实生活中的交互，人们的内心深处仍然期待着最原始的接触式社交方式，人们生活在共同的场景中，从而完成饱含情感的共同场景的塑造。这可能解释了为什么在视频通话和移动网络已经如此发达的今天，随时随地的异地视频通话仍然无法取代真实陪伴的原因。

值得思考的是，作为"互联网原住民"的新生代，他们对于接触式社交的需求是否仍然强烈？在沉浸式网络环境（AR/VR/MR/XR/脑机接口等）成为主流的信息获取渠道、虚拟世界与真实世界的界限变得模糊后，这种根植于人类内心深处的原始冲动会否被新的经验和冲动所替代，形成人与人交互的全新模式？这将是一个既有趣又危险的趋势，作者将在其他著作中详细讨论。

1.2.2 人与物的交互

人与人造物的交互，在今天常被纳入工业设计或人机工学的研究范畴，然而人类的造物史则可以追溯到人类社会的早期，是一种近乎本能的生存技能。人类在适应自然的同时也在改造自然，从采用自然形态的材料充当生产工具，发展到采用制造的工具索取自然世界所提供的物质资源得以生存，人造物成为填满人类世界最主要的物质资料，而人与人造物的交互，则成为最普遍存在的交互形式，可以说，人类生活的几乎全部时间都在与人造物进行交互。

在远古时期，人类通过制造和使用工具来与人造物进行交互，钻木取火、梭镖

---

① Sunstein C. R. Republic：Divided Democracy in the Age of Social Media ［M］. Princeton University Press，2017.

狩猎等行为，不仅是生存的必须活动，也是人与物交互的典型活动，这些活动涉及木棒的材质、尺寸和形状选择，梭镖的制作材料、尺寸以及用黑曜石进行切削和捆绑的技术等。随着社会的发展，人类与之交互的物体也从简单的武器和工具逐渐演变为复杂的机器。

木制工具在人类文明中扮演着重要角色。早在智人之前，一些非人类灵长类动物（如黑猩猩）就已经开始使用木制工具。在早期尼安德特人的遗址中发现了木制工艺品①。尽管木质材料在漫长的岁月中很容易分解，在化石记录中较为少见，但根据推测，由于木质材料的普遍性和多功能性，在史前时期木制工具已经被广泛地使用，最初的木制工具可能是天然的树枝、木棍和枯木，后来越来越多地加入了人为改造的痕迹，使其更易于与人类交互。

石器工具在强度上优于木质工具，进一步提升了人类的生产力水平。石器的出现大约是在 200 万到 300 万年前的非洲地区，古人类学家托马斯·普拉默（Thomas Plummer）指出："工具可能增强了原始人类的适应能力，使他们能够从更广阔的地区获得食物。"② 这些早期石器被称为奥尔德温石器，包括拳头大小的巨石，以及已知最早的石器工具：通过敲击或撞击硬石头（如石英、黑曜石、燧石或其他石材）所形成的具有锋利边缘的用于切削的石质薄片，这些工具也是目前已知最古老的用于屠宰动物的工具③。然而石器时代的技术进步相当有限，科罗拉多斯普林斯大学的古人类学家托马斯·韦恩（Thomas Wynn）等学者指出："石器的制造可能是非常临时的，当人们需要一种石器而没有时，就制造一个，使用之后就扔掉。"④

从交互的角度来看，人类与人造物的交互是随着人造物的自然发展而逐渐形成的。在制作人造物时，考虑工具的形态、强度和使用方式等因素，本质上就是在进行交互设计。然而，原始的人造物通常是由个体内部完成的，因此用户需求是完全内在一致的。在这种情况下，人们并没有意识到他们在进行设计，直到随着广泛的设计分工的出现，"设计"才被视为一项专业能力。

农业的发明使人类对于工具的需求变得更加复杂，越来越多具有单一功能的专

---

① Aranguren B., Revedin A., Amico N. et al. Wooden Tools and Fire Technology in the Early Neanderthal Site of Poggetti Vecchi（Italy）[J]. Proc Natl Acad Sci USA，2018，115（9）：2054 – 2059.

② Plummer T. W. Stone Tools and the Acquisition of Difficult-to-obtain Foods by Early Humans [J]. Science，2023，123（4）：567 – 578.

③ Toth N. & Schick K. The Oldowan：The Tool Making of Early Hominins and Chimpanzees Compared [J]. Annual Review of Anthropology，2009，38：289 – 305.

④ Coolidge F. L. & Wynn T. The Rise of Homo Sapiens：The Evolution of Modern Thinking [M]. Wiley – Blackwell，2009.

业工具被发明和创造出来。有计划、有目的地生产劳动，让人们对于农具的功能和效率有了更高的要求，人与人造物的交互体验，开始受到重视。从游牧生活方式到定居生活方式的转变，以新石器时代早期村庄的出现为标志。2007 年在我国东部发现了世界上已知最古老的稻田，揭示了古代种植技术在那时已经出现①。农业的发展成了主导性的生计方式，导致人口增加和部落的发展。在中国古代，水土、气候、畜力和工具成为影响农业分布的主要因素。中国古代农具的起源有多个源头。在"刀耕火种"的原始农业阶段，石制的斧、锛（bēn）、凿是主要的土地开发工具。耒（lěi）是早期原始农具的重要代表，起初是从采集时期演化而来的用于挖掘植物的尖木棒。耜（sì）则是从旧石器时代的片状刮削器或砍砸器演变而来，其功能主要是挖土、掘土，属于耕垦农具。耒和耜这两种独立的原始农具结合起来，形成了耒耜这种新式复合农具。耒耜既可用于挖土、掘土，也可少量起土，是原始农业中后期至青铜时代早期重要的耕垦农具。

夏商西周时期，青铜开始用于农具铸造，打破了以石、木、蚌、骨为主要材料的农具制造局面，迎来了利用金属制造农具的新时代。到了秦汉时期，铁制农具全面取代了其他材质的农具，并得到全面发展，耕犁、耧车基本成型，农具动力不再单纯使用人力，而是畜力和人力共同使用，并开始利用其他动力。曲辕犁是唐代的标志性农具，它的出现具有里程碑式的意义，标志着犁耕进入成熟阶段。宋元时期，中国传统农业生产技术逐渐成熟，进入鼎盛阶段。宋代的精耕细作水平不断提高，农具的设计制造与之相适应，更加精巧灵活。明清时期，人口迅速增加，农业生产的精细程度不断提高。与元代相比，明清时期的农具并没有发生实质性的变革，发展比较稳定，仍能适应农业生产发展的需要。

我国农具设计的演变很好地说明了古代人与人造物的交互关系。这种交互关系源自朴素的生产劳动，随着耕作需求的不断提升，人与工具之间的交互关系也不断演变，从简单结构到复杂结构，从单纯人力到复合动力，人与物之间的交互关系始终朝着耐用、节省体力、提高效率的方向发展。人造物的交互设计开始从"本能"走向"自觉"，设计中充分考虑了人机工程学和使用体验，是在劳动实践中自发形成的对交互设计的思考。

在工业革命之前的漫长历史长河中，"能用"（即产品功能的实现）这一生存性

---

① 中国发现已知最早大规模古稻田 已形成较完善灌溉系统［DB/OL］. 人民网，http：//ent. people. com. cn/n1/2021/1204/c1012 - 32299575. html，2021.

考量成为首要目标。因此，体验设计作为提升产品易用性的手段之一，通常被迫退居于确保基本功能实现的次要位置。然而，随着工业革命的兴起，标准化、同质化以及生产力的巨大提升，大大拓展了商品销售对象（即用户）的选择范围，使用户不再局限于生存需求。于是，产品"易用"（即产品是否好用）被提升到与产品可用性同等重要的地位，成为用户选择商品的一个关键标准，在这一背景的影响下，交互设计也从原来追求功能、追求效率，逐渐转向追求精神层面的体验。交互设计作为一个独立的流程和角色，迫切需要被纳入产品开发流程中。因此，虽然比尔·莫格里奇（Bill Moggridge）在1984年才首次提出了"交互设计"这一概念，但在此之前，交互设计已经存在并被广泛应用，只是大众对其认识相对匮乏。直到工业化批量生产的成熟和市场竞争的日趋激烈，交互设计才越来越受到众多公司和行业的重视，并被纳入产品开发流程之中。

工业设计领域的创新在工业的快速发展中发挥了重要作用。一直以来，工业设计为各种产品增加了附加价值。工业设计是艺术、技术和商业融合以创造成功产品的领域，从19世纪到21世纪，短短200年的时间里，人类的工业制造能力急速提升，人们所能享用的工业产品空前丰富。这是一个繁荣多彩、大师辈出的时代，各种设计理念、造型风格相继诞生，工业设计在这200年间形成了三个发展阶段。第一阶段，从18世纪末到20世纪初，是工业设计酝酿与探索的阶段，人们开始摸索利用机械进行制造的产品应该如何设计；第二阶段，在第一次世界大战到第二次世界大战的几十年间，成为现代工业设计形成与发展的时期，许多重要的设计理论在这个动荡的时期形成，深远地影响了后来的设计走向；第三阶段，从第二次世界大战结束至今，工业设计开始蓬勃发展，进入了多元化时期，各种设计风格、设计思想百花齐放，许多国家形成自己独具特色的设计语言，工业设计也开始更加关注用户的体验和对环境的友好。

现代工业设计发展图示如图1-7所示。

18世纪60年代工业革命开始，人们试图摆脱手工艺制造，转向机械生产。然而，早期的机械生产产品常常粗糙且丑陋，与手工艺制品相比显得相当简陋，难以被接受。工艺美术运动在英国兴起，主张从自然中汲取灵感，重塑手工艺价值，但工业化批量生产带来的廉价商品，却更受市场欢迎。随着批量生产的发展，包豪斯设计学院提出了全新的设计理念，倡导设计是艺术与工业生产的统一，设计的目的是为人服务，这些理念奠定了现代工业设计的基础。第二次世界大战后，大批设计师移民美国，现代主义设计风格开始盛行，强调创新、批量生产和与现代社会的联系。

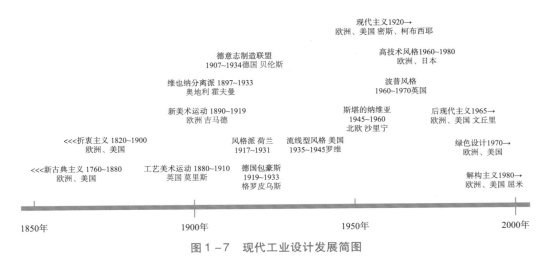

图 1-7　现代工业设计发展简图

资料来源：笔者绘制。

随着时间的推移，现代主义风格的产品逐渐充斥整个人类社会，人们开始对现代主义风格感到厌倦，后现代主义逐渐兴起，打破规则束缚，展现更加个性化的设计风格。解构主义是后现代主义中最具代表性的风格之一，尝试挑战传统观念和造型方法。随着人类制造能力的不断提升，人们的注意力不仅停留在产品本身，产品对于环境的影响也被纳入工业设计的考量之中，由此诞生了绿色设计理念，通过更易进入循环系统的材料和设计，减轻工业产品对环境造成的压力。

回顾工业设计发展的 200 年我们不难发现，产品的设计理念与生产力水平、社会文化、技术发展等诸多因素紧密相连。在工业化批量生产的加持下，人造物的数量急剧增加，在极大丰富人类物质生活的同时，人与人造物之间的交互关系也进一步被强调，相关研究不断涌现。在众多研究中，Affordance 这一概念格外重要，其贯穿了人与物、人与信息交互的两个阶段。

Affordance 这一概念由 20 世纪认知心理学家詹姆斯·J. 吉布森（James J. Gibson）创造，他的生态心理学和直接感知理论开辟了认知心理学的新领域[1]。Affordance 在我国通常翻译为"可供性"，指的是环境提供给动物的某种属性，无论是有益还是有害的。环境的可供性既不是客观属性，也不是主观属性，而是介于两者之间的概念。例如，一个与膝盖同高的水平、平坦、尺寸合适且硬度适中的表面具有"可供坐下"的属性。这种属性看起来是客观的，因为它不受个体意志的影

---

① Gibson J. J. The Ecological Approach to Visual Perception [M]. Houghton, Mifflin and Company, 1979.

响，总是"可供坐下的"，但也是主观的，因为如果没有动物在附近，"可供坐下"就失去了意义。在吉布森的研究中，直接感知理论的核心概念，与大多数支持间接感知的认知理论不同，直接感知理论认为，我们感知的意义来自环境本身，而不是人类内部的加工①，而间接感知理论认为知觉是间接的，强调信息加工，将视网膜接收到的刺激通过大脑处理转化为关于环境的知觉。直接感知理论的影响不仅限于认知心理学，还涉及哲学领域。尽管在认知心理学中存在一些争议，但它在其他领域的影响巨大，为人们带来了一种新的世界观，尤其是在设计方面。唐·诺曼（Don Norman）在 *The Design of Everyday Things*② （中文译本为《设计心理学1》③）中将这个概念引入了设计领域，将 Affordence 定义为可感知的行为可能性，即用户认为可能的行为。

综上所述，自供性理论解释了人与造物之间的朴素关系，无论是原始社会的简单工具、农业社会的生产农具还是工业社会批量生产的产品，人类基于现实经验而产生的对物品的理解，始终是人与人造物交互最直接的纽带。人与机械间的交互通常是简单直接的，即便是需要手脚并用的复杂机械（如驾驶汽车或战斗机），其认知方式仍然是原始认知方式的复杂组合。从工业时代开始，人与人造物的关系进入了理论自觉时期，人与物应以何种关系相处受到了广泛的关注，衍生出了一系列具有指导意义的交互设计理论，将人的认知天性与产品自身的属性连接起来。然而随着人类进入信息时代，在人与信息的交互中，在实体产品使用中积累起来的经验，已不足以面对高速变化的复杂信息环境。

1.2.3 人与信息的交互

数字技术的发明深刻地改变了人类社会，几乎所有的日常行为，包括生产、生活、娱乐、社交等，都深深嵌入了数字技术的影响。曾经，人们认为数字交互也是人与物交互的一种形式。数字的硬件载体（如台式机、笔记本电脑、平板电脑、智能手机等）与人的关系的研究风靡一时。然而，随着数字设备的普及，数字设备的设计已经严重趋同，如今很难指出平板电脑或手机在造型设计和使用方式上的根本

① Gibson J. J. A Theory of Direct Visual Perception. In A. Noë & E. Thompson （Eds.），Vision and Mind：Selected Readings in the Philosophy of Perception ［M］. MIT Press，2002：77－91.

② Norman D. A. The Design of Everyday Things ［M］. Basic Books，1988.

③ 诺曼. 设计心理学1：日常的设计 ［M］. 小柯，译. 北京：中信出版社，2015.

性差异。人们逐渐意识到，人与数字媒介的交互实质上是通过数字媒介达成与海量信息的交互。一部不能联网、内部没有安装任何 App 的手机几乎是毫无吸引力的。数字媒体真正的魅力并不在于数字设备本身，人们真正感兴趣的是数字设备所承载的信息。

进一步思考，数字媒介所承载的信息来自每一个数字世界的参与者。因此，我们通过数字媒介完成了与信息的交互，无形中实现了个体与人类群体的连接。人类群体丰富的智慧和精神产品以前所未有的方式汇总在一起，呈现在个体眼前。这样的个体与群体的连接在以往任何时代都是难以想象的。在过去的时代，阅读可能是个体实现广泛信息交换的主要途径，但其所涉及的信息量和信息交换效率都是极为有限的。数字媒介的出现，特别是全球互联网的诞生，真正意义上将个体与整个人类群体连接起来。因此，数字媒介真正重要的价值在于大大拓展了人类的协作能力。通过数字交互，人类实现了前所未有的大联合与大协作（见图 1 - 8）。

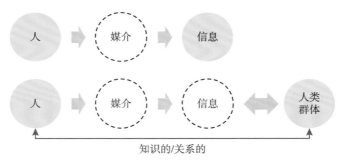

图 1 - 8　个体与人类集体的网络连接

数字技术的普及深刻改变了人与人之间的社交模式，将人际交往引入数字化空间。在信息社会中，人际交往不再受地理空间的限制，而是具有更多的间接性、符号性和虚拟性特征。个体可以在任何时间、任何地点，与任何关心的对象展开交流，形成多种形式的交往，包括一对一、一对多、多对多和多对一等形式。这种多样化的交往方式使信息用户能够接触到更广泛的社会文化，从而更深入地融入社会生活，促进人际关系的和谐发展，并提高个体的自我意识水平。信息技术的发展为每一个信息用户拓展了视野范围，延伸了信息的时间与空间，摆脱了地域与民族的局限，为人际交往提供了全新的信息解释和应用空间，个体不断进入/离开不同的社会圈子或环境，从而不断感受不同的文化影响。可以说，用户与文化之间的关系随着情境的变化而产生变化，个体的行为特点和价值观念在不断变化中得以展现。

　　数字交互的发展不仅改变了人们的社交、生产和生活方式，甚至深刻影响了人类的认知方式。美国学者尼古拉斯·卡尔在《浅薄：互联网如何毒化了我们的大脑》① 一书中指出，长期接触网络信息交互的人，其脑神经回路会发生变化。成年人的大脑具有较强的可塑性，研究人员发现，长时间驾驶出租车等职业的人，其大脑后部的海马状突起相对普通人更大，这一区域负责描绘周围空间环境，其增大有助于司机记忆地点和辨认路线。然而，大脑后部海马状突起增大的同时，大脑前部海马状突起会变小，进而削弱了司机在其他方面的记忆能力。这种大脑内部调整可以增强司机对空间信号的处理能力。

　　与传统阅读不同，数字时代拥有更高效的信息工具。在人与信息高度交互的环境下，面对问题和困难，人们不再需要依赖记忆或查阅书籍，而是通过搜索引擎获取片段性的答案，这导致了人们阅读注意力的下降。互联网时代的阅读特点是速度快、阅读量大但深度较低，这种现象在短视频时代尤为突出，可以回想我们的日常行为，在刷了一两个小时短视频后，几乎无法回忆起其中的绝大部分内容。这种互联网悖论在于，虽然互联网吸引了我们的注意力，但实际上是为了分散我们的注意力，它用多媒体形式呈现内容，调动多种感官参与，结果是使阅读变得更为肤浅、更快、更浮躁。

　　在人类文明的初期阶段，信息传播主要依赖于口头传播，这对个体的记忆和表达能力提出了极高的要求。随着书面文化的兴起，深度阅读成为主要特征，培养人们线性思维的模式。然而，随着互联网时代的到来，阅读方式发生了变化，信息呈现方式由线性书面结构向并发网络结构转变。大脑神经系统的可塑性使长期接触互联网会使大脑更善于处理短期的多线程任务，而削弱了长期记忆和专注力，同时随着大脑对多线程任务处理习惯的增加，人们将进一步依赖互联网来存储信息，形成一种增强循环模式。

　　基于互联网的信息获取方式已经成为今日主流，我们不得不遗憾地承认，对于大多数人来说回归深度阅读时代似乎已经不可能。这个快节奏的世界要求人们接收更频繁、更刺激的信息，否则可能难以适应现代生活中的各种挑战。不过沉浸在互联网环境中的大脑并非一无是处，人们接收多线程信息的能力得以增强，即大脑的信息处理带宽增加了。弹幕文化是一个典型的例证：在互联网环境中成长起来的年

---

　　① ［美］尼古拉斯·卡尔. 浅薄：互联网如何毒化了我们的大脑［M］. 刘纯毅，译. 北京：中信出版社，2010.

轻视频用户，可以在观看视频的同时进行弹幕互动，二者互不干扰，且乐在其中，而习惯传统媒体的年长视频用户，则常将弹幕视为视频信息的干扰因素。

当今人与信息的互动现状，我们应该保持警惕，但不必过度悲观。就像电话的发明一样，当时有很多人担心电话会导致人们脱离社会并患上抑郁症。但是，当电话逐渐进入办公场所和住宅后，给远方的人打电话成为一种正常现象，人们也不再把电话看成人与人之间的"隔离器"，而是把它看作人与人之间的纽带。

不过这种紧密的人与信息的交互所带来的，不仅仅是技术和个人体验问题，互联网将人们连接为一个庞大的信息组织，更深层次的结构化问题也由此产生。人类历史的大部分时间里，使用的工具和器具都是人类自身机体的延伸，麦克卢汉深受奥格登、理查兹和芒福德的影响，将媒体视为"人的延伸"，这成为他理解媒体和技术影响的核心思想。他指出"所有媒介都是人类某些能力的延伸——心灵或身体"。然而，更深入思考后会发现，这种工具化是双向的。互联网给我们一种错觉，让我们觉得自己是双向交流渠道的一部分，但实际上，我们正在成为数字技术的延伸，在数字媒体入侵我们世界的许多年前，麦克卢汉曾警告过媒介侵犯我们隐私的行为。他写道："一旦我们把我们的感官和神经系统交给那些试图从租用我们的眼睛、耳朵和神经中获益的人的私人操纵，我们就真的没有任何权利了。把我们的眼睛、耳朵和神经租给商业利益，就像把公共演讲权交给私人公司，或者把地球的大气层交给一家公司来垄断。"① 甚至麦克卢汉标志性的"媒介即信息"在互联网时代变成了"用户即信息"。用户的信息成为数字媒体的内容，然后对这些数据进行调整，以利用用户的需求、兴趣和愿望，使数字媒体的运营商或所有者以及数字媒体的客户受益。这一话题我们将在后面的章节展开讨论。

综上所述，基于数字媒介的人与信息的交互不仅带来了大量机会，同时也伴随着危险与挑战。数字交互不仅是信息交换的问题，其复杂性还涉及设计学、社会学、生物学、经济学等多个学科的交叉。人与信息的关系、人与人的关系、人与组织的关系都在数字技术环境下发生了质的变化，这是工业时代形成的经验难以应对的。

1.2.4　物与物的交互

前文提及的交互形式都是以人为中心展开的，这些交互形式代表着人类社会发

---

① 麦克卢汉. 理解媒介：论人的延伸［M］. 南京：译林出版社, 2019.

展的不同阶段，新的交互形式出现，旧的交互形式也没有因此而消失。随着数字交互的深入发展，人们开始意识到大量重复性的交互行为已经成为负担。为了解决这一问题，近些年，研究热点之一就是将一部分人的交互行为向外转移，让计算机和算法来承担这些任务，从而让人们专注于更有意义的交互行为和目标，物联网的概念就诞生于这样的诉求背景之下。物联网利用传感器和执行器使智能互联设备或产品的使用成为可能，可以实现远程访问或跟踪，大幅提升设备的自动化能力，通过各种装置相互连接所形成的网络，装置与云端和其他装置之间实现互相通信。智慧城市、智慧工业、远程医疗和智能家居等都是物联网的主要应用领域。

物联网这一概念的正式提出要追溯到 1999 年，由计算机科学家凯文·阿什顿（Kevin Ashton）首次提出。当时，他在宝洁公司担任欧莱雅的品牌经理，他意识到零售商的库存系统和实际货架上的库存之间存在着严重的不匹配。为解决这一问题，他建议将无线射频识别（RFID）芯片放置在产品上，以便通过供应链跟踪产品。从 20 世纪 90 年代开始，计算机工程师就开始在日常用品上安装传感器和处理器。然而，由于当时的芯片又大又笨重，这种做法在当时并不流行。一开始利用无线射频识别（RFID）标签的低功耗芯片，主要用于追踪昂贵的设备。随着科技的发展，运算装置的体积逐渐缩小，芯片也变得更小、更快，并且越来越智能。现在，为小型物品赋予运算能力的成本已大幅下降，集成电路和新技术日新月异地发展和应用，也不断促进了物联网产业的发展。

在物联网时代，越来越多的数据来自物联网的设备。这些设备终端会自动产生数据并上传到云计算平台，并自动对数据进行分析处理。随着廉价计算机芯片和高频宽网络的出现，如今世界上有数十亿个装置与网络连接。这代表着每天各种设备都在使用传感器收集资料，并能智能化地回应使用者的需求。举例来说，如今的汽车可以通过许多方式连接到网络。比如智能仪表、信息娱乐系统，或者连接道路信息网络。车载传感器会收集油门、刹车、车速表、里程表、轮胎和油箱的资料，以监测驾驶者和车辆的状况；智能居家提升了住宅的效能和安全性，智能插座可以监测电力使用状况，智能空调可以更好地调节温度。水耕栽培系统可以使用传感器来管理花园。智能门锁、网络摄像头和燃气检测器等居家安全系统可以检测和预防威胁，并向房主发出警报……物联网已经深度改变了我们的工作和生活方式，实现了现实与网络的深度融合。

物联网的数据处理逻辑与个人数字设备不同，边缘计算是物联网数据处理的主要方式之一。边缘计算旨在将计算能力置于物联网网络的边缘位置，以降低物联网设备与中央网络之间的通信延迟，这种趋势源于对实时数据分析需求的增长①。物联网的发展早期主要关注数据传输，未来将更强调与物联网应用相关的数据交换、处理和分析，传统的云计算模式通常将计算资源和服务集中于大型数据中心，为网络边缘的物联网设备提供服务，但受到网络速度和稳定性的影响，有必要在更靠近物理设备的位置增设计算能力。边缘计算的核心概念是将计算资源分布到网络边缘，同时将其他资源集中于云端。这种计算布局使时效性数据可以快速处理，提供及时的智能分析结果。例如，在 RFID 技术与运输业的结合应用中，物联网设备与安装在运输车辆中的传感器相互协调，所有数据可被中央网络管理，从而实现更完善的监控系统，但要实现这种互联场景需要每个物联网物理设备具备强大的计算能力，特别是在物流公司采用无人驾驶汽车等复杂机器时，物联网设备需具备自主处理数据并作出智能决策的能力，以提高实时决策能力和应对更复杂更不确定的场景。

综上所述，就目前物联网技术的发展而言，其作为传统交互形式的一种补充。当前的智能技术尚未达到与人类社会组织形成的智能相当的水平，但在工业 4.0、智能家居、智慧城市、新物流、消费领域已初露锋芒。在物联网交互中，首次将人类的主动行为排除在外。这也暗示着智能系统在交互中的参与，正在使数字交互的复杂性从用户端向设备端转移。在这一过程中，人仍然作为交互的主体出现，但使用的核心注意力和实施的主动行为变得更少，直观的体验变得更多。这一话题将在后文中详细展开。

1.3 数字交互的实质

1.3.1 数字交互简史

数字交互是一门跨学科的领域，涉及计算机科学、设计、心理学、社会学等多方面。从最早的机械式输入输出设备，到后来的图形用户界面（GUI）、触摸屏、鼠标、键盘等，再到现在的语音识别、手势识别、虚拟现实（VR）、增强现实（AR）

---

① 高志鹏，尧聪聪，肖楷乐. 移动边缘计算：架构、应用和挑战 ［J］. 中兴通讯技术，2019.

等，交互技术不断地提高用户与数字产品之间的沟通效率和自然度。数字交互的发展历史可以从以下几个阶段来梳理：

第一阶段：早期的人机交互。

早期的人机交互。这个阶段从计算机的诞生开始，一直持续到 20 世纪 80 年代之前。这个时期的人机交互主要依赖于物理设备和符号语言，如纸带、打孔卡片、开关、灯泡等。这些设备和语言的功能非常有限，只能实现简单的输入和输出，而且非常低效和不直观。用户需要具备专业的技能和知识才能操作计算机，而且很难获得及时和准确的反馈。这种方式的人机交互严重限制了计算机的应用范围和用户体验。

第二阶段：图形用户界面的兴起。

这个阶段从 20 世纪 80 年代开始，一直持续到 21 世纪初。这个时期的人机交互发生了革命性的变化，主要体现在图形用户界面（GUI）的出现和普及。GUI 是指使用图形元素（如窗口、菜单、图标等）来表示信息和操作选项的界面。GUI 使人机交互变得更加友好和易用，用户可以通过鼠标或触摸屏等设备来直接操纵图形对象，而不需要记忆复杂的命令或代码。GUI 最早由施乐公司在 20 世纪 70 年代末开发出来，并被苹果公司在其 Macintosh 电脑上广泛应用。GUI 促进了个人电脑（PC）和办公软件（如 Word、Excel 等）的普及，也为后续的网络应用和多媒体技术奠定了基础。GUI 的出现和发展，也催生了交互设计和用户体验这两个新兴的学科和领域。在众多的研究者中，阿兰·库帕（Alan Cooper）被誉为"交互设计之父"，他提出"目标导向设计"方法，并编写了 *About Face* 系列书籍，对交互设计领域产生了深远影响。唐纳德·诺曼（Donald Norman）则被誉为"用户体验之父"，他提出了"情感化设计"理念，并编写了《设计心理学》《情感化设计》《设计未来》等著作，对用户体验领域产生了巨大影响。

第三阶段：网络与多媒体技术的发展。

网络与多媒体技术是指利用计算机网络和各种媒介（如文字、声音、图像、视频等）来传递信息和实现交互的技术。网络与多媒体技术使人机交互不再局限于单一设备或平台，而是可以跨越时间和空间，实现异地协作和社会化分享。网络与多媒体技术最具代表性的应用就是万维网（WWW），由蒂姆·伯纳斯 – 李（Tim Berners – Lee）在 20 世纪 90 年代初提出，并通过超文本标记语言（HTML）、超文本传输协议（HTTP）等技术实现了网页浏览器和服务器之间的通信。万维网极大地丰富了信息资源，并促进了搜索引擎、电子商务、社交网络等各种网络服务的出现和发展。除了万维网之外，网络与多媒体技术还包括电子邮件、即时通信、网络电话、视频会议、在线游戏、虚拟现实等多种形式，为人们提供了更加丰富和多样的交互方式，不过其实质仍然是基于电脑屏幕的 GUI 界面，与第二阶段的交互设计原理基本一致。

第四阶段：移动与智能设备的普及。

移动与智能设备是指具有计算能力和通信功能的便携式或可穿戴的设备，如智能手机、平板电脑、智能手表、智能眼镜等。移动与智能设备使人机交互可以随时随地进行，而不受地点或环境的限制。移动与智能设备也使人机交互更加自然和直观，用户可以通过触摸屏、语音识别、手势识别等方式来控制设备，而不需要使用传统的键盘或鼠标。移动与智能设备还可以通过传感器和摄像头等获取用户和环境的数据，并通过人工智能技术来分析和处理数据，从而提供更加个性化和智能化的服务。虽然这一阶段仍然是基于 GUI 来实现交互行为，但由于移动设备的屏幕较小，因此移动 GUI 界面呈现出层级更多、架构集中的设计趋势，同时考虑到触摸控制，移动 GUI 元素的尺寸和状态显示方式也与 PC 的要求不同。

第五阶段：未来的数字交互。

未来的数字交互是指目前正在探索的新型或创新的交互方式，如增强现实（AR）、混合现实（MR）、大数据可视化、情感计算、脑机接口等。这些交互方式将使人机交互更加沉浸，用户可以通过各种媒介来扩展或改变自己对现实世界的感知，并与虚拟世界进行无缝衔接，如迈克尔·格里弗斯（Michael Grieves）于 2002年提出"数字孪生"概念，即用计算机建立一个跟实物完全相同的模型，是将虚拟世界与现实世界强关联的一种技术，引起了工业界和学术界的广泛关注。这些交互方式也将使人机交互更加主动、更具适应性，在人工智能技术的加持下，计算机可以根据用户的情绪、意图、偏好等因素来主动提供合适的信息或服务，并根据用户反馈进行调整。

这个时期的人机交互主要体现在计算机的智能化和人机交互的多模态化。通过机器学习、自然语言处理、计算机视觉等途径来理解和响应用户的需求和意图，从而提供更加智能和个性化的服务和体验。人机交互的多模态化是指人机交互不再局限于图形界面，而是涉及多种感官和通道，如语音、手势、触觉、视觉等。这些方式的人机交互使用户可以更加自然和灵活地与计算机进行交流和互动，也使计算机能够更加丰富和真实地表达和反馈信息。智能化和多模态的人机交互，为计算机的应用领域和场景带来了更多的可能性和创新，如智能手机、智能音箱、智能汽车、虚拟现实（VR）和增强现实（AR）等。

1.3.2　交互设计

交互设计（interaction design）最初由英国产品设计师比尔·莫格里奇于1984年在会议上提出。交互设计被定义为一种创造人与某种系统之间互动关系的设计。交互设计以"使用性"和"用户体验"为切入点，以人为本地关注用户需求。20世纪90年代，美国学者理察德·布坎南（Richard Buchanan）将交互设计定义为"通过产品（实体、虚拟、服务、系统）的媒介作用来创造和支持人的行为"[①]。艾伦·库伯等从用户角度解读交互设计，认为它是一种让产品可用、易用并愉悦使用者的技术[②]。

交互设计作为一门独立学科可以追溯到20世纪70年代末和80年代初。这个时期人们开始意识到设计不仅是视觉层面的设计，还包括用户如何与产品或系统进行交流，如何让产品的使用过程更加愉悦和高效。在这一背景下，人机交互（human-computer interaction，HCI）相关领域逐渐形成，人们开始研究如何设计对用户更为友好的界面和交互方式。1987年美国麻省理工学院成立了世界上第一个交互设计实验室。在比尔·莫格里奇提出交互设计概念十年之后，交互设计开始真正受到广泛关注，逐渐发展成为一个独立的学科，并开始在大学和研究机构中开设相关课程和研究项目。

交互设计是一个综合性的设计学科，旨在通过交互设计思维来定义、设计、优化人与产品之间的互动过程。交互设计的成果可以包括平面设计、界面设计、产品设计等，而今天谈及交互设计更多指的是基于数字技术的数字交互。在信息时代，起源于产品设计领域的交互设计，其研究重点已经超越了狭义的"产品"，强调了多种学科的融合，涵盖了社会学、心理学、交互学、设计学、系统学等专业知识，研究人群在特定情境下与不同设备发生互动的过程。

在传播学领域，研究学者们将"交互"看作信息交换的一种过程，交互使信息传播过程中，信息发送者和信息接收者之间建立动态的依赖关系。沙扎夫·拉夫埃里（Sheizaf Rafaeli）认为交互代表了一个系统中信息的互相关联，将交互视为基于

---

① Buchanan，R. 4 Orders of Design［R］. IxD Interaction Design Conference，2011.

② 艾伦·库伯，罗伯特·莱曼，戴维·克罗宁，克里斯托弗·诺埃塞尔. About Face 4：交互设计精髓［M］. 北京：电子工业出版社，2015.

连续信息相关性的变量①。卡里·希特（Carrie Heeter）延续了拉夫埃里的研究思路，将交互与媒体结构、用户应用的过程结合起来探讨②。此外，路易莎·哈与林肯·詹姆斯（Louisa Ha & Lincoln James）从人际沟通的角度定义了交互的属性，指出"交互代表了信息发送者与信息接收者对对方的沟通作出反馈的程度，以及渴望促进相互间沟通的需要"，在信息传播过程中通过信息接收者发出的反馈所生成的信息交换，均可视为交互③。交互与用户心理及行为特征有着紧密的联系，无论在何种传播媒介中，这种联系都具有本质的一致性。

在计算机科学领域，交互常被看作是一种用户进行信息输入从而获得系统响应的过程，是用户参与到计算机系统中，实现人与计算机沟通与交流的一种机制。詹斯·弗雷德里克·詹森（Jens Frederik Jensen）认为人与计算机之间的控制形式及其在人机交互领域中的应用是交互的决定性因素。阿莱纳·贝兹吉安·艾弗里（Alena Bezjian Avery）认为交互代表着用户控制信息的能力。

在心理学领域，交互通常反映人与人之间的沟通状况。雪莉·特克尔（Sherry Turkle）认为，交互代表了人际关系与人文主义的一种变量④。在社会学领域里，研究学者大多认为交互的概念代表着多人之间相互适应彼此的行为与联系方式和过程。斯塔基·邓肯（Starkey Duncan）将交互看成为一种信息双方相互意识到对方存在的状态⑤。

在设计学领域，辛向阳教授认为，交互的基本单元由"动作"（一般指代有意识的行为）和与之相应的"反馈"构成。交互设计并不是传统意义上的器物制造，而是把人类行为作为设计对象。为实现完整的交互，"人""动作""工具或媒介（身体或外在媒介）""行为目的""场景"构成交互设计五要素⑥。

交互设计的应用研究涵盖了诸多领域，包括信息产品（如 App）的交互逻辑及界面的开发、设计与评价；网络产品（如网站）的制作、开发、设计；数字娱乐产

---

① Rafaeli S. & Sudweeks F. Networked interactivity［J］. Journal of Computer-mediated Communication，1997，2（4）.

② Heeter C.，Moser J. S.，Schroder H. S.，Moran T. P. & Lee Y. – H. Mind Your Errors：Evidence for a Neural Mechanism Linking Growth Mind – Set to Adaptive Posterror Adjustments［J］. Psychological Science，2011，22（12）：1484 – 1489.

③ Ha L. & James E. L. Interactivity Reexamined：A Baseline Analysis of Early Business Web Sites［J］. Journal of Broadcasting & Electronic Media，1998，42（4）：457 – 474.

④ 雪莉·特克尔. 群体性孤独——为什么我们对科技期待更多，对彼此却不能更亲密？［M］. 周逵，刘菁荆，译. 杭州：浙江人民出版社，2014.

⑤ Duncan S. & Fiske D. W. Face-to-face Interaction：Research，Methods，and Theory［M］. Routledge，1977.

⑥ 辛向阳. 交互设计：从物理逻辑到行为逻辑［J］. 装饰，2015（1）：58 – 62.

品（如游戏）的开发和设计制作；信息系统（如 ERP）及信息界面的架构与设计；解决特定目标问题的产品系统设计（如 GPS 导航系统、电子路标等）；融合声音、图像的虚拟展示的设计与应用等。

综上所述，交互设计在当代社会中扮演着至关重要的角色，其意义不仅体现在提升用户体验和产品功能方面，更在于其深刻影响了人们与数字技术的互动方式。通过数字交互设计，人们可以更加轻松、高效地使用数字产品，实现人与技术之间更加密切的联系。随着人工智能、物联网等技术的发展，数字交互设计将更加强调个性化、智能化，更加贴近用户的需求和习惯，提升人们的生活品质和工作效率，创造出新的体验、价值和文化。同时，数字交互设计的未来发展也将面临新的挑战和机遇，如新技术的引入、新媒体的融合、新场景的拓展等。数字交互设计师需要具备跨领域的知识、技能和视野，以及创新和协作的能力，才能够应对数字时代的变化和需求。

1.3.3 交互的信息论模型

在众多交互设计研究中，信息论视角是颇具启发性的，它将复杂的交互行为简化为相对简单的模型，从而让我们更易理解交互行为的本质。信息论是由美国数学家克劳德·香农于 1948 年创立的一门学科，它研究信息的产生、传输、存储、处理和使用的数学理论和方法。信息论的核心概念是信息熵，它衡量了信息的不确定性和复杂性，也反映了信息的有效性和有用性。信息论的基本定理是香农定理，它描述了在给定的信道条件下，信息的最大传输速率和最小误差率，也就是信道的容量和可靠性。信息论的应用领域非常广泛，涵盖了通信、密码、计算机、控制、生物、社会等多个领域。美国著名的社会科学家、经济学家、人工智能专家和认知心理学家赫伯特·亚历山大·西蒙（Herbert Alexander Simon），是最早将设计与信息论联系在一起，将设计视为"人工事物创造过程"的心理现象的一位学者。1996 年他的著作 *The Science of the Artificial* 将设计作为一种复杂思维过程，其理论主要围绕设计思维展开，将设计视为"问题求解"的心理思维过程[①]。尽管西蒙没有明确提出"设计心理"这一概念，但他通过对思维过程和方式的研究，提出了一切人工事物（包括艺术）创造过程中，都存在"激发情感"和"实现原理"相交的决策过程，

---

① Simon H. A. The Science of the Artificial（3rd ed.）[M]. MIT Press，1996.

即"评价—寻找备选方案—表现"。他的理论为设计心理学的形成奠定了基础，也为交互设计提供了信息论视角。

在 1999 年，美国学者谢卓夫（Shedroff）发表论文指出，信息设计和交互设计应该结合在一起，形成一个统一领域的设计理论（A Unified Field Theory of Design）。他认为，信息交互设计由"信息设计""交互设计""感知设计"这三个设计方向交叉组成；他将其称为"信息交互设计（information interaction design）"。[①] 信息交互设计旨在规范和促进人类交互行为的信息方式与理论原型，重点在于构建人类更合理的信息交互方式及相应的行为准则，以适应信息社会的背景。

可以说交互是世界普遍存在的现象，其实质是由信息的输入—处理—反馈形成的信息流动。例如，日常生活中两个人的对话就是一种典型的交互行为：发言者发起话题（信息输入），倾听者接收信息后进行思考（信息处理），倾听者将思考结果以语言方式进行回复（信息输出），从而在这样的对话中，两者完成了信息交换，也完成了广义上的交互行为。又如，使用遥控器控制电视也是一种信息交换行为：用户按下遥控器按键（信息输入），电视接收到控制信息并处理（信息处理），然后以电视画面切换作为回应（信息输出）。综上所述，我们可以得到以下基于信息论视角的交互模型（见图 1 - 9）。

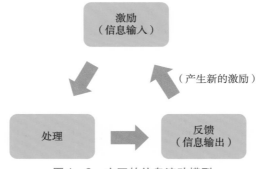

图 1 - 9　交互的信息流动模型

资料来源：笔者绘制。

将交互设计以信息论的视角进行观察，我们便能得到一个相对简洁且非常实用

---

① Shedroff N. Information Interaction Design：A Unified Field Theory of Design［J］. In R. Jacobsen（Ed.），Information Design，Cambridge，MA：MIT Press，1999：267 - 292.

的概念模型。信息的输入—处理—输出所形成的信息流动的循环，概括了所有的数字交互行为，亦可说向我们呈现了数字交互的本质。在纷繁复杂的现实世界中，交互行为的表现形式不计其数，但究其根本都是对该模型不同形式的实践。然而，即便我们拥有如此简洁明了的概念模型，但在实际的交互过程中，用户仍然会产生强烈的复杂体验。因此，下文将阐述复杂性相关原理，并以此观察复杂性理论对数字交互设计所带来的启发。

1.4　复杂性理论及其设计观察

1.4.1　复杂性理论

复杂性理论（complexity theory），又称为复杂性科学（complexity science），主要研究宏观领域的复杂性及其演化问题，旨在揭示复杂系统的结构、特征、内部运作机制，系统与环境的相互作用原理以及系统在不同状态下的特征、演变与发展规律。该理论关注于研究复杂系统的结构与功能关系，以及演化和调控规律。复杂性理论所研究的现象通常被称为涌现行为，这些行为通常发生在涉及生物的复杂系统中，如猩猩族群的社交关系或蚂蚁群的分工协作。复杂性理论不仅在计算机科学领域具有重要意义，在其他领域也非常重要。例如，在生物学中，复杂性理论可用于分析蛋白质折叠、基因表达和进化等现象；在经济学中，复杂性理论可用于模拟市场、博弈、决策和其他行为；在社会学中，复杂性理论可用于探索组织、群体、文化和其他现象。

总之，复杂性理论可被理解为一种关于认识复杂系统、揭示系统演化机制和规律、优化和调控系统的知识体系，其具体表现为对复杂系统结构与功能的描述，以及复杂系统演化条件、机制、过程及标度等方面的研究（见图 1 – 10）。

复杂性科学的发展历史可以追溯到 20 世纪 80 年代，当时系统科学进入了一个新的阶段，出现了一系列对复杂系统的理论和方法的探索。下文将对复杂性科学的发展脉络进行梳理，分析其主要的三个阶段和代表性的学派。

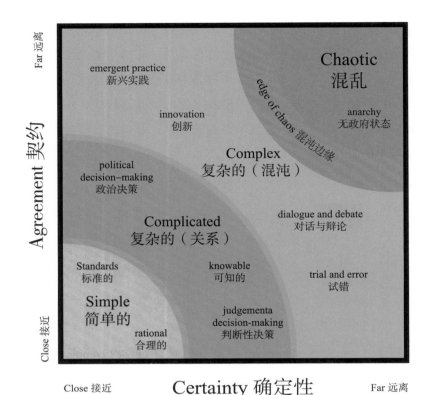

图 1-10　复杂性理论矩阵

资料来源：参考史黛西矩阵（stacey matrix），笔者重绘。

　　第一个阶段是埃德加·莫林（Edgar Morin）创立的学说，标志着复杂性科学的诞生。1973 年，法国哲学家、社会学家、生物学家埃德加·莫林在《迷失的范式：人性研究》① 一书中首次提出了"复杂性方法"这一概念，并倡导进行思维方式的革命。他认为，传统的科学思维是以简化、分析、还原、确定为特征的，它无法有效地解决复杂性问题，而需要一种新的思维方式，即复杂思维。复杂思维是一种在不确定性、模糊性、不可判定性的情境中，运用有序性的原则、规律、算法、概念等工具进行探索的思维。复杂思维不是为了掌握一切，而是为了探索一切，它不是一种终极的方法，而是一种警示的方法。埃德加·莫林的思想核心是"来自噪声的有序"原则，他用一个方形磁铁的实验来说明这一原则：他将一些方形磁铁放在一个盒子里，随机地摇晃盒子，然后发现这些磁铁会根据磁极的排斥和吸引而形成一个有序的结构。他指出，这个实验表明，无序和有序并不是对立的，而是相互依存

────────────

①　Morin E. The Lost Paradigm：Human Nature［M］. Seuil，1973.

的，无序可以促进有序的产生，有序可以利用无序的潜能。这一原则打破了传统的二元对立的思维模式，为复杂性科学的发展提供了一个重要的启示。

第二个阶段是伊利亚·罗马诺维奇·普里高津（Ilya Romanovich Prigogine）创立的布鲁塞尔学派，标志着复杂性科学的成熟。1979 年，普里高津和司坦厄斯（Prigogine & Stengers）发表了《从混沌到有序：人与自然的新对话》① 一书，系统地介绍了复杂性科学的概念和内容，并将其与经典科学进行了对比，虽然没有给出复杂性的明确定义，但是他们对复杂性的特征进行了描述。他们认为，经典科学是基于决定论和可逆性的，它只适用于简单的、封闭的、静态的、线性的系统，而复杂性科学是基于随机性和不可逆性的，它适用于复杂的、开放的、动态的、非线性的系统。普里高津和司坦厄斯认为物理科学正在从决定论的可逆过程走向随机的和不可逆的过程，这意味着复杂性科学是经典科学的对立物和超越者，并强调了时间在复杂系统中的重要性，复杂性是一种介于有序和无序之间的状态，它是由系统的历史和演化决定的，而不是由系统的初始条件决定的。他们还揭示了物质进化是一个不可逆的过程，它是由系统的熵增和耗散结构的形成共同驱动的。

第三个阶段是圣塔菲研究所的理论，它标志着复杂性科学的发展和应用。1984 年，美国成立了圣塔菲研究所，这是一个专门研究复杂性科学的跨学科研究机构，它汇集了物理学、生物学、社会学、经济学、心理学等多个领域的顶尖学者。他们以"复杂性科学"为旗帜，开展了一系列的理论和实证的研究，提出了"适应性造就复杂性"的观点，推动了复杂性科学在全球范围内的普及和应用。他们主要研究了复杂的适应系统，这是一类由大量能够学习、进化、创新的主体组成的系统，它们能够根据环境的变化而调整自己的行为，从而实现自组织和协同。复杂的适应系统包括生物系统、生态系统、社会系统、经济系统等，它们具有共同的特点和机制。圣塔菲研究所的研究员约翰·亨利·霍兰德（John Henry Holland）在《隐秩序：如何通过适应建立复杂性》② 一书中对复杂适应系统（CAS）进行了深入探讨，书中总结了复杂的适应系统的四个特点和三个机制。四个特点是：多样性、标签、非线性和流动性；三个机制是：刺激—反应、信用分配和规则发现，其具体内容如表 1-1 所示。

---

① Prigogine I. & Stengers I. La Nouvelle Alliance：Métamorphose de la science ［M］. Gallimard，1979.
② Holland J. H. Hidden Order：How Adaptation Builds Complexity ［M］. Basic Books，1995.

表 1-1　　　　　　　　　　　　复杂适应系统的四个特点和三个机制

四个特点	多样性	复杂适应系统由许多不同的组件构成，这些组件可以是个体、种群、物种或者是其他的系统。这种多样性使得系统能够适应各种不同的环境条件和挑战
	标签	在复杂适应系统中，组件之间的交互通常是通过标签来进行的。这些标签可以是物理的（如化学信号）也可以是抽象的（如语言）
	非线性	复杂适应系统的行为通常是非线性的，这意味着小的改变可能会导致系统行为的大幅度变化
	流动性	复杂适应系统是动态的，它们会随着时间的推移而发生变化，以适应环境的变化
三个机制	刺激—反应	这是一个基本的机制，其中系统的组件对外部刺激作出反应。这种反应可以是简单的（如细胞对化学物质的反应）或者是复杂的（如动物对环境变化的行为反应）
	信用分配	在复杂适应系统中，当系统的某一部分表现良好时，需要有一种机制来奖励那些表现良好的组件。这就是信用分配机制，它有助于引导系统的演化和适应
	规则发现	复杂适应系统的组件需要能够学习和发现新的行为规则，以便更好地适应环境的变化

霍兰德认为，复杂系统由许多适应性主体组成，这些主体通过标签相互识别，根据所接收到的刺激作出反应，并根据信用分配来评估其反应的效果。他们还通过规则发现来不断改进其反应策略。在这种非线性相互作用的影响下，这些主体之间形成一个动态、流动且有序的系统。这些主体在系统中具有一定的自治性和智能性，即能够提取客观世界的规律并把其作为自己的行为参照，通过在实践与经验中获得的反馈来改善自身的行为方式，这种自适应性和智能性使得整个系统能够在面对复杂和不断变化的环境中保持稳定性和适应性。适应性主体构成的系统不仅是静态的结构，而是具有动态性和流动性的，从而保持其内部的秩序和稳定性。这一点对于我们观察整个设计系统是颇具启发性的，具体内容在下一节中展开。

此外，复杂性理论还涉及几个核心概念，它们之间相互关联，共同构成了对复杂系统行为的理解和解释。这些概念包括随机性、混沌边缘、涌现和非还原性。

1. 随机性（stochasticity）

随机性是指系统内部存在的不确定性，但在外部表现上却可能呈现出确定性的特征。历史上，许多对复杂性的定义实际上是针对随机性的，因为复杂性被认为是介于随机性和有序性之间的一种状态，是在随机背景下无规则组合而成的结构和秩序。在数字交互中，随机性源于用户目的的多样性以及人类意识流动过程中的随机跳跃。这种随机性使用户使用数字交互系统的行为变得复杂多样，需要通过系统性的方法进行理解和管理。

2. 混沌边缘（edge of chaos）

混沌边缘是指复杂自适应系统在有序和无序之间运行时出现的一种有界非稳定性形式。混沌边缘原理也适用于优化神经网络性能。由于复杂系统由许多相互作用的部分组成，能够根据环境变化调整自身（如生态系统、社会系统、经济系统等），因此复杂适应系统在面对复杂任务时往往向混沌边缘移动。同时，复杂系统的有界不稳定状态（即系统既不是完全稳定的，也不是完全混乱的，而是在两者之间的一个临界点）比稳定平衡更有利于进化[①]。混沌边缘理论能够很好地解释复杂数字交互系统中各模块之间相互关联的制约关系，特别是在大型复杂系统中，这种关系的内在逻辑往往高度复杂甚至是不可知的。

3. 涌现（emergence）

涌现是指复杂系统中个体根据各自的行为规则相互作用，所产生的未经计划但实际上发生的、具有共同指向性的行为模式。涌现是一个非常重要的概念，其在很大程度上解释了还原论无法应对复杂系统的原因：整体（大实体）行为模式不能通过个体（小实体）行为规则进行预测，同时整体模式也不能还原为个体行为。在用户体验中由于涌现现象的存在，群体的用户体验和产品评价可能与个体评价有所不同，这要求交互设计师在设计过程中不断在个体和群体之间切换视角，以兼顾二者之间的关系。涌现是一种自下而上的过程，展现了系统的层次结构和非线性特征。在生成式人工智能领域，涌现这一概念格外活跃，大模型展现出强大的生成创造能力，在文本、代码、图像、音视频等方面的理解与生成方面取得了突破性进展，因此很多人认为人工智能开始涌现出"智慧"。

4. 非还原性（non-reductionism）

自然界并不总是呈现出简单的面貌，而是充满了复杂的现象，如混沌、分形、涌现、自组织等。这些现象往往不能用简单的还原论方法进行处理，即不能将复杂

---

① Prigogine I. & Nicolis G. Biological Order, Structure and Instabilities [J]. Quarterly Reviews of Biophysics, 1971.

的整体分解为简单的部分，或者将不可逆的过程还原为可逆的过程。这些现象需要用复杂性科学的方法进行研究，即用系统的、整体的、动态的、非线性的、概率的等观点来分析和理解。因此，复杂性必须用复杂性的方法来研究。简单性和复杂性是自然界的两个方面，它们相互联系、相互作用、相互转化。复杂系统具有非线性、动态性、非周期性、开放性、积累效应、奇怪吸引性和结构自相似性等特征①。当我们将数字交互设计视为一个复杂系统来认识时，便可以从其整体性、动态性、宏观微观统一性、确定性与随机性等视角来重新思考交互问题，从而形成不仅局限于设计知识的、更具文化适应性的解决方案。

综上所述，复杂性理论为交互设计带来了深刻的启示。传统设计往往基于线性、简化的思维方式，而复杂性科学强调系统的非线性和自组织特性。在交互中，理解用户、产品、环境之间错综复杂的关系变得至关重要。复杂性科学提醒我们，整个设计产业和设计过程充满了随机性和不确定性，传统的设计方法和技术已经难以应对越来越复杂的设计生态，关注并理解这种复杂性，才能更好地应对设计实践中的挑战，获得设计创新和发展的动力。

1.4.2　设计领域复杂性

传统还原论的认知是基于固态稳定系统得出的，然而当系统具有足够的可变性时，传统还原论就无法很好地解释复杂性。复杂适应性系统的动态模式来自主体之间的相互适应与相互作用。这一观点对于我们理解交互设计的复杂性是颇具启发性的，在交互的过程中，同样存在诸多自适应主体，如用户、设计师、系统工程师、新兴技术、流行文化与亚文化……这些不断变化的主体共同构成了交互的体验系统，这大大增加了设计工作的复杂程度。为了更好地理解这一观点，需要从以下几个方面进行说明：

首先，适应性主体是主动的实体。适应性或主动性是一个相对宽泛的概念。在交互过程中，只要个体具有根据外界信息调整自身结构和行为的能力，就可以认定该主体具有适应性。参与交互的各主体其适应性和主动性的程度有所不同，个体因素调整速度较快（如用户），环境因素调整速度缓慢（如流行文化）。

---

① 　Michael J. McGuire. Complexity Theory and Public Administration：A Review of the Literature ［J］. The American Review of Public Administration，2012，24（3）：308－325.

　　其次，个体之间以及个体与环境之间的相互作用促进了系统的演变与进化。复杂性理论与还原论的最本质区别在于，复杂适应系统理论认为个体间的相互作用构成了整体，作用越强，系统就越复杂，这与还原论提倡的简单相加截然不同。这种相互作用随着设计行业分工协作的复杂化进一步加剧，设计工作已经不仅仅发生在设计者内部（人类早期）或设计师与用户之间（手工艺时代），早已转变为多个组织、多个行业间的协同行为。

　　最后，对于宏观和微观的关系。还原论认为从微观到宏观不存在质的增加，并将统计方法作为研究微观向宏观演化的唯一手段。然而，适应性主体的内部相互作用使系统处于动态中，一般的统计方法无法描述这种现象。例如，交通系统是由许多适应性主体（驾驶员）组成的复杂系统，驾驶员根据自身的目标和环境的变化而调整自己的行为。传统的统计方法，如平均速度或密度，无法充分描述拥堵、波动、震荡等交通的动态特性。

　　事实上，复杂性理论与交互设计中的系统性思维是殊途同归的。当我们将交互设计及其体验的全过程视为一个动态系统时，其就与复杂性理论产生了紧密的联系，这种联系使我们能够更好地理解和设计复杂的交互系统。

　　现代设计复杂性的成因是多维的，如今设计师所面对的问题早已超越了传统意义上因果逻辑，问题所涉及的知识领域和可能的解决方案几乎是无穷多的，设计问题正在变得"棘手"。关于 T 型问题和 W 型问题的讨论我们将在后文中详细展开，目前，我们首先通过劳伦斯对"棘手问题"的观点来初窥这一类问题的成因。劳伦斯（Lawrence W. Barsalou）从设计的视角解析了霍斯特·里特尔和梅尔文·韦伯（Horst Rittel & Melvin Webber）所提出的棘手问题（wicked problem）特性，总结出棘手问题所包含的三个条件：（1）界限：个人认知和资源是有限的，而所面对的问题具有无限的特征；（2）复杂性：复杂性导致行动与结果之间无法严格对应，行动进程的结果难以预测；（3）规范：人们的价值观和规范存在差异容易发生冲突，但价值观和规范对于定义问题和解决问题有着紧密的影响关系。劳伦斯认为，设计思维是以解决方案和求解行动为目的、以需求为基础，并与创造性的行动、设计者的感性、技术的可行性、情感的满足和创造性的结果相连的一种思维过程[①]。参照上一节的复杂性理论可知，这是一个典型的复杂系统。

———————————

　　① Lawrence W. Barsalou. Define Design Thinking［J］. She Ji：The Journal of Design，Economics，and Innovation，2017，3（2）：102.

　　T 型问题和 W 型问题是两种不同类型的设计问题，它们分别对应了不同的设计方法和设计思维。

　　T 型问题是指那些具有明确的目标、范围、标准和解决方案的问题，它们通常可以用线性的、逻辑的、分析的、还原的方法来解决（如数学问题、工程问题、科学问题等）。一般可以用一个或几个核心变量来描述，可以用一个或几个核心方法来解决，可以用一个或几个核心标准来评价。T 型问题的优点是可以用简单的、有效的、可重复的方式来解决；W 型问题是指那些具有模糊的目标、范围、标准和解决方案的问题，它们通常需要用非线性的、直觉的、综合的、整体的方法来解决（如社会问题、管理问题、创意问题等）。

　　W 型问题的特点是无法用一个或几个核心变量来描述、解决和评价，其包含了设计流程中涉及的各主体的动态性、多样性和不确定性，以及人的主观性、创造性、情感性和价值观念。

　　在当前的设计实践中，设计师所面对的问题越来越多地从 T 型问题转变为 W 型问题，这就要求设计师不仅要掌握传统的、分析的、还原的设计方法和设计思维，也要学习新的、综合的、整体的设计方法和设计思维，以适应不断变化的设计环境和设计需求。社会对现代设计的传统认知已经过时，造物的设计和审美的设计已经不能囊括今天设计的全部行为，设计工作不断地吸纳各个新领域的知识和需求，形成相互交织、错综复杂的庞大系统。我们通过用户体验设计的知识关联性图表便能直观地理解到这一点，其描绘出与用户体验相关的诸多学科领域，以及相互影响和嵌套的关系（见图 1 - 11）。

　　从图 1 - 11 可见，现代设计的专业学科边界已经变得非常模糊，这成为设计复杂性的众多来源之一，除了多学科交叉所引起的知识急剧增加，用户行为的不可预测性、情感体验的多变性、文化范式的多样性，以及设计产业链的不断延伸和设计分工的细碎化，都导致了作为一个动态系统的现代设计变得越来越复杂。今天设计师所要思考的问题以及要掌握的知识远非以前可以比拟，例如，重新定义设计的目标域（ODD，用于描述和定义复杂系统的设计目标），考虑设计结果的规模性影响，基于随机性、集体行为和涌现现象所进行的设计思考，这些问题可能是生活在一个世纪前的设计师完全无须思考的。

图 1－11　用户体验设计相关学科

资料来源：参考 Dan Saffer 的模型，笔者翻译重绘。

1.5 当代设计的四个转向

交互作为一个广义的概念，随着人类活动的不断丰富，其内涵与形式也在不断进化。设计活动伴随着人造物的出现而出现，可以说是与人类文明共同成长发展至今的。我们通常所说的现代设计，则是伴随着工业革命，为了适应机械化批量生产而出现的设计范式，生产力的发展、技术的进步以及社会结构的变迁，从根本上推动着设计观念的变革。纵观整个设计领域，在不同的时代设计观念都在不断地演进，今天，全球化观念、人本主义思潮、技术爆发增长等因素，也正在改变我们原来所熟知的设计观念。总结起来，当代设计观念主要有以下四个方面的改变。

1. 从功能到体验

1739 年，美国雕塑家霍雷肖·格里诺（Horatio Greenough）首次提出了"形式追随功能"的理念[①]，1896 年芝加哥学派建筑师路易斯·苏利文（Louis Sullivan）将其作为设计理念并广泛推广，从此，功能在设计工作中被重视的程度上升到了一个前所未有的高度，成为设计专业的主流观念。产品的新功能、功能的稳定性、多种功能的组合，成为设计师和消费者共同的追求。随着人们生产力的发展和生活水平的提高，人们的注意力开始从能否满足功能需求过渡到能否获得优良的使用体验上，实用性已经不再被视为设计工作的主体，而被视为设计的基础条件。用户满意度评价、用户体验设计、服务设计等设计分支学科和研究不断出现，用户对设计的评价标准也从"有用"过渡到了"好用"，设计观念开始从对功能的重视过渡到对体验的重视。从不同的视角观察这种转变，也可以将其视为从产品设计到服务设计的转变。

2. 从标准生产到个性化

工业革命带来了人类生产力的飞跃，设计观念也因此产生了质的变化。机械化批量生产为基础的现代主义设计观念，成为 20 世纪设计工作的主流观念。第二次世界大战后，随着人本主义成为人类社会的主流观念，人们开始关注人与人之间的差

---

① 维克多·帕帕奈克. 为真实的世界设计［M］. 周博，译. 北京：中信出版社，2012.

别，个性因素被逐渐重视。工业时代受到生产技术的限制，设计物的个性化定制一直是设计界的难题，虽然出现过模块化设计的解决方案，但始终未能有效满足用户个性化的需求。信息技术的出现为个性化提供了一种可能，以智能手机的设计为例，虽然智能手机在外观上的设计差异越来越小，但丰富的手机 App 却让用户有了定制的可能，用户根据自己的需求、喜好安装不同的 App，通过不同的 App 组合，每一部手机所能提供的服务都是个性化的。未来设计领域针对个性化的设计工作将越来越多。

3. 从样式到内涵

一直以来，设计工作与美术工作密不可分，人造物的造型设计是设计的重要工作，特别是在 20 世纪末期，造型设计成为产品竞争力的主要来源。伴随着信息革命，网络为人们提供了全新的认识世界的方式，人们逐渐开始将注意力从设计物的外部向内部转移，设计物所承载的意义渐渐成为其新的价值所在。这种倾向也使近年来的设计研究工作越来越多地与心理学、认知学、语言学、哲学、社会学、人类学等学科嫁接，试图挖掘"感官体验"以外的"精神价值"。在今天的设计工作中，样式、造型仍然是非常重要的组成部分，同时设计师也认识到，文化内涵为设计品构建起了使用的场景，使其更容易获得文化共同体的认同和共感，从而为设计品增加新的精神服务附加值。

4. 从解决问题到定义问题

在 20 世纪 90 年代之前，设计观念主要定位于对设计问题的求解，Tripp 在其文章中对设计过程和设计本质进行了讨论，结合工程、建筑和软件设计的经验研究，提出了"为最优而设计"和"为对话而设计"的观点[①]。自此设计观念开始逐渐向重构设计问题发展，经历了从"设计的最优化"到"设计的可能性"再到"设计的创造性"的观念转变，重构设计问题正在成为设计师重要的思维工具。解决问题的设计观念，强调在理解设计问题的基础上，通过逻辑、理性思维的方式寻求最佳的解决方式；而定义问题的设计观念则强调发现导致问题的原因，从而重新定义设计问题，关注反思和社会效应，从而创造更多解决问题的可能性。

---

① Tripp S. D. Two Theories of Design and Instructional Design［C］. Proceedings of Selected Research Presentations at the Annual Convention of the Association for Educational Communications and Technology，1991.

　　综上所述，伴随着文化的发展和技术的进步，设计观念也在不断地发生变化，总体而言，这种变化呈现出一种由外在到内在、由实体到思维的倾向，设计领域越来越重视"软性"价值，设计过程中对于思维的重视程度逐渐增加，"如何做"正在向"如何想"过渡，近些年对设计思维（design thinking）的重视正是这种设计观念改变的体现。设计的思维方式、个性化差异、文化内涵等要素所带来的红利正在成为设计价值新的增长点。

第 2 章

纷繁复杂的用户需求

今天人们越来越依赖数字化产品和服务，计算机、智能手机、智能穿戴等产品和服务已经成为人们生活的重要组成部分。与此同时，现代消费伦理的改变潜移默化地导致人们消费需求的泛化。用户对于数字产品的需求不仅局限于功能性，更多的是对于情感、社会和文化价值的追求①。随着数字化生活的普及和需求泛化的趋势，设计师面临的挑战越来越大，这个时代要求设计师需要具备更高的敏感度和洞察力，以更好地满足用户需求，需要不断学习和探索，以创造出更加贴近用户需求的产品和服务。另外，复杂的用户需求也对设计师提出了全新的责任要求：需要在设计中充分考虑受众的社会、文化因素，关注用户的真实感受，传达正面和积极的信息，使之符合普遍认可的价值观和道德观，通过设计结果增加真正意义上的社会福祉。设计师需要保持开放和包容的心态，接受受众需求日益复杂和模糊的设计环境，尊重并理解受众需求的多样性，不仅关注产品的功能设计，更要关注产品如何满足用户的情感需求，如何符合用户的社会和文化背景。

面对纷繁复杂的用户需求，传统的用户分析方法已经难以应对，在设计行业接纳新理念、适应新模式、掌握新工具之前，高成本低效率的基于经验主义的用户洞察，仍然是目前解决设计问题的主要方法，这也成为现代设计工作日趋复杂的重要原因之一。本章将就这一问题展开讨论，从用户需求的角度观察今天设计行业所面临的挑战。

---

① Smith J. & Browne K. The Paradox of Design：The Balance between Interaction and Information ［J］. Journal of Interactive Design，2012，6（2）：27–33.

2.1 数字时代的需求爆炸

2.1.1 数字化生活

数字化正在深刻改变社会生活方式，深度嵌入与人们生活息息相关的衣食住行，数字化为人们展开了一幅自动化、智能化的生活图景。以前很多以为是"高科技"甚至是"科幻式"的生活场景，在今天已经有很大一部分成为现实。随着技术的应用场景越来越完整，数字技术正在从一种"工具"演化为一种"服务"——一种高度自动化的服务。

我们正在目睹数字技术所引发的技术爆炸，无数新技术、新标准不断冲击传统的生活秩序和行为规范，世界的数字化转型为社会、组织、个人带来了无数机遇与挑战[①]。实体店越来越多地使用数字技术，无员工、免结账行为的便利店或售货终端会越来越多。人们可以通过手机提前选好食物，当我们抵达餐厅时食物已经准备好了，或者直接要求无人机送到你的办公室。食物也可以由算法定制，盐的用量、食材的搭配、食物的卡路里都可以根据需求在手机上定制，人工智能能够在分子水平上分析食物，从而决策使用哪些成分来创造满足需求的食品。如果你想知道如何到达某个地方，只需打开高德地图的应用程序，选择最佳路线，它将提供准确的方向指引和卫星图像参考，甚至还可以根据交通、天气、安全和法律信息自动安排车辆路线。在未来的数字化工作场所，智能助手将在你意识到有问题之前主动解决问题，自动翻译并完成记录会议。当你进入会议室时，面部识别技术将识别你和其他参与者，并立即调整终端和屏幕共享设备的配置。如果你想获得一些新知识，只需拿出手机点击几下，而就在不久之前，人们想要获取新的专业信息还不得不去图书馆寻找，而现在有成千上万的网页供人们浏览，几乎可以找到所有想了解的东西，而就在本书撰写的当下，ChatGPT 正在如火如荼，我们甚至已经不需要依次浏览搜索引擎提供的网站链接，便可以直接获得答案。

---

① Swen Nadkarni，Reinhard Prügl. Digital Transformation：A Review，Synthesis and Opportunities for Future Research ［J］. Management Review Quarterly，2021（71）：233 – 341.

这些在几十年前还被称为科幻的技术场景，在今天已经成为人们生活中习以为常的生活常态，数字服务延展了人类的能力，也创造了新的需求。人们开始普遍享受数字化服务不过20年的历史，但足以培养人们全新的生活观念。人们已经开始不满足于触手可及的信息，如何将数字世界进一步接入现实世界，让虚拟技术能够在"更物理的层面"发挥作用，进而在更广阔的领域改变生活和工作方式，这些正在成为交互设计研究者和实践者新的使命。上述场景展示了一个不可辩驳的事实，数字技术已经深度嵌入人们的日常生活，人们已经习惯于数字服务所带来的便利和丰富。弗兰克·席尔马赫（Frank Schirrmacher）在其《网络至死》中表示："我已经无法想象，如果有一天谷歌不存在了，我的生活将会变成怎样？我所有的邮件，我所有曾经搜索过的关键词，我所有的订阅文章都将灰飞烟灭，不复存在，这有可能会是生活对我最大的报复。这种感觉是糟糕的。我能想象的是，如果现世有一部关于世界末日的预言，它的结局大概可以这么写：谷歌完了。"[1] 数字技术的发展，不仅改变人与人、人与物、人与环境的关系，也改变人与自身的关系。对数字化的依赖，让人们对于数字交互提出了无数要求，这些要求并不仅局限于某种具体功能的需求，人们期待着数字服务能够解决一切问题，对数字交互服务的需求呈现出爆发式增长。

用户的信息行为模式与其所处环境、社会角色密切相关[2]。在使用数字产品的过程中，用户不是被动地接受系统的指导和限制，而是主动地选择和调整自己的交互任务、交互资源、交互流程和交互决策。用户的交互行为不仅取决于系统的功能和界面，还取决于用户的动机和目标，以及用户对系统的价值和效用的评估。不同用户有着不同的使用动机，每个交互任务仅使用整个系统的一部分资源，因此交互系统的价值对每个用户都是不同的，其任务流程和决策方式也因其价值目标而定制。这种情况使同一数字产品的使用方式具有多样性，用户既有理性的思考和分析，又有感性的行为和活动。用户的交互决策常与情感因素紧密相关，对数字产品的反馈结果有着不同的期待。在交互过程中，用户加入大量感性判断因素，交互决策呈现出"个人化"的倾向。这种倾向由用户的知识背景、使用环境和交互目的等因素共同决定，交互过程呈现出多样性特征[3]。

---

① Schirrmacher F. Payback：How to Regain Our Creativity and Thinking Power in the Noisy Era of the Internet [M]. Longmen Bookstore, 2011.

② Wilson T. D. Human Information Behavior ［J］. Informing Science, 2000, 3 (2)：49 – 56.

③ 李昕，杨琳，李东勋. 数字界面人机交互过程复杂性来源研究 ［J］. 现代计算机, 2015.

例如，同一个用户在不同的时间或情境下，可能有不同的需求，早上上班前需要快速便捷的早餐，而周末晚上可能想要享受一顿高品质的晚餐。再如，旅行者需要寻找合适的目的地、预订交通和住宿、安排行程和活动、享受美食和文化等；旅行社需要吸引客户、提供优质服务、管理订单和财务等；酒店需要提升入住率、增加收入、优化设施和服务等；景点需要吸引游客、保护环境资源、完善基础设施和服务。这三方都有从自身出发的需求，而这些需求又往往体现在同一个数字服务中，因此需要设计师对三方需求作出系统性考量，才能形成完整、合理的设计目标规划和设计方案。

数字化生活的另一个显著特征是强调结果而不重视过程。在现代社会，大部分人处于高强度、快节奏的生活状态中，每个人都心浮气躁，无暇享受过程带来的美妙体验，因此，人们对"直达结果"的需求比以往任何时候都更加强烈。这种渴望在数字技术的加持下很多已经成为现实：人们无须前往实体店，而是通过在线购物平台就可以轻松地找到并购买想要的商品，甚至购物平台还会把你最可能想要的商品直接推送到眼前；通过打车软件快速叫到车辆；智能家居设备可以帮助人们自动完成清洁；可以随时随地观看电影和电视节目；只需要动动手指美味可口的饭菜就可以送到眼前……所有这些都体现了人们对于"一键直达"的渴望，希望通过简单的操作即可实现复杂的功能，甚至期待思考过程也能被替代，直接得到答案。对数字化生活的依赖，让人们对数字产品产生了空前的需求，对数字交互及其带来的体验有了极高的期望。

工业时代产品设计的主要目标是实现产品功能的最优化，而在数字化时代，这一目标已经发生了根本性的变化。数字产品的用户目的往往模糊不清，功能需求也需要不断迭代和变化。这种复杂性不仅来自需求的不断变化，还来自需求之间的交织，甚至可能是需求的相互冲突。设计师需要有能力理解这些需求，找出其中的共性和差异，以便设计出能够满足这些需求的产品。因此，数字交互设计面临的挑战不仅是如何设计出功能强大的产品，更重要的是如何设计出能够适应用户需求变化的产品。除此之外，新消费伦理的形成也让需求进一步泛化，让设计师更难掌握用户的真实需要。

2.1.2　需求刺激与设计师困境

数字时代的需求多样性不仅仅源自技术进步，还受到文化和设计的诱导作用。

数字技术的发展使人们之间形成了数量庞大的连接整体，在网络这个"上帝之眼"的监视下，人们可以轻易观察他人的生活，逐渐改变自身观念。然而可悲的是，网络上展现的生活通常经过设计、包装和表演，并不反映生活的真相。长时间处于这种信息环境中的人们逐渐形成了新的社会伦理，被商业消费主义主宰的生活观念不断刺激着新需求的诞生。在这样的环境中，设计师需要更深刻地认知数字技术与文化、社会的关系，不仅要通过技术满足文化和社会需求，更重要的是应该考虑如何通过设计打破目前商业消费观念的束缚，关注人类社会真实的福祉增长，提供更具社会责任的数字交互服务。

英国社会学家鲍曼在其著作《工作、消费主义和新穷人》① 提出了工作伦理（work ethic）、消费伦理（consumption aesthetic ethic）和新穷人的概念。新穷人是指那些受过高等教育、外表光鲜亮丽、追求中产生活方式，但没有积蓄可言的人群，他们是后现代社会中有缺陷的消费者。

鲍曼认为，工业化早期社会被认为是一个典型的生产型社会，需要大量劳动力参与工业生产，为了吸引传统手工业和农业人口进入工厂和公司工作，出现了工作伦理的概念。工作伦理告诉人们工作是一种道德义务，只要努力工作就能获得成功。在那个增量时代，大部分人都拥有社会上升空间，只要勤奋耐劳就能实现社会地位的跃升，获得尊重和认同。然而，随着科技的进步、生产力的提高、劳动力的过剩和物质繁荣等因素的影响，社会进入了存量时代。人们开始意识到通过努力工作来取得成功变得越来越困难，早期的工作伦理在人们心中出现了动摇。因此，社会从基于生产的工作伦理转向了基于消费的消费伦理。

在消费型社会中，人们不再认为自己是生产者，而是消费者，认为消费越多就越幸福、越受尊重。于是社会开始通过各种方式制造更多、更新、更高端、更个性化、更体验化的消费需求，体验和符号成为形成自我认同的基础之一，消费行为已经不仅为了得到他人的关注和尊重，也是为了自我认同。消费社会不断创造各种符号，吸引人们购买、体验和享受。这些符号包括商品、品牌、广告、媒体、文化等，它们传递的信息是：只有通过消费，你才能获得幸福、成功和认同。在后现代社会，没有一个确定的答案来指导我们如何生活，我们需要自己去探索和寻找适合自己的生活方式。现代工作伦理强调工作是道德、责任和幸福，而忽视了工作之外的其他

---

① 齐格蒙特·鲍曼. 工作、消费主义和新穷人 [M]. 王晓峰，译. 上海：上海社会科学院出版社，2021.

方面。消费伦理则强调及时满足、消费是快乐和自由，而忽视了消费之后的后果。这两种伦理都以个体为中心，缺乏对社会和环境影响的考量。鲍曼认为，我们应该转向一种更加平衡和可持续的生活伦理，去探索和寻找适合自己的内聚力（cohe-sion）的生活，不仅关注个体的利益，也关注他人和未来的利益，强调个体与社会和环境的互动和协作。

在当今社会，消费伦理和数字化生活已经共同构成了我们生活的常态。与这些商业目的相关的数字产品设计不断鼓励新需求的产生，并通过"提升用户的交互体验"来强化这一目的。用户体验设计的初衷是提升人类的生活质量，但从更宏观的视角来看，今天交互设计所营造的用户体验是否真正满足人们的需求？营造良好用户体验的目的是否需要被质疑？以用户为中心的设计要求设计师关注消费者的需求和欲望，但通常没有真正考虑他们为何想要这些东西，以及这些东西对用户和社会所具有的意义。

设计和消费主义形成隐晦的交叉点。现代设计通过广告和市场营销鼓励消费主义，视觉刺激使消费引导信息变得更加强烈且易于接受，这是由人类注意力模式所决定的。图片比文字更有吸引力，视频比图片更有吸引力，试想一下今天的短视频对人们的吸引力就不难理解这一点了。除了营造视觉上的吸引，数字产品还在尝试了解消费者的心智结构，短视频平台的智能算法能够轻易知晓用户的喜好与最近关注的商品，并不断推送相关产品的信息内容，几乎没有人能够在这样的信息轰炸中幸免。

设计对消费的鼓励更多地体现在时间维度上。大部分被生产出来的产品，在短时间内就会被扔掉，因为每隔一两年就会有新的产品问世。"有计划地废止"（planned obsolescence）是企业设计和制造产品版本的常用方法，旧版本的产品将在未来的某一天变得难以使用，而如今这几乎已经成为设计行业的普遍策略，但对大部分消费者来说并不知道有这样的策略存在。iPhone用户软件更新后手机速度会变慢，这是有计划地废止的典型例子，这种策略对于苹果公司而言是提升利润的有效手段，但对人类整体而言却只有负面意义。这种策略反映了消费社会的一个重要特征：我们生活在一次性的社会中。消费主义是对非必需品的渴望，而这种消费主义的推动力量在很大程度上来自设计，在设计的刺激下，人们的非必要需求不断膨胀，这是现代商业设计的基本逻辑，也是最值得反思的问题。

在信息时代，除了上述实体产品设计对需求的无限度鼓励，数字产品还会建立一种数据上的连接，越来越多的产品通过智能芯片建立产品、消费者和使用场景的数据系统。

　　数据分析和智能平台正在全方位地改变我们的生活。数字服务平台通过分析用户的行为和习惯，从界面设计、内容选择到行为模式等各个层面进行个性化定制，以形成具有及时性和低摩擦的内容推送（见图2-1）。推荐算法帮助用户发现他们需要或喜欢的内容，从而提高平台的用户满意度和留存率。然而，这些服务也在客观上鼓励人们不断产生新的需求和过度的欲望。推荐算法会根据用户的购买历史、浏览记录、收藏夹等数据，向用户推荐新的商品，从而提高购买转化率；推荐算法还会利用社会认同、稀缺性、互惠性来刺激用户的购买欲望，例如，我们常见的"该商品已被1 000人购买""该商品仅剩5件""该商品限时优惠"等信息；推荐算法还会通过学习用户偏好来强化用户兴趣，从而延长数字产品的使用时长……每当我们使用推荐算法驱动的服务时，我们实际上都在参与一个复杂且难以预测后果的社会实验。

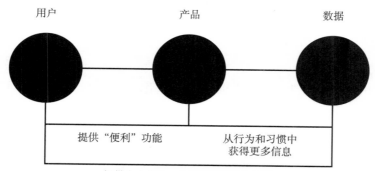

图2-1　用户、产品和数据之间的关系

资料来源：笔者绘制。

　　新技术总是让我们想要更多，而设计师也因此陷入某种困境，设计师只是消费主义的工具吗？设计师是否应该围绕着销售产品来创造更有吸引力的体验？受雇于企业利用自己全部的智慧通过设计使其获利是不道德的吗？这些问题或许难以得出简单的结论（值得注意的是，对产品或服务的营销宣传，并不完全等同于对过度消费的鼓励，只是二者间的界限非常模糊）。无论我们是否愿意承认，在今天的设计实践中，设计师的绝大部分工作就是为商业目的服务，而数字技术让设计师的设计可能传播得更远，影响更多的人，这无形中放大了设计师的困境，一方面设计师在警惕消费主义带来的问题，另一方面设计师又不得不在工作中为促进消费而努力，不断地通过设计为用户创造新的需求，激发用户更大更迫切的欲望。这种困境不仅是设计师的困境，也是整个社会的困境，甚至我们尚不清楚能否形成一种平衡，既能满足用户的需求，又能避免过度消费和资源浪费。

综上所述，在消费伦理和数字技术的双重刺激下，用户的需求无限增长，强烈的多样性让用户的需求变得模糊不清。设计师越来越难以了解用户的真实需求，而什么是设计师真正应该满足的需求则成为更为宏观、更为重要的议题。设计师一方面要为企业的商业利益服务，通过设计吸引用户，提高产品的销售量和市场份额；另一方面，设计师也在反思对商业利益的过度催化，思考如何在满足用户需求和追求商业利益之间找到平衡。

2.2　了 解 用 户

2.2.1　传统调研的局限性

在数字化生活和消费主义的双重作用下，用户需求变得无限多样且模糊不清。新兴技术引发生产方式和生活方式的变化，逐渐沉淀为新的观念被社会接受，最终表现为人们新生活诉求和精神标准。传统的设计工作方法已经难以应对这种爆发式增长的需求，设计工作中的模糊性不断增加，这为交互设计带来了巨大的复杂性。

用户需求是设计的出发点和目标，但在欲望交叉混合的今天，用户需求往往难以明确表达，而且会随着时间和环境的变化而变化。传统的设计方法通过用户沟通、观察、测试，了解用户真实的需求，并根据反馈进行调整和优化，但没有一个设计方法可以面面俱到。不同的项目、场景、目标需要采用不同的设计方法，同一种设计方法在不同的情境下也会有不同的效果，而且由于技术、市场、审美等因素的变化，今天看起来好的设计结果可能明天就过时了，不再符合新的社会诉求。

这就给设计师提出了新的难题，似乎传统的用户调研工具已经不足以应对这种错综复杂的需求，许多需求开始变得难以量化和观察，基于传统统计学或定性研究方法，越来越容易发生偏差而无法正确了解用户需求，这一现象的发生包括但不限于：错误解释、隐私问题、模糊描述等原因。

1. 错误解释

用户访谈是传统设计方法中了解用户需求的常用方式，在用户访谈中，如果将用户的错误解释作为设计需求的坐标，可能会出现严重的调研偏差。在经典的"香草冰淇淋"案例中，错误解释现象可见一斑。

这是一个发生在美国通用汽车公司的真实故事，一位客户发现自己的新车有一个奇怪的故障：每当他买了香草冰淇淋后，车子就无法启动；如果他买了其他口味的冰淇淋，车子就没有问题。于是他写信给公司投诉这个问题，并将问题归结为"我的车不喜欢香草冰淇淋！"这显然并不是问题的真正原因。然而公司派出调查这一问题的工程师在亲自陪同客户去买冰淇淋测试后惊奇地发现，客户说的是真的：只有当买香草冰淇淋时，车子才会出现故障，而购买其他口味的冰淇淋却不会出现故障。于是工程师开始记录各种数据，并最终发现了一个重要的线索：购买冰淇淋所花的时间不同。真正的原因是冰淇淋店能够迅速提供最畅销的香草口味冰激凌，而其他口味的冰激凌制作则需要更多时间。这就导致了买香草冰淇淋时，车子停留的时间较短，发动机没有足够的时间散热，气体阻塞油路导致车辆无法启动。而买其他口味时，发动机则可以充分散热，气体就会消失，车辆便恢复正常。

上述案例充分地说明现象与结果之间所存在的因果关系往往是错综复杂的，如果只是简单地建立其因果联系，往往会得到错误的解释，而人们却常常对这种解释深信不疑。"香草冰淇淋"案例发生在非专业用户身上，这种错误解释可能来自专业知识的缺乏，在专业研究中类似的问题是否就不会发生了呢？

某犯罪研究专家通过对大量刑事案件档案长期细致的调查分析，发现一个令人震惊的规律：在酒吧发生的致死性斗殴事件中，有85%的案件中，首先出手攻击的一方最终成为死者。数据一经公布，在社会上引起广泛的关注和讨论，人们纷纷相互提醒，在酒吧遇到争执时千万不要轻易动手打人。人们尝试寻找各种理由来解释先动手打人死亡率更高的原因，猜测主动出击的一方，很可能会遭到对方更为激烈和致命的反击。

这看似具有教育意义的结论，实际上却存在着严重的逻辑缺陷和方法论错误。得出这一数据的真实原因在于，在斗殴双方中，已经死亡的一方无法提供自己的证词或辩解，而档案中所记录的只是幸存者所作出的陈述。如果一个人在酒吧与他人发生冲突并导致对方死亡，被警察拘留并审问时，很可能会为了自保而谎称是对方先挑衅或动手。因此，在档案中所反映出来的情况，往往都是死者先动手攻击。虽然专家对档案数据进行详细的统计分析，但并没有考虑其他可能影响结果的因素或变量，因此对现象产生了错误的解释。

除了对现象和调研结果的错误解释，记忆错误归因也常常是出现分析偏差的原因。记忆错误归因（misattribution of memory）是指人们错误地将记忆的起源、原因或来源归属给不正确的事物。我们的大脑资源有限，通常只会记住信息的要点，而不会记住细节和来源。所以，我们很容易忘记信息来自哪里，从而产生记忆错误归因。

在丹尼尔·沙克特（Daniel Schacter）的《记忆的七宗罪》① 中，作者将记忆错误归因可以分为三种类型：来源混淆、隐性记忆和错误记忆。来源混淆是最基本的形式，是指人们正确记住信息但将其归属给错误来源。这可以导致目击者证词中的错误。易受暗示也增加了来源混淆的风险；隐性记忆是指那些遗忘的记忆被再次唤醒，却被认为是自己想出来的。它发生在我们不记得曾经的信息时，它常见于学术界和知识产权领域的侵权中；错误记忆是由于记忆的不可靠性而产生的不真实记忆。即使对重要事件，我们也无法确切地记住它的来源和所有细节，经常会出现记忆与现实不相符的情况，这种情况经常发生在日常生活中。

2. 隐私问题

在设计调研中，特别是进行问卷或访谈等调研时，受访者常常出于各种原因对自己的情况进行隐瞒或篡改，其动机主要是出于对个人隐私而不愿意透露真实情况，这使设计师很难获得真实信息，很可能收集到虚假数据，影响最终的调查结论。

例如，关于城市居民的性生活质量、离婚率的调查常常难以获得真实数据；抑郁症患者可能在社交场合中表现得积极乐观；一个人可能对自己的婚姻并不满意，但连他的伴侣都不察觉。又如，在一项针对性生活次数的调查中，美国女性报告的平均每年性行为次数是 55 次，其中 16% 使用避孕套，即美国每年消耗的避孕套数量应该是 11 亿个。而在同样的调查中，美国男性报告的平均每年性行为次数更高，相应地推算出美国每年消耗的避孕套数量是 16 亿个。这两个数据存在明显的不一致和不合理，这两个数据应该相等或者非常接近才对。此外，与这两个数据相比，美

---

① 丹尼尔·夏科特. 记忆的七宗罪［M］. 李安龙，译. 北京：中国社会科学出版社，2003.

国真实的避孕套销售量只有不到 6 亿个。因此可以推断，在这项调查中存在着普遍而严重的夸大现象①。

由此可见，在设计调研中受访者的回答可能会受到许多因素的影响，包括其个人动机、社会期望、文化背景等。受访者可能担心回答会带来负面后果，或者希望展现出符合社会期望的形象。匿名访谈或许是上述问题的解决方法之一，但在通常情况下仍然无法抵消用户的戒备心和虚荣心。

3. 模糊描述

我们需要什么样的产品、未来是怎样的、产品应该具备怎样的功能等，在面对这些问题时，非专业人士往往只能给出模糊的答案。在设计调研中，用户对未来的展望往往带有明显的时代局限性，可能会使用含糊不清或过于理想化的语言，导致调研者无法根据用户需求进行具体和切实可行的设计。

用户的认知水平受限于其个人经验、文化背景和信息来源等因素，往往难以突破已有的思维模式和范式。最典型的例子是关于手机的用户调研，在功能机时代，由于技术发展和市场竞争的局限性，手机产品以满足基本通信功能为主要目标，对于外观设计、屏幕大小、按键布局等方面进行微调或创新。用户对于手机产品的期待也基本围绕这些方面展开，基本都在关心是直板手机更好还是翻盖手机更好，缺乏对更高层次需求和更多元化功能的想象力。直到 2007 年，苹果公司推出第一代 iPhone 并开创了智能手机时代，才让用户意识到手机产品可以具备触摸屏、应用商店、多媒体播放等多种功能，并满足用户在娱乐、社交、学习等方面的需求。技术创新引发的需求变革，消费者并不清楚自己对某些产品或服务是否有需要，或者是否喜欢它们，直到这些产品或服务真正出现在市场上后才会产生需求上的认同。iPhone 就是一个典型的用户需求模糊的案例，在新技术打破用户原有对手机产品的认知框架后，用户才能够明确描述对智能手机的需求。

因此，以用户为中心的设计方法（UCD）实际上并非它的字面意思，这种设计方法的核心并非真的以用户表达出来的需求为中心，而是以设计师通过取舍判断和综合分析最终形成的"用户需求"为中心，这种用户需求几乎不反映某一个体的诉求，甚至在很多时候是超越受众群体的意志的。设计师需要超越调研结果的主要原

---

① William D. Mosher, Jo Jones and Joyce C. Abma, 2006 - 2010 National Survey of Family Growth ［S］. National Center for Health Statistics, 2012. 08，报告编号 NCHS Data Brief No. 51.

因是，设计与艺术有着本质的区别，设计不仅需要审美的创造力，还需要理性的分析和科学的调研。

设计活动本身是一个灵活性极强的工作，需要根据不同的情境和目标进行实时调整，即使定性和定量的研究可以达到样本充足和调查彻底，也不能保证能够推导出最"完美"的那个方案。这是因为 UCD 存在着无法预测未来需求的局限性。用户参与研究时通常只能表达出他们当前或过去的经验和需求，而很难想象未来可能发生的变化或创新，用户往往受到自身认知、习惯、文化等因素的影响，难以接受或理解超出他们期望或想象范围的创新。因此，设计师必须对用户所描述的需求进行加工和再创造，以突破非专业人士在需求描述中存在的局限性。然而这又回到了前文阐述的困局：设计师想要深入了解用户需求变得越来越困难。受到记忆错误、解释错误、隐私保护、模糊描述等因素的限制，传统的设计调研方法往往只能提供参考性答案，难以直接获得真实有效的结果。

在这种情况下，设计师的经验开始成为分析和解决问题的重要途径。设计师尝试通过多年的实践经验，逐渐积累对用户需求的敏锐观察力和理解力，能够更好地理解用户的潜在需求。设计师可以通过自己的直觉和经验判断，来分析和解决问题，弥补传统调研工具的不足。设计师的经验不仅是一种技能，更是一种洞察力和创造力的体现，能够帮助他们更好地理解用户，设计出更符合用户、市场、时代需求的产品和服务。

2.2.2　经验主义的用户洞察

面对纷繁复杂的用户需求，目前传统设计界倾向于基于设计师经验来洞察用户需求。这里的"洞察"（insight）一词具有重要的含义。它并不仅仅是对用户需求的收集或对用户反馈的分析，而是指设计师通过深入理解用户的特性、目标、痛点和情感，发现用户真正需要解决的问题，并以一个简洁、有针对性的问题陈述来引导后续的设计思考和创新活动。

"洞察"是对用户行为、动机或态度的深刻理解，它能揭示用户的潜在需求，并为设计提供创新且有价值的方向。洞察的产生基于设计师对用户的深入了解和同理心，是一种推测性的结论，其往往能够超越用户现有的诉求表达，形成更深层次的分析结论和更具战略性的设计目标。设计师可以通过以下方法来辅助自己形成洞察结果。

1. 观察法

观察法是设计师面对复杂设计问题时较为可靠的调研方法，相较于数据性调研方法，如问卷、访谈、测试等，观察法往往不能获得很多数据性资料，这让它看起来没有数据性调研那么酷。但是，在解决复杂用户需求分析时，观察法却有着天生的优势。通过观察，设计师可以捕捉到用户真实自然的行为和情境，而不是依赖于用户的回忆或描述，从而避免用户在数据性调研中可能存在的偏差、遗漏或虚假。此外，有效的观察还可以发现用户潜在或隐含的需求，而不仅是表达出来的结果。正如我们前文所提到的，很多时候用户自己可能没有意识到或者不愿意表达某些需求，这些细节在观察中可以通过用户的表情、动作、语言等细微信号来感知和理解。同时观察法可以探索更广泛和深入的信息，而不局限于预设好的问题或指标，从而激发更多创新性和启发性的设计思路，通过观察用户与产品、环境、服务等方面的交互关系，研究者可以找到改善或创造新价值点的机会，并提出更符合用户期待和体验的设计方案。

2. 以行为为中心的设计方法（ACD）

以用户为中心的设计方法（UCD）是目前设计领域最主流的设计方法之一，而以行为为中心的设计方法（ACD）却常常被人们忽略。以行为为中心的设计方法（ACD）是一种关注用户在特定领域中的重复行为，以及如何用软件技术支持这些行为的设计方法[1]。它不仅考虑用户的需求和感受，而且考虑用户所处的情境和环境，以及与其他人和物的互动[2]。

以行为为中心的设计方法（ACD）相对于以用户为中心的设计方法（UCD）来说更加复杂和抽象，这也是其未能成为最受欢迎的调研方法的原因。ACD 需要对用户行为进行深入的分析和理解，考虑更多的变量和不确定性，例如用户行为的多样性、动态性和情境性。同时 ACD 需要与用户进行更多的沟通和协作，让用户参与到产品的创造过程中，通过用户参与、信任授权、激励等措施收集用户行为。

以行为为中心的设计方法（ACD）并不依赖于用户需求完成设计，而是基于用

---

[1]　Denning P. J. & Dargan P. A. Action-centered design ［J］. Communications of the ACM, 1996, 39（10）: 69 –77.

[2]　Kruse L , Nickerson J. & Seidel, S. Portraying Design Essence: A Single Page Approach for Design Knowledge Representation and Communication ［J］. In Proceedings of the 51st Hawaii International Conference on System Sciences, 2018.

户的使用行为来完成设计，这对于今天数字设计日渐模糊的用户需求而言具有相当的优势。设计师并不需要关心用户打开某个应用的最终目的是什么，只需要考虑用户可能对数字产品实施哪些行为，并保证这些行为可以被顺利实施。

因此，ACD 方法特别适用于那些涉及复杂人机交互、多任务处理、多用户协作等场景的设计项目。例如，在图像处理软件 Photoshop 中，用户可以使用各种工具来进行图像修改、美化调色、图形绘制等不同类型活动，其用户需求和使用动机是异常复杂的。ACD 方法可以帮助设计师分析用户在不同情境下使用 Photoshop 的行为模式，并提供相应的工具和界面来满足用户在操作效率、易用性、灵活性等方面的需求。其实质是用户通过不同工具间的组合来达成自己的使用目的，因此只需要确保工具的使用逻辑一致、工具间不发生干涉，便能够有效实现用户需求，形成良好的用户体验。

3. 交叉验证

洞察用户需求，我们也可以借用信息验证领域的一些方法，"交叉验证"是一种检验信息来源或内容真实性的方法，它通过比较不同来源或渠道的信息，或者使用不同的方法或工具来验证同一信息，来发现潜在的错误、偏差或欺骗[①]。例如，在新闻报道中，记者通常需要通过多个独立可靠的消息来源来核实新闻事实，并且要注明消息来源和引用方式。这样可以提高新闻报道的真实性和权威性，也可以避免因为单一消息来源而导致的错误或误导。两个看似完全不相关的信息，一旦形成交叉，那么交叉点的信息可靠性通常是极高的。

交叉验证不仅可以帮助设计师验证用户需求分析的可靠性，也可以帮助设计师在复杂场景下验证设计方案的适应性和有效性。在实际情况中，用户的需求可能会随着时间、地点、情境等因素而不断变化，设计师利用交叉验证方法来评估设计方案是否能够满足不同场景下的用户需求。例如，设计师可以将用户数据分成不同的场景类别，如工作、娱乐、出行等，并按照交叉验证的方法对设计方案进行测试，通过比较不同场景下的用户反应，发现哪些场景下的用户需求更容易被满足，哪些场景下需要改进或优化。这一内容在第 5 章将展开详细讨论。

虽然基于设计师经验的"用户洞察"能够在很大程度上解决用户调研的复杂性

---

① Stephen Bates，Trevor Hastie，Robert Tibshirani. Cross-validation：What does It Estimate and How Well Does It Do It？［J］. Journal of the American Statistical Association（JASA），2023.

问题，但其有两个明显的缺陷。首先，优质的用户洞察有赖于设计师经验的充分积累，这并不是所有设计师都能轻易具备的素质，需要长时间的设计专业训练和实际项目经验。其次，由于经常缺少可靠的信息参照，基于经验主义的用户洞察方法也常常会犯错，在没有可靠用户反馈的情况下预测用户的需求和行为，错误估计和延伸用户需求。

由此可见，用户洞察方法是目前在实际设计工作中，设计师面对纷繁复杂的用户需求，所选择的一种无奈的工作方法，是一种强烈依赖经验、低效率且不可靠的用户分析方法，并不是解决用户需求复杂性的最优方式。

第3章

设计目标的凝缩

在当今设计实践中，设计师们在面对实际项目时感受到的复杂感不断增加。设计不再仅仅追求功能性或效率性，更加强调获得一个综合性的、以体验为目标的设计结果。这种对用户体验的追求要求设计师全面考量和分析各种相关因素，以确保用户获得与其知识和能力相匹配、与目标场景相适应的优质体验。设计目标的终极化使设计师面临更大的挑战，在方案形成的过程中，必须充分理解社会的多元性和复杂性，考虑到多利益相关者的需求，平衡各方利益，以适应错综复杂的用户需求和社会共识。在这一过程中，采用合适的模型理解这种复杂性，并不断调整设计策略和方法，是确保设计方案能够最终满足各方需求的必要途径。

3.1 体验为王的时代

3.1.1 问题陈述与问题定义

在展开本章的讨论前，我们需要先明确设计的"问题定义"这一概念，"问题定义"是设计问题类型的衡量标准。关于设计领域的"问题定义"存在很多概念解释，以弗斯特（Foster）的观点为例，问题定义是一个迭代的决策过程，需要明确目标和标准，综合分析可用的数据和信息，以及考虑用户的需求和情境。问题定义的结果是一个具体而清晰的问题陈述，它指导了后续的设计活动①。

　　设计问题的定义是设计过程中的关键环节，因为它决定了设计的范围和方向（见图3-1）。问题定义要比识别需求更具体，它包括所有限制设计师选择的规范。问题定义是对问题的清晰描述，它包括解决问题的愿景和方法。设计问题定义的目的在于以设计师视角，真正理解问题的本质，如我们面对的问题是一个功能性问题还是一个机制性问题？是一个个体性问题还是一个群体性问题？是通过迭代产品可以解决的问题还是需要转变用户观念才能解决的问题等，同时设计师还需要考虑谁是用户？他们的目标和动机是什么？为什么解决这个问题很重要？如何论证这是一个真正的问题等。这要求设计师具备充分的同理心，理解用户的诉求和体验，保持开放的思想，敢于改变固有视角，能够综合与设计有关的尽可能多的因素，作出经过整合且带有观点的定义结果。

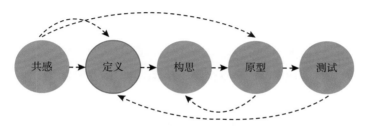

图3-1　定义问题在设计过程中的位置（基于五阶段设计思维模型）

资料来源：参考 D. school 的模型，笔者翻译重绘。

　　在用户体验设计中，问题定义不仅是一个设计环节，它还是整个设计项目的导航器。通过问题定义，设计团队能够明确自己面对的设计问题的本质是什么，有助于团队发散创意并创造性地解决问题，同时帮助设计团队明确设计的终点是什么、如何创造价值、如何避免假设的解决方案等。其主要的内容是通过对已知资讯的重新整合，形成能够指导后续设计的问题陈述。问题陈述确定了设计项目的当前状态和期望状态之间的差距。通过设计弥合这种差距并最终形成一个解决方案，是设计师最主要的工作内容。

　　在设计调研和用户分析阶段，设计师通常需要将收集到的信息分解成更小、更易观察的元素，而在问题定义阶段，设计师则需要将这些元素重新组合起来，充分

---

① Foster M. K. Design Thinking：A Creative Approach to Problem Solving［J］. Innovations in Education and Teaching International，2021，6（2）：1-11.

考虑各元素之间的关系与影响，并最终形成问题陈述——将用户的复杂需求浓缩成一个简单、可操作的语句。这一过程实际上比想象中更具挑战性，问题陈述需要清晰地描述设计师想要解决的问题，始终将注意力集中在用户身上，好的问题陈述一定是从用户视角出发的，因此，在问题陈述时往往使用"用户遇到的问题是……"或"用户需要/期待……"，并不是使用"我们需要……"或"产品应该……"。无论以何种方式陈述问题，其最终的目标都是指导设计团队找到可行的解决方案。

此外，问题陈述要做好开放性与收敛性之间的平衡，问题陈述应为后续设计留有足够的空间，避免提及任何特定的解决方案或技术需求。但同时也要避免过于宽泛，不应在一个问题陈述中包含多个需要解决的问题。

当得到明确的问题陈述后，就可以进行设计问题的定义了。问题陈述与问题定义有着本质的区别，问题陈述的目的是通过简洁有力的语言描述设计项目需要优先解决的问题是什么，而问题定义则是基于问题陈述，分析并确定问题的属性、类型及其关联因素。虽然问题定义并不能像问题陈述直接描述需求，也不像设计方案可以解决问题，但问题定义决定了设计团队理解问题的视角、将要采取何种设计方法以及将什么作为项目完成的标志等关键性问题。例如，北京的夏天偶尔会因为突发暴雨导致严重积水，城市交通陷入短暂混乱，很多人提议重修长安街的下水管道，很显然这并不是提出某个设计方案就能解决的单纯设计问题，这一建议可能涉及城市交通、经济、政治等多个层面的考量和限制，如果仅仅将其定义为"拓宽下水管道"这样功能性的设计问题是远远不够的，其更应该被定义为一个综合性的城市建设问题或社会性问题，并以此为依据构建更合适的解决方案。

因此，设计师如何定义正在面对的设计问题，将直接决定后续的设计行为。在众多的问题定义维度中，W 型问题和 T 型问题成为衡量问题复杂性的重要维度。

3.1.2　面对 W 型问题

里特尔和韦伯（Horst Rittle & Melvin Webber）将设计问题分为 W 型问题（Wicked problem）和 T 型问题（Tame problem）两种，认为不能使用传统的线性分析方法对 W 型设计问题进行求解[①]。T 型问题（温和问题）一般能被明确定义和稳

---

① Rittel H. W. & Webber M. M. Dilemmas in a General Theory of Planning ［J］. Policy Sciences，1973，4（2）：155 – 169.

定陈述，问题有明确的停止点，求解问题方案的正确和错误有客观的判断标准，解决方案可以被复用和重复实验；而 W 型问题（棘手问题）常常是主观的、不明确的和模糊的，是一系列复杂而相互纠结的问题，这些问题通常是不完整的、不断变化的并且难以定义，大量的社会性问题就是典型的棘手问题，解决这些问题需要深入了解利益相关者，以及设计思维提供的创新方法。

W 型问题的特征包括：（1）没有一个明确的表述。（2）没有明确的"停止规则"。即这些问题没有一个内在的逻辑来指示它们何时已被解决。（3）评价棘手问题解决方案时，只有好或坏，没有对错。（4）因为这些问题往往包含了大量社会性因素，涉及的利益相关者极多，因此通常难以对棘手问题的解决方案进行简单直接的测试。（5）不能通过试错方法来研究棘手问题，这些解决方案是不可逆的或者成本巨大的。（6）解决方案或方法没有明确的数量。（7）所有的棘手问题本质上都是独一无二的。（8）棘手问题经常被描述为其他问题。（9）对棘手问题的描述决定它可能的解决方案，这也是设计问题定义变得越来越重要的原因。（10）对于棘手问题不是只有一种解释，并且规划者或设计师必须对自己的行为负全部责任。

设计问题要么棘手要么温和，这对问题的解决活动至关重要。对问题类型的定义决定了接下来所有的设计行为，包括应该采取什么行动，由谁来解决以及持续多长时间等。棘手问题并不像温和问题一样，解决后便不需要再关注，而是必须随着时间不断重新审视、重新定义再修正解决方案。温和问题通常比棘手问题更透明也更容易理解，但在不同的问题尺度下，二者是可以相互转换的。例如，将人送上月球并安全返回地球，这个问题（目标）是温和的，但实现它的过程却充满了棘手问题。一开始科学家们不知道该做什么或该如何开始，需要的技术大多数都不成熟或不存在，必须被完善和发明，直到宇航员踏上月球安全返回地球后，整个问题又重新变回温和问题。

布坎南将设计思维与棘手问题联系起来[①]。在解决定义不明确或未知的问题时，设计思维的迭代过程非常重要。解决棘手问题需要设计者考虑社会性因素。当代社会正在演变成一个更加多元化的整体，这种演变导致不同的群体抱有不同的期望，对一个解决方案应该包含哪些因素的看法也不尽相同。更重要的是，个体和群体的意见可能将解决方案变成一种零和博弈。例如，在 50 年前，获批建立一个热电厂是非常容易的，但今天则不同，方案设计者需要考虑众多的利益相关者，向他们解释

---

① Buchanan, R. Wicked Problems in Design Thinking [J]. Design Issues, 1992, 8 (2): 5 – 21.

建立发电厂（设计解决方案）的影响和收益，必须考虑环境影响、投入产出比以及许多 50 年前被认为是无关紧要的其他因素。

今天设计师面对实际的设计项目时，常常感觉设计难度比以前更大，需要解决的问题越来越难以被直接描述。设计中的 W 型问题越来越多的原因是什么呢？这可能和设计目标的终极化有关，即项目要求获得一个综合性的、以体验为目标的设计结果，而不再仅仅要求功能性或效率性的设计结果，这就要求设计者在形成设计方案时，必须充分理解社会的多元性和复杂性，平衡好管理者、投资者、经营者、生产者、使用者、旁观者等各方利益，以适应不断变化的社会和环境因素。

3.1.3　设计目标的终极化

设计的目标在历史的长河中经历了多次变革。在工业革命之前，设计主要关注的是工艺和美学，当时的生产力水平决定了设计的主要任务是创造出既美观又实用的物品。随着工业革命的到来，大规模批量生产成为可能，设计的重心开始转向功能性和效率性的提升，这一阶段的设计目标主要是如何通过改进产品的功能和效率，来满足日益增长的市场需求。进入 20 世纪中叶，人类生产力的发展进入了一个全新的阶段，设计的目标开始转向用户体验，提出了"人本主义设计""情感化设计"等理念，其原因在于在产品和服务极大丰富的市场中，产品和服务的耐用、功能和效率已经不再是唯一的竞争优势，功能同质化已经成为企业竞争中的常态，除了少数拥有技术壁垒的产品，大部分相同类型的产品都能提供相同功能。另外，消费者的消费水平也在不断增加，廉价或者多功能产品已经逐渐失去对消费者的吸引力，例如，在 20 世纪八九十年代，布满按键的多功能录音机、洗衣机曾经风靡中国市场，然而今天的人们更关注这些设备的易用性和优雅感，过分冗余的功能反而难以获得用户青睐。最后，设计产业链的变化推动了设计目标的转变。在传统设计模式中，由设计师和制造商来决定产品的外观和功能，而现在用户参与设计过程的机会越来越多，他们的需求和反馈成为设计的重要考量因素。因此，如何提供出色的用户体验成为吸引和留住用户的关键。

工业时代设计师所面对的大部分是功能性问题，这一时期设计师的主要工作是思考产品应提供哪些功能、以何种方式提供功能以及如何改善功能所产生的用户体验，这些需要解决的问题通常有着清晰的因果关系和明确的设计终点，往往是典型的 T 型问题。然而到了信息时代，设计工作需要解决的问题变得越来越复杂、模糊，除了前文讨论过的需求爆炸之外，当代设计的目标开始转向更终极的体验层面，参与设计思考的外部因素也越来越多。在体验驱动的设计中，设计目标通常被陈述为一种由体验所产生的"感觉"，这种体验目标的终极化让设计实质要解决的问题变得模糊不清，让多个 T 型问题的组合转变成了一个 W 型问题，设计工作的复杂性也由此增加。

那么，到底什么是"好的体验"呢？经验是人类生存的核心。个人的世界观是由规则、环境、工作以及遇到的事件所塑造的。因此，由体验而产生的经验，被认为是人类学习、成长和发展的关键。在信息时代我们从未有过如此丰富的知识、时间和资源，体会如此丰富多样的体验，可以说数字世界在很大程度上塑造了我们，同时我们也塑造了数字世界。

由设计物产生的体验是一种典型的人造体验，体验包含了丰富的内涵，包括解决问题、激发情绪反应、驱动用户行为等。对体验的设计贯穿所有的设计门类，可以影响设计的各个环节，从新产品的研发设计到制造工艺的选择，再到营销方案的策划，甚至是为员工创造更好的工作场所等，都可以将达成优良的用户体验作为驱动力。

在当代设计中，形成用户良好的体验早已成为设计的重要目标，其核心是关注设计的体验如何适应用户的生活，用户将如何使用它，以及如何引发特定的情绪反应和行为等。然而所谓"好的体验"这一标准却是一个相对的、主观性的概念。就数字交互设计领域而言，"好的体验"通常包括以下几个方面。

首先是易用性（usability），指设计的产品或服务的功能可以被用户轻松理解和使用，不需要过多地学习和训练。易用性是"好的体验"的基础条件。要提供这种易用性，设计师需要对复杂系统的工作原理和逻辑有深刻的理解，并将其转化为用户可以理解和操作的界面和交互模式。

其次是愉悦性（pleasure），指设计的产品或服务能够给用户带来积极的情感体验，例如愉悦、兴奋、满足等情绪。虽然某些刺激通常会产生某些固定的情绪反应，但人类的情绪系统是极为错综复杂的，不同的应用场景、外部影响因素、用户的情绪基础等，都可能影响积极情绪的产生。

最后是意义（meaningfulness），或称为实用性，指设计的产品或服务能够满足用户的实际需求，并为用户带来实际的价值，解决用户迫在眉睫的问题。

上述提及的"好的体验"的标准只是形成优良体验比较明显的影响因素，在严格意义上，影响用户体验的因素是无穷多的，既包含了产品本身所提供的功能和使用方式，也包含了用户自身的认知能力和知识储备，还涉及社会风尚和舆论倾向，以及更为宏观的文化传统和时代思潮，且各方面的权重在不同的设计领域和不同的用户群体中会有所不同，因此想要简单地提出"好的体验"的量化标准是不可能的。

模糊的体验评价标准进一步导致了设计复杂性的增加。在体验驱动的设计中，用户的反馈实际上是不稳定的。"好的体验"是一种主观体验，因为用户喜好、习惯、文化背景等多方面因素都会影响用户对体验的评价。因此设计师在收集用户评价时，往往很难将结果进行简单的横向比较。同样，基于用户测试的评价反馈也存在这一问题，设计师难以准确地量化和评估用户的反馈，这需要设计师花费更多的时间和精力来进行调研的验证。

此外，设计师在进行设计决策时需要平衡更多因素，在设计实践中，设计师需要在不同的"好的体验"标准之间进行权衡，例如，易用性和愉悦性之间往往存在矛盾，过于简单的使用体验缺乏乐趣，而复杂规则又让产品变得晦涩难懂。由于标准本身就是模糊的，设计师需要进行更为复杂的决策，需要基于经验进行不同标准之间的取舍和平衡。

综上所述，以"好的体验"作为终极目标，是使设计工作复杂化的又一个重要因素。"好的体验"是一个相对概念，影响用户体验的因素在不同的设计项目中可能截然不同，除了显在的、易于被观察到的影响因素，许多偶发事件或被忽略的微小因素都可能导致最终体验的改变，因此难以得出"好的体验"的量化评价标准。模糊的体验评价标准进一步导致了设计复杂性的增加。此外，用户反馈的不稳定性和平衡不同的设计决策，都为营造良好的用户体验带来挑战。

3.2 用户体验及其模型

3.2.1 用户体验设计

从用户的角度出发，用户体验（user experience，简称 UE/UX）是用户在使用产品/服务过程中建立起来的一种纯主观感受。用户体验是建立在用户视角上的对产品综合性的评价，无论是有形的实体产品还是无形的服务，用户在与之交互的过程中，会形成使用感受和情感记忆，这些感受和记忆与设计师提供的设计方案紧密相关，是设计师有计划、有目的的设计结果，因此虽然用户体验是使用者的主观感受，但这些感受的形成往往是经由设计师精心设计而产生的（见图3-2）。

图3-2 用户体验的形成

资料来源：笔者绘制。

用户体验产生于用户与产品/服务的交互过程中，因此从设计的角度观察，用户体验的产生通常有两个来源：一是用户在使用实体产品过程中所形成的感受；二是用户经历某种服务所形成的感受。下面将通过两组案例来说明有形产品与无形服务的用户体验差异（见图3-3）。

|老式水壶|哨音水壶|电水壶|智能水壶|
|[烧水]|[提醒]|[自动断电]|[保温/设定]|

图3-3 实体产品的用户体验差异

资料来源：https：//item. jd. com/10076783476433. html?cu = true&utm_source = graph. baidu. com&utm_medium = tuiguang&utm_campaign = t_1003608409_&utm_term = 34e6fc6421c04093b6100ecb5a641aa6；https：//detail. vip. com/detail - 186214 - 25017433. html；https：//www. 51yuansu. com/sc/vjqhauwzow. html；https：//iguangdiu. com/detail. php?id = 10334597。

首先，以有形产品为例。烧水壶是生活中的常见日用品，其不同形式带来了不同的使用体验。最传统的老式水壶，提供了"烧水"这一基本功能，用户在开始烧水后需要一直保持关注，在水烧开后及时关闭热源，以免干烧；哨音水壶则带来了不同的体验，由于在壶口安装了哨音装置，水在烧开后水蒸气会吹响哨子，提醒用户水已烧开，这一设计允许用户在开始烧水后可以不再关注加热进度，将注意力转移到其他事物上去，直到哨音响起再来关闭热源，这为用户带来一定的自由体验；电水壶又一次改变了用户体验，在用户按下烧水开关后，便可以完全脱离烧水任务，实现无人值守，电水壶会在达到目标温度后自动停止加热，让用户获得更大的自由和安心感；智能水壶通过智能控制系统，不仅可以实现烧开断电的功能，还具有设定温度、保持温度、远程控制等功能，其带来的已不再是简单的功能性体验，更多的是智能化、自动化、便捷化的体验。

通过上述案例我们不难发现，实体产品的用户体验的产生，与其功能和使用方式有着密切关系。但值得注意的是，并非功能越多，带来的用户体验就越好，用户体验的优化并不与功能的叠加正相关，其本质是产品所提供的功能是否与使用者的能力和诉求相匹配，例如，让一位并不熟悉电子产品的老奶奶使用智能水壶，她可能会因为无法将水壶与手机正确连接而产生糟糕的使用体验，相较于功能齐备的智能水壶，能够简单直接实现烧水功能的老式水壶，对于老奶奶而言是体验更为优良的产品。

其次，以无形服务为例（见图3-4）。排队是日常生活中常见的服务场景，以何种规则达成排队目的，将直接影响排队者的体验。缺乏排队秩序的情况是最糟糕的，由于缺乏管理和秩序共识，人们不进行排队而一拥而上，都希望自己成为挤到最前面的、最先办理业务的那个人，然而这样的秩序往往带来双输的结果，致使整个业务进度缓慢，每个人的体验都非常糟糕；排队栅栏提供一种基本的秩序规则，由于栅栏的存在，人们将会按先后顺序进行排列，逐一办理业务，然而这种服务规则带来的往往是粗糙的用户体验，很多时候用户不得不顶着烈日或冒着雨雪站立在队列之中，也无法坐下来休息；叫号则提供了一种更为灵活的秩序，允许用户在获取号牌后短暂离开，闲逛或坐下来休息，这大大提升了用户的体验，也称为目前银行、餐厅等服务性机构主流的排队方式，甚至很多叫号系统还支持手机提醒功能，这让用户可以拥有更大的活动半径而不必担心错过叫号；最后是星巴克所提供的排队规则，虽然没有加入智能系统，但星巴克鼓励消费者横向排队，相较于纵向队列，横向队列让人们更容易与旁边的人进行交谈，在等待咖啡的时间里，展开一次有趣的闲聊，甚至交到一位新朋友。很显然，横向队列的排队规则其目的不仅是提供秩序，更重要的是希望能够在枯燥的排队等待中营造一些乐趣。从上述排队服务中可以看出，无形服务的体验通常由服务规则所决定，灵活的、从用户视角出发的规则设计，往往能带来更良好的用户体验。同时，由服务带来的用户体验往往是直接而强烈的，不同的服务规则能够产生截然不同的用户体验。在不同场景下，同一种服务规则也会带来不同的体验，服务规则是否在目标场景下是合理的、高效的、令人舒适的，是影响服务体验差异的主要因素。同时我们也观察到，用户体验的产生是一个复杂的过程，其不仅与服务规则有关，也关系到用户个人的价值观念和文化背景，因此在进行用户体验的设计中应进行全方位的综合考量。

| 混乱 | 排队栅栏 | 叫号 | 横向排队 |
| [—] | [基本秩序] | [灵活秩序] | [排队乐趣] |

图 3 - 4　无形服务的用户体验差异

资料来源：https：//zhuanlan.zhihu.com/p/706428795；https：//picx.zhimg.com/80/v2 - 48ddabd9fbaa8ea 337eeedc5f872e584 _ 1440w.webp？source = 2c26e567；https：//blog.csdn.net/weixin _ 39627481/article/details/ 110362285；https：//www.sohu.com/a/163697655_618578。

需要注意的是，用户体验的形成正在变得更加多元化，通常由实体产品及其相匹配的服务机制，或在某项服务中的产品使用体验混合而成，有形产品与无形服务产生体验的边界越来越模糊，产品与服务共同影响使用者的心理感受，用户最终形成对设计方案的综合性评价。在后续内容中将介绍用户体验要素模型和蜂巢模型两个用户体验理论模型，这些模型从不同视角阐述了用户体验设计中需要关注的各个层面，辅助设计师全面地、综合性地进行用户体验相关设计。

综上所述，用户体验设计是一个综合性的、复杂的设计活动，需要对用户体验相关的各个因素进行全面的考量与分析，才能使用户获得与用户知识、能力相匹配，与目标场景相适应的优良用户体验。当代设计实践中设计目标的终极化为设计师带来了更大的挑战，为了应对目标终极化导致的过程缺失，用户体验模型应运而生。

3.2.2　用户体验要素

用户体验要素五层模型是由杰西·詹姆斯·盖瑞特（Jesse James Garrett）提出

的经典用户体验设计模型，收录于 2002 年出版的《用户体验要素》一书中①。用户体验要素模型将用户体验的营造分为战略层、范围层、结构层、框架层、表现层五个层次，同时阐明了功能性产品（提供某种实用功能的产品，通常指实体产品）与信息型产品（以信息数据为主的产品，通常指数字产品）在用户体验设计上的差异。虽然该模型提出已有 20 余年，但其仍然对用户体验设计有着重要的指导意义，模型的五个层次贯穿整个设计过程，设计师可以逐层递进地对用户体验进行设计和校验，选择适当的设计工具，逐渐接近设计目标（见图 3－5）。

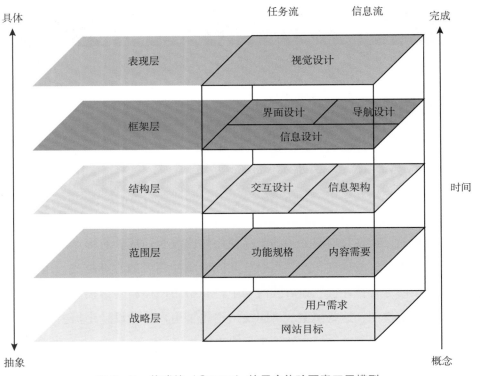

图 3－5　盖瑞特（Garrett）的用户体验要素五层模型

资料来源：https：//www.iyunying.org/ue/158458.html。

　　战略层是整个模型的最底层，也是设计师进行用户体验设计最初要思考和构建的层面。战略层主要关注设计的商业目标和用户需求，是对产品进行前期定位的阶段。在战略层应明确产品设计的基本方向，包括该产品将满足哪些人群在哪些特定

---

　　①　Jesse James Garrett. 用户体验要素——以用户为中心的产品设计［M］. 范晓燕，译. 北京：机械工业出版社，2011.

场景中的哪些需求，产品能够为经营者带来什么，明确产品服务的基本范围、市场中的竞争优势，从而指导后续设计。产品战略方向通常由设计师与企业的管理层、市场调研部门共同决定，它决定了产品的市场可行性和竞争力，是该产品能否生存和获利的关键，因此应格外慎重。战略层是营造良好用户体验的基础。在模型中战略层主要关注"产品目标"和"用户需求"两个方面。产品目标主要指产品的功能价值和商业价值，用户需求主要指目标用户所具有的功能与体验需求。

范围层主要用以明确设计项目的内容，决定功能性产品的功能规格或信息型产品的内容需求。包括该产品具备的特性、功能和信息类型，以及这些功能、信息在产品中的优先级。范围层的设计应延续战略层的规划，因此，产品功能和信息内容的设计也应参考前期的调研结果，从而依据设计目标对产品功能和信息进行取舍。

结构层主要关注交互设计与信息架构，用以明确产品的功能使用方式和信息呈现的模式与顺序，确定产品与用户的交互方式，即产品的使用方式。如决定通过物理界面还是数字界面实现产品交互，以何种行为控制产品运行，用户能够理解这样的使用方式，交互方案将带给用户怎样的使用体验。

框架层主要明确具体的界面结构及信息的呈现方式，关注信息设计、功能型产品的界面设计、信息型产品的导航设计。从框架层开始，设计师将要设计用户可见的产品部分，这些可见的部分并不是最终的界面样式，而是界面的布局框架。例如，功能型产品的按钮位置和交互方式等，信息型产品的页面的结构、导航的呈现方式、按钮与图文信息的布局等。框架层的设计将成为后续表现层设计的依据，隐藏在设计中应着重思考设计方案能否让用户快速理解界面含义，找到目标内容，迅速完成交互任务，从而获得顺畅高效的交互体验。

表现层主要明确界面设计或用户可感知的内容，是与用户直接接触的部分。表现层设计的主要任务是界面设计，设计师将前期明确的功能范围、交互逻辑、结构框架通过视觉的形式表现出来，无论是功能型产品还是信息型产品，产品的最终界面都将直接影响用户的使用体验。

综上所述，盖瑞特的五层模型指明用户体验设计中的各个要素。五个层次层层递进，设计决策从宽泛到具体，设计项目从策划到实施，各层次间有着严谨的承接关系，每一个环节的设计决策都将影响下一个环节的设计行为。

3.2.3 蜂巢模型

用户体验蜂巢模型是由彼得·莫维尔（Peter Morville）所提出的旨在提升用户

交互体验的设计思维模型。彼得·莫维尔被誉为"信息架构之父"，创建 Semantic 工作室，专注于信息架构（information architecture）、用户体验（user experience）、可寻性（findability）等方面的研究和咨询，在交互设计信息构架、信息可寻性等方面构建了完整而实用的知识体系，与路易斯·罗森菲尔德（Louis Rosenfeld）合著经典著作《Web 信息架构》①，为 Web 交互时代的信息构架设计提供重要的理论支撑。

彼得·莫维尔在文章 *User Experience Design*② 及著作 *Ambient Findability*③ 中提出了著名的用户体验的蜂巢模型（user experience honeycomb），如图 3-6 所示，蜂巢模型包含有用性（useful）、可用性（usable）、渴望度（desirable）、可寻性（findable）、可访问性（accessible）、可信度（credible）、价值度（valuable）7 个维度。

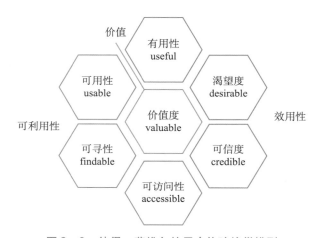

图 3-6　彼得·莫维尔的用户体验蜂巢模型

资料来源：参考彼得·莫维尔的模型，笔者翻译重绘。

在用户体验丰巢模型的 7 个维度中，又可分为效用性、可利用性、价值三大类。彼得·莫维尔的用户体验蜂巢模型以信息构架和信息利用效率的视角，对数字交互产品的用户体验设计进行重新观察与分析，对提升基于 Web 的桌面交互和基于手机的移动交互都具有重要的理论指导价值。

有用性（useful）。数字交互产品不应仅只是某个预定功能的实现，更应关注这些功能是否与目标用户的真实需求相匹配，对于使用者而言，花哨而无用的功能设

---

① 　Peter Morville, Louis Rosenfeld. Web 信息构架［M］. 陈建勋，译. 北京：电子工业出版社，2014.

② 　User Experience Design［DB/OL］. https：//semanticstudios. com/user_experience_design，2004.

③ 　Peter Morville. 随意搜寻［M］. 沈浩翔，译. 武汉：华中科技大学出版社，2013.

计或交互方式只会让数字产品显得复杂而冗余。设计者应聚焦于用户的真实需求，观察并验证现有设计方案对用户而言是否具有有用性价值，能否有效解决其在工作和生活中的困扰。有用性是数字交互产品设计的前提性属性，它决定了用户是否愿意接触并长期使用该产品。

渴望度（desirable）。在数字交互产品的设计中，交互体验能否让用户感到满意，是否能够激发用户持久的使用意愿，最终形成使用习惯，是数字交互产品设计的核心竞争力之一。与用户在情感层面建立连接是激发渴望度的有效途径，优良的品牌形象、鲜活的图形设计、流畅的交互过程、实用的功能规划等都能为数字交互产品带来独特的情感价值，在丰富的情感体验推动下，用户通常能够保持对产品较高的渴望度。

可信度（credible）。以网站为主的交互时代，网站的可信度一度成为使用者关注的焦点，是否是可靠的信息来源，在很大程度上决定用户的使用意愿。界面设计的合理性、网络资源的可溯性、具有说服性的标志等，都是影响用户信任度的重要因素。

可用性（usable）。可用性是交互设计用户体验中非常重要的概念，指用户通过产品交互所感受到的主观体验，产品是否易于学习、易于记忆、易于使用，是检验产品可用性优良与否的重要指标，良好的可用性直接决定了交互产品的设计质量，是决定数字交互产品用户体验的基础性要素。

可寻性（findable）。合理的信息组织方式能够让用户迅速找到自己需要的信息，反之，杂乱而无规律的信息将大大降低用户获取信息的效率，用户将迷失在信息的汪洋之海中，用户所体验到的效率感将大打折扣。在莫维尔的著作中提供大量关于提高信息可寻性的方法和建议。这些信息组织方式对于数字交互产品的设计同样颇具实用价值，合理的信息分类、鲜明的信息标识、完善的搜索功能都将有助于提升产品的信息可寻性，简言之，优良合理的信息架构设计是保证可寻性的重要途径。

可访问性（accessible）。也被译为可及性或无障碍性。可访问性是指确保交互产品能够被各类人群正常使用，包括残障人士等。就如工业设计中的高低扶手和建筑设计中的坡道设计一样，各类人群都能无障碍使用的通用设计理念也应引入数字交互设计中，充分考虑特殊人群的使用需求和日常习惯，提供与之适应的交互界面和交互逻辑。

价值度（valuable）。交互产品应能向受众传递价值，这里的受众有两方面含义：一方面，是指交互产品的普通使用者，在产品设计中从用户的真实需求出发，为使用者提供真正能解决其困扰的数字服务，让用户真切地感受到交互产品所带来的便利和高效，这样的实用价值是用户愿意接触产品并长期使用的前提，也是交互产品形成优良体验的前提；另一方面，交互产品的价值也体现在为经营者或投资者带来的经济效益，商业项目能否通过交互产品提升利润，能否有助于经营活动扩大影响力，能否有助于企业达成商业目标，能否提升用户满意度，这些都是数字交互产品在经营者层面的价值体现。

综上所述，彼得·莫维尔提出的用户体验蜂巢模型从 7 个不同的维度提出数字交互产品的设计原则，帮助设计师更好地理解用户需求，并定义了需求的优先级别，从效用性、可利用性、价值三个方面构建优良的用户交互体验，辅助设计师重新观察并评价交互设计方案，最终形成高效率、有价值的交互设计方案。

3.3　设计模型与用户模型

除了用户体验设计的基本原则，我们还应从用户认知层面去理解用户体验的影响机制。用户能否理解设计师所构建的设计逻辑，设计结果能否达成最终的体验目标，是影响用户体验的另一个重要影响要素。在本章的最后一部分，我们从用户如何理解一件产品开始，观察设计师构建的设计模型和用户基于常识的用户模型间的差异，以及这种差异在这个体验为王的时代，对最终体验带来的影响。

3.3.1　用户如何理解一件产品

用户初次与产品的交互，实际上是用户尝试理解产品的过程。查尔斯·怀特·阿特金（Charles Wright Atkin）提出"信息需求"的概念，将其定义为"个人对重要的环境对象的当前不确定性状态，与他期望状态之间的差异"[1]。换言之，信息需求是用户对自身现有知识和理想状态之间差距的感知和评估。当一个用户意识到自己对某件重要的事处于未知状态时，他会被这种差距所驱使，不断寻找相关知识。这一过程常常令人感到高度焦虑，因为信息搜索的本质是永无止境的，用户何时停

① Atkin，C. Instrumental Utilities and Information Seeking. In P Clarke（Ed.）［M］. New Models for Mass Communication Research. Sage，1973：205-242.

止收集信息取决于其动机有多强。用户获取信息的动机通常不是出于理性、清晰和明确的目标，而是受到"模糊的不安感和知识空缺感"的驱使，这是一种感性的情感需求。用户在初次接触产品时，也会产生这种信息需求，希望能够在短时间内掌握产品的使用方法和交互逻辑，而获取有效信息的速度常常被认为是了解该产品的"学习成本"。此外，用户的信息需求还受到其他因素的影响，例如，文化背景、教育水平、性格特点、知识水平等。具体来说，文化背景和教育水平会影响用户对信息的理解和解释，而性格特点和知识水平则会影响用户对信息的接受和处理能力。

在数字交互设计中，了解用户的信息需求和动机是至关重要的。设计师可以通过深入了解用户的背景和特点，构造恰当的交互路径，从而提供符合用户实际需求的信息。此外，设计师还通过提供更加清晰和易于理解的信息，减少用户的焦虑感和不安感，提高用户的满意度和体验品质。

当我们从更宏观的角度观察交互设计，便会发现塑造一种交互体验的实质，是优化设计目标中信息流动的路径与方式。信息的表达、解读与传递贯穿了整个使用的全过程，在此过程中，图形化界面常被视为用户与系统信息交流的基本介质，交互行为的基本系统载体。图形化界面具有符号特征，用户能够识别并为后续的交互行为提供决策依据，从而实现信息交互活动。广义的信息交换在日常生活中是普遍存在的，可以通过不同渠道来实现，如图形与符号、造型与色彩、文字与对话、各种感官体验等，这些都是实现信息流动的基础设施。信息交互设计虽不能直接增加信息量，但可以提高信息交流过程的效率，并融入更多人性化特点，从而增强信息的强度与可接受程度，进而将信息价值最大化（见图3-7）。

用户对于信息的理解和接受程度是复杂且多变的，在解决数字交互设计问题时，以何种思维模型构造怎样的设计路径，能否提供符合用户实际需求的信息，能否减少用户的不安感和焦虑感，将成为数字产品能否获得优良体验的决定性因素。

那么，用户了解一件产品的过程是怎样的？是否会像人们想象中一样仔细阅读说明书，然后按照指示行事？当我们观察真实生活时会发现，只要我们确定某件东西是什么（至少排除了其危害性），便会直接上手使用，然后在使用的过程中逐步理解这件东西真正的使用方法和使用技巧，甚至自己开发出非正常但仍然能够起效的使用路径，这个过程和许多人的直觉相违背，在真实生活中，绝大部分人并不是先搞懂某件东西，然后再去使用它，而是在不断地使用尝试中，逐渐理解产品的功能和操作，这是一个典型的试错过程。

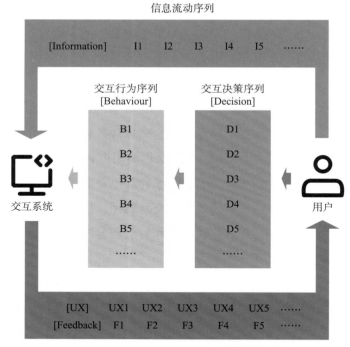

图 3-7　交互过程中各要素的流动关系

资料来源：笔者绘制。

　　试错是人们了解一件产品的主要方法。例如，了解汽车这件产品的使用方法（也就是驾驶）的过程，就是一个不断试错的过程。当我们面对一辆汽车时，绝大部分人不会首先学习它的构造和驱动原理，而是通过驾校直接进行实践训练，在练习的过程中，出错是必然的，也正是在一次次的犯错中我们逐渐理解汽车的驾驶方法，最终将其融会贯通成为一名老司机。而对于一些非正规途径的学习者而言，他们仍然有办法以自己的方式驾驶汽车，例如，有些自动挡汽车的驾驶员，右脚控制油门，左脚控制刹车，这显然是错误且危险的驾驶方法，但表面看起来汽车仍然能够正常驱动，这就是在试错过程中自己摸索出的非正常使用方法。

　　在人类的生存实践中，试错是一种基本的解决问题的方法。它的实质是通过重复、多样化地尝试，直到成功或者放弃为止。试错一词最早由摩根（C. Lloyd Morgan）提出[1]，试错在许多领域都有应用，如数学、计算机科学、心理学、工程、医学等。试错通常被认为是一种低效和耗时的方法，但有时它是唯一可行的方法，或

_____

① Morgan，C. L. Introduction to Comparative Psychology [M]. London：Walter Scott，1894.

者是能够产生创新和意外发现的方法①。

　　用户在面对复杂产品时，通常会以试错的方式来探索产品的功能。用户根据某些显在或潜在的信息，不断尝试各种选项、按钮、菜单来了解产品的功能和用法，通过观察产品的反馈和结果，来改进自己的概念模型和使用行为。用户选择试错这种方式来理解产品主要有以下三个方面原因。

　　首先是用户耐心的缺乏。随着生活节奏的加快，用户已经越来越没有耐心进行系统、完整地学习了，企图通过使用指南或说明书来介绍产品使用方法的做法，显然已经过时，人们再也没有耐心去阅读那些大段的文字，还不如拿到产品后试试看来得痛快。这是用户面对产品选择试错策略的心理机制。在数字产品的使用中，"敷衍了事"的用户态度尤为常见，数字产品用户浏览信息的状态，就仿佛在高速飞驰的汽车上看路边的广告牌上的信息，匆匆一瞥，敷衍了事。因此想让拿到新产品的用户耐心地阅读使用说明已经几乎不可能实现，试错策略是"别让我思考"带来的必然结果。

　　其次是产品的自供性。关于 Affordance 我们已经在第 1 章中有所介绍。人们见到不同的门把手会给出不同的使用策略，对于拥有长直手柄的门把手，用户会握住把手旋转下压，然后打开门；而对于环状手柄，用户会握住把手并向自己的方向拉动，然后打开门。这两种使用策略并不是通过阅读说明书而获得的，它往往来自幼年时期的模仿和日常生活经验。Affordence 实际上是一种产品通过造型/界面来对使用方法进行的一种自我解释，因此被译作自供性或功能可见性。用户在面对产品时之所以使用试错策略，是因为产品的造型/界面已经在很大程度上暗示了其使用方法，如把手可以握、按钮可以按、旋钮可以旋转等，用户有信心基于尝试进行风险可控的操作，并最终探明其使用方法。可以说，自供性是用户选择试错策略的认知机制。

　　最后是探索的乐趣。试错所带来的不确定性在很多时候也带来探索的乐趣。试错的过程本身就是一种探索和发现的过程，用户可以通过不断地尝试，体验逐步了解产品、掌握使用技巧的乐趣。这种乐趣在数字产品中尤为常见，例如，探索一个新的视频编辑软件，通过自己的实践来发现各种新的功能和特性，这种发现的过程会给用户带来成就感和满足感。之所以数字产品更容易带来探索乐趣，是由于其信

---

　　① Merriam-Webster（n. d.）. Trial and error. In Merriam-Webster. com dictionary［J］. Retrieved January 13, 2022.

息反馈的链条更短、更及时，操作的结果通常也可以撤销，这让试错探索拥有了一种游戏性，可以说探索的乐趣是用户选择试错策略的情绪机制。

当然，用户不可能通过无限试错直到完全了解产品，在使用过程中如果用户屡受挫折，很快就会形成对产品的负面评价，甚至放弃使用该产品。只有产品使用用户处于合理的试错区间，用户才有可能通过摸索来完成学习（见图3-8）。下一节中我们将详细介绍试错频率的影响因素。

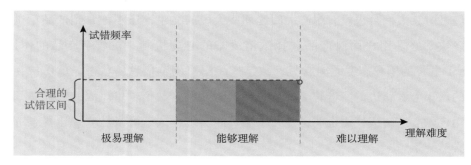

图3-8　合理的用户试错区间

资料来源：笔者绘制。

综上所述，试错是当今大部分用户理解产品的方式，无论这一过程是否充满了不确定性或者乐趣，直接试试都是大部分人的选择。然而也正是因为用户选择了试错策略，使数字产品的设计变得需要格外小心谨慎，设计模型与用户模型的差异在试错过程中被进一步放大。

3.3.2　设计模型与用户模型

当我们作为普通用户时，时常能够感觉到有些产品很好用，而有些产品特别难用。这一现象在数字产品的使用体验中尤为明显，是什么原因导致了这种体验上的差异呢？

首先我们需要认识到这样一个大前提，不同的人对于产品的定义、功能和价值的理解可能存在巨大的差异。这些差异是由客户的心智模型所决定的。所谓心智模型，是指人们对于某一事物的认知模式，包括对于该事物的功能、特点、用途等方面的认知，是人们解释某件事物如何在现实世界中运作的思维过程。其本质是个体对周围世界与个人行为后果的关系的直觉感知的一种表征。心智模型可以塑造人们的行为、设定解决问题的方法、提供执行任务的动力，因此，心智模型在认知、推理和决策中起着重要作用①。

一个人心智模型的形成是极其复杂的，受到诸如生活阅历、生活环境、情感经历、知识储备等多方面的影响，简言之，心智模型的形成主要来自生活经验和知识学习。因此不同的人对同一事物的认知模式可能存在巨大的差异，作出不同的假设和观察。心智模型是人们面对未知事物以何种方式去理解和探索的决定性因素，当其发生在设计领域时，就表现为人们对于陌生产品不同的预先理解和试错行为。这就可能导致一个重要的问题：如果设计师的心智模型与用户的心智模型不一致时，会发生什么？

以数字产品为例，数字界面作为信息传播的载体连接了界面的两端，一端是数字产品的设计者，另一端是数字产品的最终使用者，即庞大的用户群体。设计师在解决方案中构建了产品的信息结构和使用方式，即设计模型，设计模型的形成基于设计师对于用户需求的洞察、对设计问题的定义，以及设计师经过长期学习所形成的专业知识储备，是设计师自身心智模型的体现。由于设计师几乎不可能与用户直接见面来解释自己的设计模型，因此界面和信息结构便承担了信息传递的中介角色。设计师的设计意图、构造的使用方法都以界面的形式映射在产品上，另一端的用户与界面形成互动，并基于自身的心智模型来试错和理解产品，用户的心智模型主要来自生活经验、对功能的预想、解决问题的常识等。如图3-9的模型所示。

如果设计师的设计模型与用户的用户模型出现较大差异时，其结果就是用户对产品感到困惑不解，在试错中屡次犯错，始终不能正确理解设计逻辑，这必将带来极差的用户体验。可以说，用户模型与设计模型的差异在很大程度上决定了用户的学习成本和初期使用体验。正如前两章所述，需求的爆炸和对最终体验的追求，使用户模型变得越来越复杂，设计师一方面需要平衡好设计模型与用户模型间的差异，另一方面又要充分考虑不同用户间心智模型的差异，因此，洞察用户需求，找到用户间相同的底层共性，是设计师在数字时代所面临的重要挑战。

设计模型与用户模型也进一步解释了洞察用户需求的重要意义，在数字产品设计中，围绕用户已经了解的内容构建产品是更明智的，因为这样可能更贴近他们的心智模型，人们通过将过去的经验映射到现有的产品上来理解其功能和目的，当用

---

① Clear J. & Kiefer L. Mental Models：Aligning Design Strategy with Human Behavior［M］. Two Waves Books，2019：2.

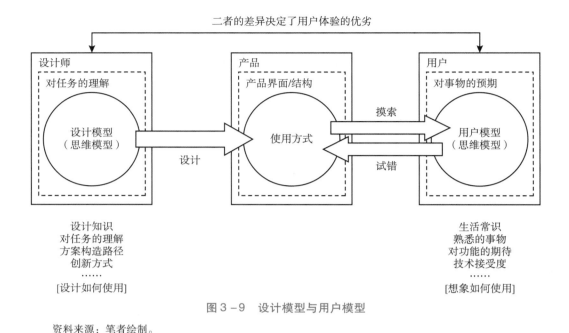

图 3-9　设计模型与用户模型

资料来源：笔者绘制。

户不能将产品与他们已经知道的东西联系起来时，他们会感到困惑。下面我们通过一系列案例来进一步说明。

　　如图 3-10 所示，苹果的 iBooks 是这一领域的经典案例，作为一款电子阅读软件一经推出便广受好评，其成功主要源于 iBooks 的设计模型与用户模型高度一致，为用户提供了天生的亲切感。iBooks 阅读器采用了拟物化设计风格，模仿现实世界中的书籍样式，让用户很容易联想到现实生活中物品的使用方法，让软件变得易于理解和操作。例如，iBooks 中的图标与真实书籍有着相似的外观，也拥有书本、书签、目录等元素，这种拟物化设计传递了直观的信息，让用户明确知道哪些元素可以点击或者拖动，哪些元素可以进行编辑。iBooks 还引入了书页翻转动效，充分模拟了读纸质书时的交互行为，用户更容易沉浸其中。iBook 的设计在听觉领域也在尝试靠近用户模型。例如，当用户翻页时，系统会发出书页翻转的声音，代表了操作成功，同时系统还提供不同的震动反馈，来告诉用户页面重新加载或是书签标记成功等信息。

　　在今天看来，上述设计已经不足为奇，绝大部分数字产品都拥有类似的设计，但作为优良体验设计的先驱，iBooks 在刚刚推出时绝对是令人惊叹的，也成为后来数字产品体验设计的标杆，这种通过拟物设计来靠近用户经验、匹配用户模型的做法，在智能设备（手机）刚刚出现时曾非常流行。当然，从更宏观角度来观察，对

图 3 – 10　iBooks 的拟物化界面设计

资料来源：https：//www. 680. com/it/2012/APP – 359585. html。

用户模型的充分考量应该展现在信息架构、交互流程和问题定义层面，因此随着数字产品越来越丰富，设计师开始将注意力转向对心智模型本身的考量，拟物化设计逐渐退化成为一种视觉风格，与扁平化设计交替出现在 UI 设计领域。

　　另一个更宏观的例子，是关于电脑开机密码的机制设计（见图 3 – 11）。很多企业会为办公电脑分配随机开机密码，其用意是在保障信息安全的同时，便于企业统一管理密码。然而这一规则并不能起到预期效果，甚至适得其反。因为员工很难记住公司随机分配的密码，为了方便开机大家会把密码写在纸条上并压在键盘下面，每次依照纸条输入开机密码，这使所谓的信息保密机制形同虚设。这是一个非常典型的设计模型与用户模型不匹配的案例，从机制设计者的角度去思考，这是一个逻辑自洽的设计，可以兼顾信息保密和统一管理两个目的，然而这一机制却严重偏离了用户的日常行为习惯，设计模型与用户模型产生了严重的摩擦，不仅机制失效，还带来了糟糕的用户体验。

图 3 – 11　压在键盘下面的开机密码

资料来源：笔者拍摄。

3.3.3　用户模型的塑造

心智模型是用户对于产品或服务的认知和理解方式。用户首先基于自身已有的心智模型对产品进行试错使用，在使用过程中，用户会逐渐调整现有的心智模型，以适应产品的设计模型，这通常被视为一种学习和适应的过程。因此，在设计实践中设计师一方面应尽量理解并靠近用户模型，另一方面也应尝试塑造和培养用户新的心智模型。

用户教育是弥补心智模型差异的有效方式。当用户遇到新的、不知道的东西时，他们需要被告知这是什么，需要有人向他们展示和解释，而这种解释在数字媒介中显然已经不能人工完成，需要通过界面、信息结构所形成的自供性来实现，同时可以辅以引导、演示等方式帮助客户理解产品的新概念和术语。例如，需要用户在首次使用时输入他们的姓名，可以通过在屏幕上添加"请填写姓名"标签来帮助用户理解此过程，抑或像许多游戏关卡的设置一样，通过逐步揭示使用步骤来完成用户教育。

在这一过程中，许多行业的先行者都在潜移默化中塑造了行业标准，所提供的交互方式演变为一种"交互范式"，成为大部分用户默认的使用方式。以 iPhone 的滑动解锁为例，这一交互主要是为了替代功能机的物理解锁按键，在 iPhone 推出后很快被用户接受和喜爱，逐渐成为智能手机的"标准"解锁方式，即便后续的智能手机可能选择了其他的滑动方式，但其交互的底层逻辑是一致的。这是一个非常典型的设计模型改变用户模型的例子，用户在面对全新产品时，用户模型是最容易被塑造和改变的。同样地，扫码支付也成为移动支付代表性的交互方式，而这一消费习惯的形成，要追溯到 2003 年阿里巴巴和腾讯的网约车补贴大战，在那场疯狂的补贴战中，数字支付的用户模型在广大的消费者脑海中建立起来，并最终形成今天中国的数字支付生态。可以说，网约车补贴战最大的受益者或许并非滴滴或者快滴，而是提供数字支付功能的支付宝和微信支付，通过价格补贴迅速让人们理解并接受手机支付这一新方式，成为通过商业驱动力塑造用户模型的经典案例。

塑造用户的心智模型是改善产品用户体验的重要手段，以下列举几个在设计实践中最为常见的设计方法。

1. 积极反馈

积极反馈可以促成用户心智模型的形成。用户在使用产品时如果能够快速找到需要的功能，顺利完成交互目标，顺畅的使用体验会让用户对产品产生更加积极的认知和情感反应，也能够激励用户进行更多的尝试与使用，从而更快形成与设计模型相匹配的用户模型。这是一个典型的心智增强回路，好的使用体验激发更多的使用行为，更多的使用行为让用户更熟悉产品逻辑，进而形成更好的用户体验。心智增强回路经常被用于游戏设计，短促而频繁的正向反馈，能够有效增加用户信心，激励用户继续参与交互①。

在内容层面，使用用户熟悉的语言可以帮助用户更好地理解产品，形成积极反馈。减少专业术语和学术名词在产品中的使用是非常必要的，这也是以用户为中心的设计最为基础和最易实现的一个层面，然而在实际的产品设计中这一点常常被忽略。例如，大量网站使用了上传、数据库、引擎、FTP 等专业名词，很容易让非专业用户感到困惑。相反，使用比喻、类比等方式，可以更好地与人们已有的知识储备挂钩，帮助他们快速理解产品。例如，微信卡包使用门票和购物卡来让这些代金券看起来像实物门票，让人们更容易理解它们是什么以及如何使用。

2. 提供容错性

既然试错成为用户理解产品的主要方式，那么产品的设计就应该留出充分的空间允许用户犯错。然而很多数字产品设计了非常精确和标准的交互方式，这可能会使用户感到害怕和茫然无措。例如，银行自动取款机和洗衣机等传统设备都设置非常固定的操作流程，一旦未能按流程操作便会报错和失败。

数字交互产品的可变性，为产品具备灵活性和自由度提供了基础。撤销功能在容错机制中非常重要，它可以让用户在使用过程中不断尝试和调整，直到得到满意的结果，这也是传统实体产品所不具备的交互优势。此外提供多个备份同样可以达到容错效果。例如，手机可以在短时间内拍摄数张照片，提供不同的对焦点，用户可以稍后从中选出最满意的一张。

3. 提供预设

在理查德和桑斯坦（Richard & Sunstein）的《助推》中②，默认选项成为辅助

① Lankoski P. & Björk S. Formal Analysis of Gameplay. In Game Research Methods：An Overview ［M］. ETC Press，2015：23-35.

② Richard & Cass R. Sunstein. 助推：如何做出有关健康、财富与幸福的最佳决策 ［M］. 刘宁，译. 北京：中信出版社，2018.

用户选择、引导用户行为非常重要的手段。在书中他们提出了一种行为经济学理念，即通过改变选择的框架和环境，来引导人们作出更有利于自己和社会的决策，而不是强制或限制人们的选择。"助推"的理念正是提供一种预设，通过默认选项有效利用了人们的惰性、现状偏好和损失厌恶等心理特征，来影响人们的选择倾向。最为经典的例子是关于器官捐献的。在奥地利、法国和西班牙等国家，器官捐献志愿书的默认选项是同意捐献，除非他们主动拒绝，这些国家的器官捐献的同意率高达90%以上。而在德国、英国和美国等国家，默认选项是不同意器官捐献，除非他们主动同意。这些国家器官捐献的同意率只有10%～30%。这是一个典型的预设选项的案例，对于很多人来说，主动作出选择是件很麻烦的事，那么预设选项就是最佳选择。当然，默认选项更像是操作层面的小伎俩，更重要的是应该从宏观层面进行思考，决策怎样的预设才是更符合伦理和文化诉求的。

这样的心理现象普遍存在于数字交互设计中，通过默认选项或暗示来引导用户作出选择。例如，使用不同的颜色、形状、大小、位置等视觉元素，引导用户的注意力，突出更重要或更具商业价值的选择。又如，通过使用不同的表述方法来传递信息，从而激发用户的情感或认知反应：90%成功率和10%失败率，就概率本身而言没有任何差别，但所造成的心理效果却是截然不同的。

综上所述，用户的心智模型可以通过设计进行塑造和改变。有效的引导能够让使用者的用户模型更接近设计师的设计模型，从而营造更好的用户体验。当然，我们也必须承认，对用户模型的塑造往往发生于创新性产品中，绝大部分时候还是需要设计师通过调整设计模型来适应大部分使用者的用户模型，而不是过分依赖对用户模型的改造。

第 4 章

社会性因素的混叠

4.1 设计与社会学

　　现代设计的多领域分工协作，以及由广泛的信息传播所形成的体验/舆论敏感性，使设计问题不再仅停留在设计学知识本身，而是拓展到社会学、人类学、认知学、经济学等诸多领域，设计从目的到结果都有越来越多的社会性因素混入其中，设计师所要完成的工作并非仅依赖设计知识便可完成，而是需要成为社会和文化的观察者、思考者。

　　混叠一词是信号学中的专有名词，指取样信号被还原成连续信号时产生彼此交叠而失真的现象，即信号频谱上的叠频现象[①]。这里用混叠一词指代设计过程中传统的设计问题与社会性因素越来越多地混合在一起，彼此交叉共振。虽然社会性因素一直以来都是设计实践需要考量的因素，但从手工艺时代到工业时代再到信息时代，社会性因素对设计的影响作用越来越大、涉及的内容也越来越广，逐渐从设计的背景性要素走向前台，已经成为设计问题复杂化不可忽略的原因之一。

　　社会性因素是指影响人们的行为、态度、信念和价值观的社会环境中的各种因素，例如，社会制度、社会群体、社会交往、道德规范、国家法律、社会舆论、风俗习惯等。随着设计分工的日益细化，设计工作不断从自给自足的状态向外拓展，设计师在设计过程中所需要考虑的社会性问题也越来越多。在人类早期的设计中，设计只需要满足个人需求。但随着农耕时代的到来，社会分工逐渐出现，设计的目

[①]　Reinhard E. Sampling, Reconstruction, Aliasing, and Anti – Aliasing [J]. In SpringerLink, 2022.

标开始转向社会需求，农具的设计就需要充分考虑农民的使用习惯、劳动效率和使用场景。到了工业时代，设计的目标再次扩大，设计师需要考虑工业生产的效率、品质和成本，以及产品在市场上的竞争力。进入信息时代，数字技术将人类连接为一个整体，社会性因素在设计中的作用被进一步凸显出来。设计师需要考虑如何满足不同文化背景和价值观的用户需求，以及如何将设计与社会责任相结合。社会性因素对设计的影响是多方面的，要求设计师在定义问题时跨越学科界限，思考更全面更综合的影响因素。

4.1.1 社会设计与设计社会学

从宏观上来看，社会设计是社会性因素与设计的一个显著交叉点。社会设计是一种应用设计方法来解决复杂的人类问题，把社会问题作为优先考虑的设计实践[①]，强调通过设计方法和策略来解决社会问题、改善社会环境和促进社会变革的实践和理论，理论认为设计的目的不仅是创造美观和功能性的产品或服务，更重要的是解决社会中存在的问题，如社会不平等、环境污染、城市贫困等。

社会设计的核心理念是将设计的能力和方法应用于社会领域，以促进社会公正、可持续性和人类福祉。维克多·帕帕奈克是 20 世纪 60 年代最早关注社会设计问题的人之一，他主张改变设计领域的现状，不再容忍忽视所有人需求和环境后果的错误设计[②]。

社会设计探求社会复杂问题的解决方案，其结果通常是一种机制、一种关系或者一类环境，它的设计需要不断根据社会各方面的需求去进行调节。例如，巴西节约食物运动（Save Food Brasil）是一个旨在减少食物浪费的社会设计项目。该项目通过在超市和餐馆中推广食物捐赠和回收的做法，减少食物浪费，同时帮助贫困人口获得食物。该运动于 2013 年在巴西启动，是联合国粮农组织（FAO）和德国贸易展览公司（Messe Düsseldorf）共同发起的全球"节约食物"倡议（Save Food Initiative）的一部分。通过与社区组织和志愿者合作，建立食物捐赠和回收网络。该项目在巴西各地影响和教育了数千人，提高了人们对食物浪费造成的损失的认识；每年向数百万贫困和饥饿的人提供数千吨的食物，改善贫困人口的生活质量和健康状况；

---

① Brown T. & Wyatt J. Design Thinking for Social Innovation [J]. Stanford Social Review，2010，8（1）：30 - 35.

② 维克多·帕帕奈克. 为真实的世界设计 [M]. 周博，译. 北京：中信出版社，2012.

通过技术创新减少数千万吨的温室气体排放，保护了数百万公顷的土地和水资源。该项目通过设计方法解决社会问题，实现社会环境的改善和社会变革的理念。

与社会设计相关的学科领域如图4-1所示。

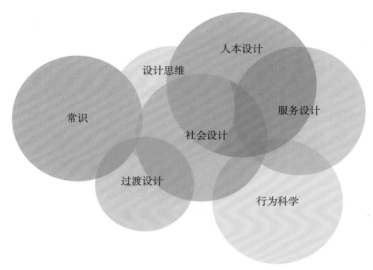

图4-1 与社会设计相关的学科领域

资料来源：笔者绘制。

社会设计与服务设计虽然在设计结果上有相似之处，但两者有着本质的区别。社会设计方法的应用范围广泛，涵盖城市、企业文化、社区或团队等各种社会环境，其目的是创造新的社会条件，以提高人们的创造力、社会的弹性与公平、环境可持续和人类健康等。在这个过程中，经常有产品和服务的设计产出，但它们通常是一个更大的服务系统的一部分，这也是社会设计与服务设计的核心区别所在。社会设计和服务设计都是以人为本，关注社会问题的设计实践，但它们的侧重点和范围不同。社会设计强调的是对社会形态和社会关系的创新，其目标是促进社会变革和可持续发展；服务设计强调的是对服务系统和服务过程的设计，它主要关注用户在接受服务时的体验和满意度，它的目标是提高服务质量和效率。社会设计更强调参与者的多样性和平等性，更注重社会价值和社会影响，而服务设计更强调用户需求和用户反馈，更注重服务逻辑和服务蓝图。

总之，社会设计是一种重视社会和道德责任的以人本主义为核心的设计方法，在过程中需要考虑不同的文化和社会背景，将设计还原到真实世界。社会设计挑战了传统的利润驱动的设计模式，在一定程度上实现更加公正和可持续的设计。

在具体的设计实践中，用户体验相关的思考和研究已经相当充分，设计专业的研究者和实践者已经充分意识到，营造良好的用户体验是今天大部分设计工作的终极目标。另外，他们常常陷入过度专业化的陷阱，过分专注于设计学科本身的理论体系，而忽略了那些不能直接应用于设计的学科知识的启发性。对设计问题的解决是设计师的综合性能力，不仅需要掌握系统扎实的设计知识，同时还需要保持对社会、文化的高度敏感性，从而才能从更宏观、更本质的视角去思考设计问题，进而形成适度且有效的设计方案。

数字时代要求设计师具备跨越多个学科的知识储备和观念意识，特别是对人类社会和人文环境敏锐的洞察力。其中，社会学作为这一能力典型的代表应额外受到重视。对社会的观察和思考最早可以追溯到 17 世纪，19 世纪法国科学家奥古斯特·孔普特将这门科学命名为"社会学"，使之成为一门完整的科学①。社会学是一门研究社会现象、社会互动、社会变迁和社会问题的学科，旨在研究人类行为、思维和文化，主要目的是通过实施社会政策，为人类提供平等和权利。

设计学与社会学最具影响力的学术交叉，当属社会学家黛博拉·拉普敦（Deborah Lupton）提出的设计社会学概念，这是一种关注数字技术和数据对社会生活的影响的社会学分支，它试图理解并改善当代社会存在的问题。设计社会学认为，数字技术和数据不仅是社会现象的中介或反映，也是社会现象的构成要素，它们与人类行为、社会关系、社会制度和自我等相互塑造②。设计社会学采用批判性的视角，分析数字技术和数据的生产、使用和后果，以及它们所涉及的权力、不平等、风险、道德和政治等问题。设计社会学也倡导使用创新的定性研究方法，来探索数据作为一种新型的社会物质客体的特征和含义。拉普敦对自我追踪者（self-trackers）的考察是一项典型的设计社会学研究，自我追踪者通常通过智能手机、平板电脑、应用程序、社交媒体平台、专门的支持网站和无线医疗监测设备等工具来进行自我追踪。拉普敦发现，自我追踪者的行为和数据受到多种社会、文化和政治因素的塑造，如个人的自我认同、身体感知、健康观、生活方式、社会关系、数据所有权、数据隐私、数据安全、数据伦理等，并提出了五种自我追踪的模式，分别是私人的、共同的、推动的、强制的和利用的，以说明自我追踪的技术和理念是如何在不同的场景和目的下被应用和扩散的③。

① Ritzer G. & Goodman D. J. Sociological Theory ［M］. McGraw - Hill，2004.
② Lupton D. Digital Sociology ［M］. Routledge，2015.
③ Lupton D. The Quantified Self：A Sociology of Self-tracking ［M］. Polity Press，2016.

　　设计社会学，作为一种将社会科学与设计实践相结合的方法，引导设计师从多个角度理解设计对行为、社会和价值观的影响。在复杂的技术社会中，设计社会学不仅帮助我们理解我们如何设计我们的社会，还揭示了我们设计的工具如何塑造我们的行为。设计社会学的视角关注技术发展引发的社会问题，为设计领域提供了社会学视角，许多设计师已经开始使用社会学方法来完成设计工作，尤其是在用户体验设计中，其中包含了大量对人类行为和社会互动的观察和思考。可以说，社会学和用户体验之间存在着密切的关系，用户体验反映了消费者使用产品后的反应，而社会学研究的正是人们的社会行为和问题。因此，基于社会学视角的设计观察，往往能够带来超越设计领域知识的洞察和结论。例如，观察人们在地铁内的移动方式，设计师可以发现一些有趣的现象：人们对于不同的车厢抱有不同的态度，许多人会刻意避开地铁的某些车厢，因为觉得它们常常过于拥挤，但实际上这种观念反而导致乘客错误地集中在某些他们自认为不会拥挤的车厢，导致车厢空间资源的浪费。设计师在获得了这些社会学信息后，可以对地铁系统进行重新设计，以避免这一群体性行为发生[①]。

　　此外，社会学家可以深入社会文化和心理状态，以了解人们的行为，态度和价值观，这些都将在设计中起到重要作用。例如，社会学可以更好地解释为什么人们喜欢某种颜色。流行色是在一定社会背景下具有流行趋势的颜色（这里指的是自然流行起来的颜色，而不是潘通公司每年发布的流行色）。在不同的时期和文化中，流行色都有所不同，因此可以把它看作是一种"社会信号"。某种颜色的流行往往代表了社会的某种变化：随着女性角色在社会中地位的提高，粉色和紫色等被认为是女性喜爱的颜色变得越来越流行；在过去绿色一直是极少见的汽车颜色，但随着人们对于环境保护意识的增强，以及厂商追求"绿色"的口号，绿色汽车渐渐流行起来。此外，颜色也与社会经济地位相关，不同价格的服装和家居饰品所采用的颜色是截然不同的，在高档品牌中，金银色和黑灰等体现高级感的颜色更为常用，而普通消费市场则更倾向于适合季节变化[②]。总之，仅仅是色彩这一个设计元素就与社会学有着千丝万缕的联系，色彩的流行和使用反映了社会观念和文化，也包含着政治、社会、环保等多种信号。

　　综上所述，社会学为设计学提供了理论基础和研究方法。设计学作为一门相对

---

　　①　Neumann，M.，Roos，M. & Schade，W. Modeling sustainable mobility：Impact assessment of policy measures［J］. Transportation Research Part D：Transport and Environment，2018：62，800－813.

　　②　Fussell，G. The meaning of colors in cultures around the world［J］. Shutter stock，2022.

年轻的学科，需要借鉴和吸收其他成熟的学科的知识体系和思维方式，以丰富和深化自己的内涵和外延。社会学作为一门基础性的人文学科，为设计学提供了对人类社会的全面和系统的认识，以及对社会现象和社会问题的分析和解释方法。两者相互支撑，彼此拓展：社会学作为一门理论性较强的学科，需要不断地与实践相结合，以检验和发展自己的理论，并为实践提供指导和服务；而设计学作为一门实践性较强的学科，可以为社会学提供一个广阔而多样的实践领域，涉及各种各样的产品、服务、系统、空间等方面，这些都是社会生活中不可或缺的组成部分，也是社会变革和发展的重要推动力。设计学还为社会学提供了一种创新思维，可以激发社会学家对社会现象和社会问题的新视角和新想法，并促进社会学理论与实践的互动与融合。可以说二者的融合几乎成为必然。

首先，社会学为交互设计提供更深入的问题理解。在用户研究方面可以帮助设计师了解用户的需求、偏好、行为、心理等方面，以及用户所处的社会环境、文化背景、价值观念等因素，让设计师可以充分了解用户的真实感受和需求，从而打造更贴近用户心理的产品和服务；在文化与社会差异方面，社会学理论提醒设计师考虑不同文化和社会背景对用户需求和行为的影响，有助于避免设计上的文化冲突，保证产品在全球范围内都能被接受和使用；在可持续性与社会责任方面，社会学鼓励设计师考虑设计对环境和社会的影响，使设计师开发更具可持续性产品和服务。

其次，设计为社会学研究提供实践手段。在数据收集与分析方面，设计领域广泛应用的数据收集和分析方法，可以帮助社会学家处理大量复杂的社会数据。设计师的数据可视化技能有助于将社会学研究结果以更直观、易懂的方式展现出来。在用户参与共创方面，设计学强调用户参与和共创的理念，这与社会学的参与式研究方法相契合。通过用户参与和共创，社会学家可以更好地理解社会现象，并从用户角度获取深入洞察。

社会学与设计学的融合能够使设计结果更加贴近用户需求，符合社会文化背景，并且注重社会责任和可持续性。这种融合为创造具有更大影响力的数字产品和服务提供了新的视角和方法。实际上不仅是社会学，诸如经济学、人类学、材料学、计算机科学、心理学、哲学等一系列学科都在与设计学发生着强链接，交互学设计的边界正在不断扩大，可解决的问题和能服务的对象也不断增多。

很显然，社会学并不能直接解决设计问题，但设计师基于社会学的观察和思考，能够让其获得更广阔和更深邃的背景性资料，进而辅助设计师形成深刻的设计洞察。当然，当代设计对设计师提出的新要求绝不限于社会学，诸多非设计类专业也都是当代设计师应涉及的领域，这也是社会性因素在设计工作中混叠的一种表现。

4.1.2　系统性思维

随着设计师面对的问题越来越多地混叠了社会性因素，传统的基于还原论的分解性思维已经很难解决棘手问题。这就要求设计师转换思维模式，以系统性思维重新思考设计问题，来达成最终的体验目标。早在20世纪60年代系统性思维就已经在工程领域受到关注，它是一种以"系统"为观察对象的思维方式，是一种综合考察对象的方法。尽管系统性思维方法经常被简化为一种方法或技术，但其实质是一种对人文、环境、社会等诸多因素的长期关注和综合考量的能力①。

系统性思维是一种以"系统"为观察对象的思维方式，是一种综合考察对象的方法。"系统"是指"一群相互连接的实体"，可以将系统的对立面理解为"堆"（heap），因为尽管"堆"由很多实体构成，但是他们没有相互连接②。这里的"堆"是一种随机堆砌的意思，他们之间没有必然的联系，例如碰巧在某个时间待在同一个地点的人群，就构成了一个"堆"，因为他们之间没有相互连接。而在一起工作的人之间就建立起了连接，会形成一种非常特殊的、可以称之为工作团队的系统③。我们可以举一个更为具体的例子，假如我们为企业进行运营体系的设计，我们需要考虑的不仅包括网站设计、产品品质和价格等因素，还包括物流、支付和售后服务等因素。如果我们仅关注其中的某一部分，就无法真正理解整个系统的运作机制。

系统性思考方式能够帮助设计师从整体视角来思考问题，发现整个系统的运作机制。当我们从整个系统、系统中要素与要素之间的关系进行观察和思考时，才能理解事物的发展的真正推动力量。在交互设计领域系统性思维是一个必不可少的素养。任何一款数字产品都是一个系统，而且这个系统往往非常复杂。

20世纪以来，设计实践的重点从物理产品和形式转向了意义、结构、交互和服务。正如休·都伯利（Hugh Dubberly）所说，设计正在由"手工制作"（hand-craft）向"服务制作"（service-craft）转变④。物理工具的交互相对简单，而软件产

① Garbolino E., Chéry J. – P. & Guarnieri F. The Systemic Approach：Concepts，Method and Tools. In SpringerLink，2018.
② 系统性思维（一）信息架构［DB/OL］. https：//zhuanlan.zhihu.com/p/419326141，2018.
③ 梁颖. 交互设计的系统性思维之信息结构和信息架构［J］. 现代信息科技，2018（7）：84–88.
④ Dubberly H. & Pangaro P. Cybernetics and service-craft：Language for behavior-focused design［J］. Kybernetes，2007，36（9/10）：1301–1317.

品则更为复杂。工具使用者的复杂性、工具本身的复杂性和工具所在环境的复杂性要求设计师运用系统思维来分析设计问题，形成设计方案。

设计师利用系统思维观察环境中的复杂性、相互关系和依赖机制，从而更好地参与到系统的决策中来，系统思维本身并不能成为行动，其仍然需要通过设计学科的设计思维来转化为现实行动。系统思维方法经常被简化为一种方法或技术，但其实质是一种对人文、环境、社会等诸多因素的长期关注和综合考量的能力。例如，LED 路灯取代钨丝路灯，这一解决方案从环保人士的角度来看绝对是值得称道的，但当其被大规模应用后，LED 对电力系统造成的污染以及对人们视力带来的危害，却常常被人们所忽略。在这一案例中，设计师必须把分析问题的视角扩大到更广阔的社会背景中去，充分观察各利益相关者的关系和依赖机制，从而作出正确的、可持续的设计决策。

设计师试图控制用户对产品的体验，以优化交互和细节，以提供个人积极的情绪体验。然而，过分关注微观设计问题会分散人们对宏观问题的注意力和关心。在体验驱动的设计中设计师需要具有大局观，系统性地思考与设计结果相关的其他要素。在迪特尔·拉姆的设计十原则中，第九个原则是环保的和可持续的。这通常被解释为产品制造过程中所消耗的资源和对环境的影响，但如果产品是非物质的呢？实际上，数字产品同样需要考虑环境和可持续问题，其涉及更为复杂的技术、社会、经济、文化等要素。

有一则笑话：有一个农民养了许多鸡，但他的鸡都不下蛋，所以他找了一个物理学家来帮忙找出解决方法。这个物理学家做了一系列计算，然后说：我已经有解决办法了，但是这个办法只适用于真空中的球形鸡。"真空球形鸡"的笑话很好地反映出设计工作的现实情况，设计师应该意识到自己和自己的设计方案并不是存在于真空中的，设计师的生活经历必然会产生某些价值观和偏见，这些影响会随着设计过程在设计结果中留下印记，这是设计师的设计决策基因，深深嵌入在设计师的工作之中。但是与人类的生物基因不同，设计师可以有意识地控制设计决策，通过更为全面的系统性思维努力降低个人价值观的影响，以确保设计的结果不是出于主观意愿，而是平衡所有必要因素的结果。也只有在设计师了解用户所处的社会、经济、文化环境，并将这些因素纳入设计过程后，才有可能真正营造出良好且有意义的用户体验。

4.1.3　包容性设计、民主设计、服务设计

随着社会性因素越来越多的混叠在设计过程中，新的设计方法开始不断涌现，这些新方法、新视角面向棘手问题，凭借着由系统性思维尝试给出更具有社会价值的设计方案。本节将介绍三种基于社会性因素衍生出来的设计方法，分别是包容性设计、民主设计和服务设计。

1. 包容性设计

在设计过程中，明确目标受众通常是设计的第一步，但功能性问题的目标受众和社会性问题的目标受众有着本质区别。为了使设计结果能够形成长期的积极影响，包容性设计这一概念被提出。包容性设计是指创建能够理解和满足不同背景和能力的人的需求的产品。包容性设计可能涉及年龄、文化、经济状况、教育、性别、地理位置、语言和种族等多个方面，其核心是与用户产生共情，并根据用户的各种需求调整设计结果。

包容性设计要求设计结果能够适应多样化用户，在设计时应尽可能地多考虑社会因素，以弥补那些由于背景或能力差异可能出现的体验差异。包容性设计强调设计结果的灵活性和可定制性，因此这一方法常被应用于可以更新迭代的数字产品设计中。例如多语言系统设计就是非常典型的包容性设计案例，Grab 是一个在东南亚地区提供出行服务的平台，包括打车、外卖、支付等功能。在其设计中考虑了东南亚地区的多样性和复杂性，包括不同国家的法律规定、货币单位、支付方式（如现金、信用卡、GrabPay 等）、语言偏好（如英语、马来语、泰语等）等，提供了灵活和个性化的选项来适应不同用户的需求。

在设计过程中，设计师应时刻警惕自身所存在的固有观念和视野局限，并意识到这些因素是如何通过产品被放大，从而影响更多受众的。例如，"Microaggression（微歧视/微侵害）"是包容性设计中的一个重要概念，是指日常言语、行为或环境所造成的轻微冒犯，有意或无意地传达出的敌意、贬低或否定的态度[1]。因此在设计过程中，设计师应该意识到自己所拥有的权利，积极寻求边缘化群体的反馈，创

---

① Washington E. F. Recognizing and Responding to Microaggressions at Work［J］. Harvard Business Review，2022.

建能够反映用户群体多样性的内容，努力创建更公平和包容的产品和服务。在包容性设计及方法中，设计行为机制、提供额外价值、引导正向情绪是常见的设计策略。

（1）设计行为机制

包容性设计提倡培养积极的行为，通过设计所形成的机制来奖励良好行为，提升不良行为的成本和责任。对于用户数量众多的数字产品这一策略尤为重要，通过交互机制的设计，鼓励积极的互动行为，减少不良用户对数字产品的滥用，特别是看似微小但实际上危害很大的歧视行为。以知乎为例，首先，知乎设有严格的社区准则和规范，规定用户在平台上的言行举止，鼓励文明讨论，制止不当言论和不端行为。其次，知乎采用了基于算法的内容推荐系统，根据用户的兴趣和偏好向其推荐相关内容，从而提高用户体验并减少不良内容的传播。此外，知乎还通过用户信任度系统，奖励对平台作出积极贡献的用户，同时对违规行为采取惩罚措施，以维护平台秩序和用户权益。

（2）提供额外价值

设计师的责任不仅在于帮助用户完成任务，还应该为用户提供任务之外的更多价值。产品的使用者可能只会反馈一时的使用体验，却很少反馈产品对他的生活所产生的潜移默化的影响，而对生活的长期影响正是设计师所需要思考的。包容性设计鼓励设计为用户提供额外价值，特别是那些具有某些生理缺陷的用户，设计不应只是工具性的存在，还应该成为改善生活质量的积极因素。例如，色盲是一种常见的视觉障碍，许多数字服务已经开发了针对色盲用户的数字视觉界面，使用对色盲用户更容易区分的颜色和对比度，使用不同的符号和图标来表示不同的颜色，以便色盲用户更轻松地理解和使用产品。又如，美团外卖为聋哑人骑手提供了专用的沟通功能，为聋哑人提供了送餐工作的机会。聋哑人骑手在送餐时，可以通过在线交流功能，与商家和用户进行文字或手势的沟通，也可以通过电子外呼功能，由后台机器人向用户拨打电话提醒取餐。

（3）引导正向情绪

设计方案能否为使用者带来正向的情绪引导同样是设计师的重要职责，仅就实现功能而言，同一个设计问题可能有不同的解决路径，形成不同的交互机制，而这些不同的机制则可能带来不同的情绪引导作用。包容性设计鼓励通过设计引导用户形成坚韧的情感，让用户能够在长期的交互中形成稳定情绪，关注设计品在日常生活中所起的作用，以及它如何影响用户看待机遇和问题。例如，曾经很多社交媒体都提供了"点赞"和"点踩"两个选项来辅助用户表达对内容的态度，初看起来这是一个很容易理解的二元选项，也确实为用户提供了便捷表达态度的渠道。而事实上，如果我们从情绪的角度去关注这一设计便会发现，"点踩"这一功能唯一目的是助长和延续消极情绪，对于整体交互生态而言，这一功能只提供了承载负面情绪的信息流动。今天许多设计团队已经意识到这一点，在其平台中只保留点赞这一个选项。

综上所述，在数字时代，很多时候设计算法和交互规则的人，并没有意识到其开发的产品所形成的这种更深层次的影响作用。包容性设计要求设计者从更广泛的视角观察设计行为，尽量避免或消除由设计行为所产生的有害后果。包容性设计要求设计师在设计过程中遵循一种内在的伦理和道德准则，将设计解决方案定义在帮助人们建立更公平、更积极的生活环境上，而不仅是完成用户的功能性诉求。同时，设计师需要不断关注文化环境和市场环境变化，以确保产品始终处于最佳状态，建立可信、安全和积极的产品，为用户和社会创造更大的价值。

2. 民主设计

与包容性设计一样，民主设计同样需要在设计中考虑更广泛的社会性因素。民主设计旨在为每个人提供优质的设计产品和服务，其包含功能、形式、质量、可持续性和低价五个维度，当这五个维度达到平衡时，就可以认为设计是民主的。民主设计的出处可以追溯到 IKEA 的创始人英瓦尔·坎普拉德（Ingvar Kamprad），他认为"我们不喜欢复杂的解决方案和资源浪费，这对每个人都不好。可持续性大部分时候是指为实现功能使用恰当的、节约的材料，但同时可持续性也意味着在产品的整个生命周期中承担责任"。[①]

用户在设计过程中的可参与性也是民主设计的特征之一。工业时代设计是以专家设计师为主体的，强调产品的实用性，让用户接受。到了数字时代，设计师开始接受用户反馈，设计也逐渐转变为符合用户需求的形式。也正是因为这样的时代变迁，民主设计认为应该让更多的人站在平等的立场上，共同创造出适合所有人的产品。这意味着民主设计不仅关注产品的实用性，还要考虑产品的可持续性、环保性、文化性等诸多社会性因素。同时，民主设计也涉及产品的生产、运输、包装等方面，需要考虑整个产品生命周期的可持续性。

① New exhibition on the Democratic Design［DB/OL］. https：//ikeamuseum. com/en/about/press – room/new – exhibition – on – the – democratic – design，2022.

提及民主设计，宜家公司是其最典型的实践者，宜家不仅提出了民主设计这一概念，也在其实际经营中充分应用了这一理念。宜家（IKEA）起源于瑞典，其设计主张"优秀的家庭用品是为所有人服务的"，强调构成民主设计的要素一个也不能少，所有要素都要达到同等要求的水平，这才是"为大家的设计"。宜家的设计理念源自对"家"的关注，调查显示，全世界约有 1/3 的人表示有些地方比他们所居住的空间更有家的感觉[①]。为了让人们能够更容易营造自己满意的家，宜家提出了五种核心情绪：隐私、安全、舒适、所有权和归属感[②]。通过这些核心情感创造更加温馨舒适的居住环境。宜家的民主设计理念在全球范围内得到了广泛的认可，其产品的设计风格简约、实用、环保，深受消费者喜爱。例如，宜家将产品打包成节省空间的平板包装形式，降低了保管成本和运输成本。这一成功经验也激励着其他企业不断探索民主设计的可能性。当然，宜家的经营也存在很多问题，就目前而言宜家的数字化转型似乎并不成功，并没有在数字世界与消费者建立良好的沟通渠道和信赖关系。

此外，民主设计的思想也常应用于其他领域。例如，城市规划、教育、企业管理等。民主设计可以让市民参与到城市规划的决策过程中，共同创造出适合所有人的城市；让学生参与到课堂的设计和教学的决策中，更好地满足学生的需求和兴趣；倾听不同阶层员工的诉求，形成真正互利共赢的管理机制。

民主设计的启示在于设计师应该从更广阔的层面了解受众，尊重用户需求，创造便捷、实用、环保的产品。另外，民主设计并不意味着无限地向消费市场献媚，而是要充分考虑除直接消费者之外的利益相关者，比如因为环境、产业链、原料产地变化而受到影响的那些人，通过设计引导消费者更加理性地消费，选择那些符合更广泛人群利益的设计和产品。

3. 服务设计

服务设计是一种以用户为中心、通过系统性的设计来改进服务的一种设计方法，以提供有意义、有效和愉悦的用户体验，同时满足组织的需求和目标。服务设计是一种跨学科的设计方法，它关注的是服务的整体体验以及在服务交付过程中涉及的各种元素。这些元素包括人、设备、技术、物理环境和流程等。服务设

---

① IKEA. Life at Home Report 2021：Balance Starts at Home ［DB/OL］. https：//lifeathome. ikea. com/reports, 2021.

② Johnson M. IKEA Feeling of Home Study – Emotional Needs At Home ［R］. Apartment Therapy，2019.

计的目标是提高服务质量，提升用户满意度，并优化服务提供者和用户之间的互动。

服务设计的观念起源于 20 世纪 80 年代的欧洲，当时的设计师开始关注服务的设计，而不仅是产品的设计。这一观念的发展与变迁反映了社会经济结构的转变，即从工业社会向服务社会的转变。随着服务业在全球经济中的地位日益提升，服务设计的重要性也日益凸显。到了 21 世纪初，服务设计的观念进一步发展和深化。设计师开始关注数字服务的设计，如网站、移动应用和社交媒体等。服务设计逐渐转向更注重用户需求和体验的方向，即如何通过设计提供愉悦、高效和有价值的用户体验。随着大数据和人工智能技术的发展，服务设计的观念再次发生变迁，设计师开始关注如何利用这些新技术来提升服务的质量和效率，还强调情感和感知，以及服务对用户生活的影响。

服务设计关注在服务交互中所有参与者的体验，包括服务提供者、服务保障者和用户等。它的目标是通过改进服务系统、服务接口和服务经验来提高服务质量和效率。例如，清华大学的设计团队为高空作业工人设计的小便器产品。高层建筑工人通常在 20 多层的建筑中工作，为了上厕所反复上下楼并不现实，因此绝大部分工人的小便问题都在墙根解决，这已经是多年来业内公开的秘密。在工地上小便既不方便也没有尊严，因此小便器产品便应运而生，不仅可以解决如厕问题，还能收集尿素，可以用作腐熟浇地，尿激酶还可以制药（见图 4–2）。

图 4–2　高层建筑工人小便器设计方案

资料来源：https：//baijiahao. baidu. com/s?id = 1683942302489604004&wfr = spider&for = pc。

这是一个典型的服务设计项目，不仅包含了对工业产品的设计，也考虑到使用者的心理感受和使用后续的产业链问题。不过该项目真正实施还有很多问题需要考虑，例如，这些产品由谁来购买、他们是否愿意购买、工人是否愿意在小便器里上厕所、谁来打扫小便器、谁来回收尿素、这种方式获得的尿素是否安全、能否形成产业链闭环等。由此可见，服务设计所要考虑的绝不只是功能性问题，还包含了更为复杂的社会性因素。

服务设计在面对复杂问题时具有独特优势。首先，服务设计强调用户参与和共创，可以帮助发现问题的根本原因，提醒设计师不仅要关注产品本身，还要考虑产品在用户生活中的作用和意义，从而提出更有效的解决方案。其次，服务设计注重整个服务生命周期的设计和管理，可以更好地适应不断变化的环境和需求。服务设计的系统思维也启发了设计师去考虑问题的全局性和复杂性，而不仅仅是单一的产品或接口，有助于设计师更好地理解和解决复杂的设计问题。最后，服务设计强调跨部门合作，可以促进组织内部的沟通和协作，鼓励设计师与不同领域的专家合作，提高服务的整体效率和质量。

当然服务设计也存在一些局限性。服务设计的实施需要大量的时间和资源，不适用于所有类型的服务。同时该方法依赖跨部门合作和协调，可能会受到组织结构和文化的影响。最后，服务设计的效果难以量化和评估，难以证明设计价值和带来的影响。

总而言之，服务设计是一种以用户为中心、系统性的方法，设计和改进服务的过程和经验。通过深入了解用户需求和体验，跨职能团队的合作，以及持续创新和改进，服务设计可以帮助组织提供更有意义、有效和愉悦的服务体验，为用户和组织带来双赢的局面。

综上所述，包容性设计、民主设计和服务设计是基于社会性因素衍生出来的三种设计方法。包容性设计提倡培养积极的行为、为用户提供额外价值、引导正向情绪，以此来满足不同背景和能力的人的需求。民主设计强调设计过程中的公益性和可持续性，提高用户对设计过程的参与感和归属感。服务设计以用户为中心，通过对服务过程的重新设计和优化，提高服务质量和效率，同时提升用户满意度和忠诚度。包容性设计、民主设计和服务设计都强调设计师需要从更广泛的视角观察设计行为，尽量避免或消除由设计行为所产生的不平衡和潜在不良影响，以确保最终的设计结果能够在广泛考虑社会因素后，为更多的人创造积极的体验。

4.2　设 计 思 维

4.2.1　设计思维及模型

设计思维的研究，最早可以追溯到西蒙在 1969 年出版的《人工科学》一书，书中探讨了人工科学和自然科学之间的差异，其中一项重要的差异来自人类对于人工科学的设计，而设计的过程便是思维的过程，并提出学校的核心任务在于引导学习者学会思考如何设计，进而创造出更多的与自然相融合的人工制品。1987 年，罗韦（Rowe）提出了设计思维的概念，并开始广泛地应用于设计、教育、工业、工程、商业等领域[1]。1992 年，布坎南发表了名为《设计思维中的难题》的文章，指出设计思维可以扩展到社会生活的各个领域[2]。

设计思维被设计界逐渐重视的原因之一，是现代设计工作不断增加的复杂性。正如前文所述，设计劳动分工随着时代的变化而变得越发复杂，从人类早期的自给自足，到手工艺时代的简单分工，再到工业革命以后的复杂分工，设计师与使用者、生产者逐步分离，设计师的专业性变得越来越强，服务领域不断扩大，设计问题变得越来越复杂和模糊。现代设计问题是由相互关联的多个因素共同构成的复杂的问题网络，大量社会性因素混叠其中。可以说，设计工作正在从"为最优而设计"向"为对话而设计"转变，这要求设计师重新审视设计问题，最终给出"一整套"而不是"一个"设计问题的解决方案。

在这样的背景下，设计师的思维过程越来越受到人们的重视，其已经从最初的以解决问题为目的的线性思维，转变为以定义问题构建机制为目的的迭代性思维。如图 4-3 所示，尼尔森（Nielsen）等学者将设计思维总结为一个逐级筛选、结果逐渐清晰的过程[3]。

作为以思维研究为核心的领域，仍存在很多模糊的边界和待解决的问题。就其定义而言，不同的学者从不同的角度对设计思维进行了定义，主要归结为方法体系、

---

①　林琳，沈书生. 设计思维的概念内涵与培养策略［J］. 现代远程教育研究，2016.
②　李彦，刘红围，李梦蝶，袁萍. 设计思维研究综述［J］. 机械工程学报，2017.
③　沈榆. 中国现代设计观念史［M］. 上海：上海人民美术出版社，2017：375.

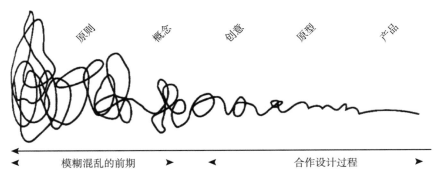

图 4-3　设计思维特征

资料来源：笔者绘制。

设计流程、思维能力三类观点。

1. 设计思维是启发思维的方法体系

设计思维是解决复杂问题的一系列方法，通过一定的步骤、策略来达到启发思维的目的。拉祖克与舒特（Razzouk & Shute）认为设计思维是一套启发式规则、一系列步骤或策略，它能指导人们解决复杂问题，并制作具有创新性的产品①。Coley则认为设计思维是用来指导人们解决现实问题的一种结构化方法，这些方法包括研究、分析、头脑风暴、创新和发展等，以帮助人们提出创造性的解决方案②。在商业领域，贝克曼（Beckman）认为现实问题通常是受到多因素控制的复杂系统，不存在唯一的解决方案，并将设计思维分为四个阶段：观察分析、建立框架、构建方案以及问题解决③。

2. 设计思维是一种设计流程

以蒂姆·布朗（Tim Brown）为代表的实践型研究者认为，设计思维是一种灵感、构思、实施的过程④。IDEO认为设计思维是用设计者的感知和方法，去满足可行的商业化的人类需求的过程，并提出设计思维模型，包括发现（discovery）、解释

---

① Razzouk R. & Shute V. What Is Design Thinking and Why Is It Important ［J］. Review of Educational Research，2012，82（3）：330 – 348.

② Coley S. Here's to the Crazy Ones：Simon Coley on Design Thinking ［EB/OL］. 2013.

③ Beckman S. L. & Barry M. Innovation as a Learning Process：Embedding Design Thinking ［J］. California Management Review，2007，50（1）：25 – 56.

④ Tim Brown. IDEO，设计改变一切（*Change by Design*）［M］. 侯婷，译. 沈阳：万卷出版公司，2011.

（interpretation）、构思（ideation）、实验（experiment）和评估（evaluation）五个环节，每个环节包含多种策略和方法[①]。诺曼（Norman）认为设计思维是一个创造性的过程，包括定义问题、提出并制作解决方案、评估结果等环节[②]。托贝尔格特（Tobergte）等学者认为设计思维的过程包含了五种活动：组织思路、动手制作、展示分享、评估评价以及反思[③]。

3. 设计思维是一种思维能力

邓恩和马丁（Dunne & Martin）认为设计思维是设计者的一种思考的方式，是在进行设计行为时的一种心理过程，而不是其设计的结果物[④]。中国学者聂森[⑤]、伍立峰[⑥]、康何艳[⑦]等，也将设计思维看作是一种能力，认为设计思维是设计者设计制品的思考方式。在教育领域中设计思维同样受到重视。美国、澳大利亚、日本等国都在积极地开展基于设计思维的教育活动[⑧]。

综上所述，设计思维建立在对人们的观察和共感，以及对消费者的理解基础之上，是一种统合性的设计思考。在设计思维的过程中，活动呈现发散和收敛两种不同的思维状态，通过两种思维状态的不断转换，最终形成对设计问题的解决方案。设计思维在设计活动中有着重要的作用，是构造设计解决方案必经的思维路径，也是设计活动重要的指导工具，为设计行为的商业化、流程化提供了重要的参考。不同学者从不同的角度阐述了设计思维所涉及的各个阶段，以及不同阶段所对应的设计行为。

（1）双钻思维模型

英国设计协会（The British Design Council）的"双钻"（Double Diamond）设计思维模型，自2005年提出以来，受到学术界的广泛认可[⑨]。模型阐释了在设计过程

①　Tim Brown. Design Thinking for Educators［EB/OL］. 2001.

②　Norman J. Design as a Framework for Innovative Thinking and Learning：How Can Design Thinking Reform Education［A］. Proceedings of the IDATER 2000 Conference, Loughborough University, 2000.

③　Tobergte D. R. & Curtis S. How Designers Think – The Design Process Demystified［J］. Journal of Chemical Information and Modeling, 2013（53）：1689 – 1699.

④　Dunne D. & Martin R. Design Thinking and How It will Change Management Education：An Interview and Discussion［J］. Academy of Management Learning & Education, 2006, 5（4）：512 – 523.

⑤　聂森，袁恩培，宋洋. 数字化时代艺术设计教育及设计思维能力培养［J］. 广西民族大学学报（哲学社会科学版），2007（S2）：118 – 119.

⑥　伍立峰. 教学设计创新与设计思维能力的培养［J］. 装饰，2007（1）：47 – 48.

⑦　康何艳. 广告学专业学生的设计思维能力状况分析［J］. 新闻学知识，2011（12）：53 – 55.

⑧　胡小勇，朱龙. 面向创造力培养的设计思维模型与案例［J］. 现代远程教育研究，2018.

⑨　https：//www. designcouncil. org. uk/news – opinion/design – process – what – double – diamond.

中设计思维发散与收敛的循环关系（见图4-4）。

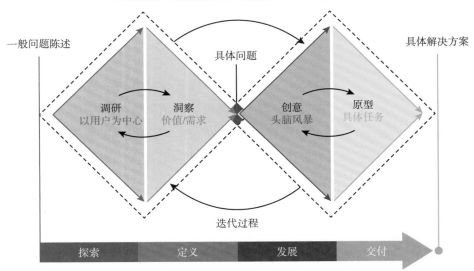

图4-4 "双钻"（Double Diamond）设计思维模型

资料来源：参考英国设计协会的"双钻"模型，笔者翻译重绘。

"双钻"模型中包含了四个主要的设计过程，分别是发现（discovery）、定义（define）、开发（develop）和交付（deliver）。①发现阶段，设计师试图以全新的方式看待世界，注意新事物并收集见解。②定义阶段，设计师试图理解发现阶段中确定的所有的可能性。哪个最重要？我们应该先采取哪种行动？什么是可行的？这里的目标是制定一个明确的创意报告，建立基本的设计目标。③开发阶段，包括创建原型，测试和迭代解决方案或概念。反复试验过程有助于设计师改进和完善他们的想法。④交付阶段，设计项目（如产品、服务或环境）完成，进入生产或实施环节。

在所有的创造性过程中，思维的汇聚与思维的发散表现为两个阶段，形成了双钻石的形态，两个钻石一个代表确认设计问题，一个代表创建解决方案。

（2）D. School设计思维模型

美国斯坦福大学所组建的设计思维学院（D. School），提出了包括共情（empathize）、定义（define）、构想（ideate）、原型（prototype）和测试（test）五个环节的设计思维模型①。共情（empathize）阶段是指通过与专家交谈或进行调查来扩充设计师的认知。以同理心为基础，了解用户的日常行为、需求及体验，从而领会用户意图。定义（define）阶段是指将用户意图转换为更深层次的用户需求，并提出对设计问题的理解与描述，这种理解以提供更好的用户体验为主要导向。构想（ideate）阶段以生产设计概念为主，通过发散的思维提出各种不同的想法，并且强调想法之间的合作，其目的是探索出更宽阔的解决方案空间。原型（prototype）阶段主要是将产生的概念和构想具象化，通过草图、便签等方式快速表达想法，形成设计原型，并以灵活的方式对原型进行实验，以判断解决方案的复杂度和范围是否合适。最后是测试（test）阶段，即通过测试设计方案的可行性，根据反馈对原型进行修改，并反复迭代。并将设计方案置于真实场景中，观察其优劣从而不断完善设计方案（见表4-1）。

表4-1　　　　　　　　　　D. School 的设计思维五个阶段

阶段	行为	目的
共情	通过与专家交谈或进行调查来扩充设计师的认知	以同理心为基础，了解用户的日常行为、需求及体验，从而领会用户意图
定义	提出对设计问题的理解与描述，明确设计问题的类型	用户意图转换为更深层次的用户需求，这种理解以提供更好的用户体验为主要导向
构想	通过发散的思维提出各种不同的想法，并且强调想法之间的合作	生产设计概念，通过对创新性构想的收集整理，拓宽解决方案的空间
原型	通过草图、便签等方式快速表达想法，形成设计原型，并以灵活的方式对原型进行实验	将产生的概念和构想具象化，以判断解决方案的复杂度和范围是否合适
测试	将设计方案放置于真实场景中，根据反馈对原型进行修改，并反复迭代	测试设计方案的可行性，观察其优劣从而不断完善、改进设计方案

以上模型是目前学术界应用最多的设计思维过程模型。在 K-12 教育领域的应用过程中，该模型扩展为 6 个步骤②，如图4-5 所示。

---

① D. shool. An Introduction to Design Thinking PROCESS GUIDE［DB/OL］. 2017.

② Carroll M., Goldman S. & Britos L. et al. Destination［J］. International Journal of Art & Design Education, 2010, 29（1）: 37-53.

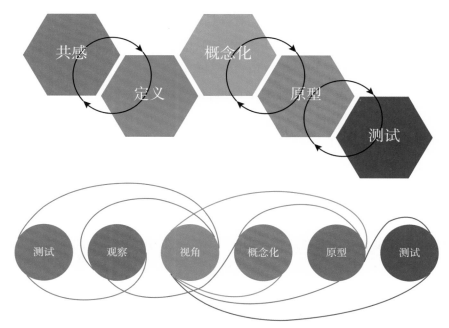

图4–5　D–school 设计思维模型及其延伸模型

资料来源：参考 D.School 的设计思维模型，笔者翻译重绘。

（3）IDEO 设计思维模型

IDEO 包括发现、解释、构思、实验、进化的五个阶段的设计思维模型①。IDEO 与 D.School 的设计思维流程有很多相似之处，都倡导理解问题、构建概念和实验测试，而 IDEO 的模型更侧重描绘应用场景和后期追踪，如图 4–6 所示。

IDEO 的设计思维实施流程各阶段（见表 4–2）描述如下。

①发现：遇到一个挑战，设计者该如何着手处理它？设计者首先要理解所遇到的挑战，并且准备好应对这个挑战的研究工作，同时通过收集信息来获得完成这个挑战的灵感。换句话说，这个阶段能够为设计者的想法建立坚实的基础，创造出有意义想法的前提是要深刻理解用户的需求，发现意味着要敞开心扉面对新机会，从而获得创造新想法的灵感。做好正确迎接挑战的准备，这个阶段能够开阔设计者的视野，并且辅助设计者更好地理解所遇到的设计挑战。

②解释：设计者该如何解释自己所观察的事物？有效的解释能够将设计者关于自己所观察事物的叙述转化成有意义的洞察。观察、实地调查或者一个简单的对话，

①　IDEO，Riverdale. Design thinking for educators toolkit［EB/OL］. http：//www. designthinkingforeducators. com，2016.

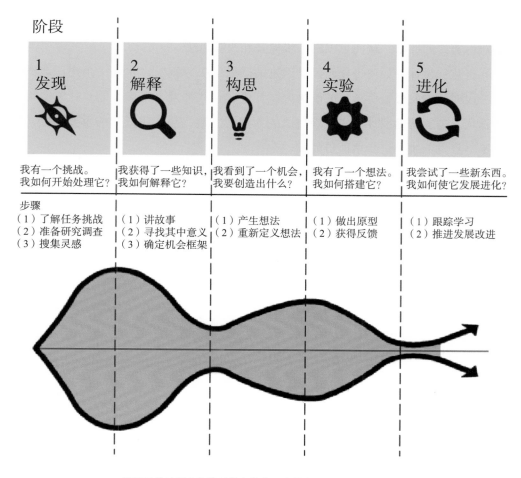

阶段

1 发现	2 解释	3 构思	4 实验	5 进化
我有一个挑战。我如何开始处理它？	我获得了一些知识，我如何解释它？	我看到了一个机会，我要创造出什么？	我有了一个想法。我如何搭建它？	我尝试了一些新东西。我如何使它发展进化？

步骤
| （1）了解任务挑战
（2）准备研究调查
（3）搜集灵感 | （1）讲故事
（2）寻找其中意义
（3）确定机会框架 | （1）产生想法
（2）重新定义想法 | （1）做出原型
（2）获得反馈 | （1）跟踪学习
（2）推进发展改进 |

设计思维过程在发散思维和收敛思维模式之间转换。
认清当前工作所处阶段对应的模式将对工作过程产生帮助

图4-6　IDEO 的设计思维模型

对于新想法的创造都会很有启发作用，但是从中找出有意义的部分并转化成可行的设计机会不是一个简单的任务，这牵涉到叙述能力，以及整理、简缩故事当中的想法，直到为新想法找到一个令人信服的观点和清晰方向的能力。

③构思：看到一个机会，设计者需要创造什么？构思意味着生成许多想法。头脑风暴鼓励设计者无限制地大胆想象，最大胆的想法往往能够点亮有创见的思想火花。在深思熟虑的准备和清晰的规则下，头脑风暴会议能够产出大量的新想法。

④实验：设计者如何构建可行的想法？实验能够将想法变成现实，即通过实验生成想法的原型。建立原型意味着使想法变得具体可行，在建立的过程中学习并与

其他人分享这些想法是非常重要的，即使是早期的粗略原型，设计者仍然能够通过实验获得直接的反馈，从而可以进一步提升和改善想法。

⑤进化：设计者如何进化已经尝试过的问题解决方案？进化是一个想法或概念经过一段时间的发展，所形成的改进方案。进化往往涉及下一步计划，让方案得以更新迭代。与能帮助设计者实现该想法的人进行交流，是实现进化的重要路径，即使是不易察觉的微小进步也值得鼓励。

表4－2 IDEO 的设计思维五个阶段

阶段	行为	目的
发现	通过收集信息，发现设计问题，建立对用户需求的理解和阐述	充分理解用户需求，明确设计问题
解释	通过观察、调研或访谈，将问题描绘成一个清晰的故事或明确的观点	将发现的问题明确化，从中找出有意义的部分并转化成可行的设计机会
构思	在完善的准备和清晰的规则下，通过头脑风暴收集构想	以发散思维构建针对设计问题的解决方案
实验	通过实验来构造原型，根据反馈将早期原型不断细化	通过实验获得反馈，进一步提升和改善构想，通过迭代不断完善设计方案
进化	将产生的构想和解决方案与能帮助设计者实现该想法的人进行交流，并记录这一过程	通过交流进一步提升设计方案的价值和可行性，产生更具价值的构想

（4）Liedtka 设计思维模型

丽迪卡·珍妮（Liedtka Jeanne）在 *Designing for Growth* 一书中将设计思维归结为四个问题，每个问题代表了一个设计思维的阶段[①]。这四个阶段分别是"是什么？""如果……怎么样？""什么能打动人？""什么起作用？"，同时提供设计思维过程中的十个设计工具，包括可视化、身临其境、价值链分析、思维导图、头脑风暴、概念生成、测试假设、快速原型、与用户合作以及实验测试。模型如图4－7所示。

---

① Liedtka J. & Ogilvie T. Designing for growth：A design thinking tool kit for managers ［M］. Columbia University Press，2011.

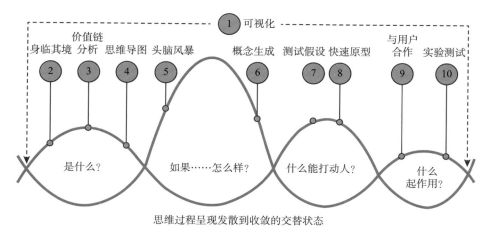

思维过程呈现发散到收敛的交替状态

图4-7　丽迪卡设计思维模型

①是什么？在这个阶段，设计师需要通过观察、访谈、调研等方式收集关于用户、市场、竞争对手和趋势的信息，并将其整理成可视化的工具，例如，用户画像、用户旅程图、SWOT分析等。这些工具可以帮助设计师发现用户的痛点、需求、愿望和情感，并识别出问题或机会所在的领域。设计师也需要定义项目目标、范围和约束，并明确设计方案想要达到的效果。

②如果……怎么样？在这个阶段，设计师需要通过头脑风暴、草图、故事板等方式产生尽可能多的创意，并从中筛选出最有潜力的几个方案。设计师可以使用一些创意技巧，如反向思考、类比推理、SCAMPER法等来拓展思路，并使用一些评估技巧，如NABC法、Pugh矩阵等来选择最佳方案。设计师也需要考虑方案是否符合用户需求、市场趋势和商业目标，并给它们起一个吸引人的名字。

③什么能打动人？在这个阶段，设计师需要通过制作简单、便宜、快速的原型来展示方案，并将原型展示给显在或潜在的用户，获取他们的反馈。设计师可以使用一些原型工具，如纸质模型、角色扮演、视频演示等来模拟产品或服务的功能和体验，并使用一些反馈工具，如问卷调查、访谈记录、观察记录等来收集用户的意见和建议。设计师也需要根据反馈对方案进行优化或调整，并确定最终方案。

④什么起作用？在这个阶段，设计师需要通过实施设计师的最终方案，来验证它是否能够解决问题或创造价值。可以使用一些实施工具，如项目计划、资源分配、风险管理等来确保方案的顺利执行，并使用一些评估工具，如关键绩效指标、收益分析、用户满意度等来衡量方案的效果。设计师也需要持续地监测和改进方案，并

寻找扩大规模和影响的机会（见表4-3）。

表4-3   丽迪卡设计思维模型的行为与目的

阶段	行为	目的
是什么？ What is?	通过对问题所处的实际环境的检视，收集资料，提出所要解决的问题	明确设计问题和困境
如果……怎么样？ What if?	利用上一阶段所获得资料，通过头脑风暴提出构想和新概念	提出解决问题的构想和假设
什么能打动人？ What wows?	确定哪些问题需要被优先解决	帮助管理者进行选择，确定首先要解决的重点问题
什么起作用？ What works?	将方案带到真实的场景中，通过实验和用户反馈，观察方案的作用	根据反馈不断完善解决方案

（5）Roger Martin 设计思维模型

罗杰·马丁（Roger Martin）在 *The Design of Business* 一书中提出的设计思维方法论[①]，从企业经营的角度阐述了设计思维的价值，帮助企业在面对复杂和不确定的问题时，创造出符合用户需求和市场趋势的创新产品和服务。

罗杰·马丁设计思维模型如图4-8所示。

罗杰·马丁的设计思维模型包括三个阶段：探索、建立和实现。在探索阶段，设计师需要通过同理心、观察和调研等方式，了解用户的痛点、需求、愿望和情感，并识别出问题或机会所在的领域。在建立阶段，设计师需要通过头脑风暴、草图、原型等方式，产生多种创意，并从中筛选出最有潜力的几个方案，并将它们展示给真实或潜在的用户，获取他们的反馈。在实现阶段，设计师和项目管理者需要通过项目计划、资源分配、风险管理等方式，确保方案的顺利执行，并通过关键绩效指标、收益分析、用户满意度等方式，衡量方案的效果，并持续地监测和改进。

罗杰·马丁设计思维的核心是知识的演进，即知识从神秘（无法解释的事物）到启发式（指导我们寻找解决方案的经验法则）到算法（能够预测性地产生答案的

---

① Martin R. The design of business：Why design thinking is the next competitive advantage ［M］. Harvard Business Press，2009.

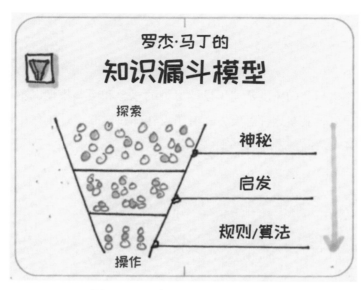

图 4-8 罗杰·马丁设计思维模型

资料来源：参考罗杰·马丁设计思维模型，笔者翻译重绘。

公式）的转化过程。这一过程可以帮助企业在知识演进的各个阶段进行创新，并平衡可靠性（对已知事物的高效利用）和有效性（对未知事物的成功创造）。同时罗杰·马丁在书中还提出了整合性思维的重要性，即能够将看似对立或矛盾的想法整合成一个更好的想法的能力，有助于企业面对复杂问题时克服二元对立的思维定式，如成本与质量、短期与长期、分析与直觉等，并寻找一个既能满足多方利益又能创造新价值的解决方案。

综上所述，虽然不同学者给出不同的设计思维模型，但设计思维的过程基本上是相似的，这是由设计工作的基本属性所决定的。今天，设计思维作为一种解决问题的方法和创新策略，在设计研究和商业组织中越来越流行，一方面得益于 IDEO、斯坦福设计学院、罗特曼等设计思维倡导者的推广，另一方面也与设计工作和企业管理越来越显著的复杂性、飞速发展的技术和现代商业的本质有着密切的关系。

值得注意的是，设计思维模型的步骤虽然是线性的，但设计思维本身则是非线性的，不一定是连续的，各个环节不以任何特定的顺序进行，可以并行地发生或迭代地重复。每个阶段可以被视为形成最终整体结果的一个组成部分。通过项目的进展，设计思维能够辅助设计师系统地了解用户的问题和需求，识别解决问题的机会，并交付用户体验优良的解决方案。

4.2.2 设计思维的实践工具

上一节从学术研究的角度阐述了设计思维的概念和经典模型，本节将从设计思维的实际应用出发，观察这种思维方式对于设计师在实际设计工作中解决复杂问题的影响（见图 4-9）。

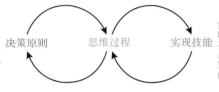

思维过程是由一系列问题组成的序列，当这些问题经过深入思考得到答案后，就会推动项目朝着目标结果前进，每一个问题都会带来启示，为设计行动提供信息和灵感。

设计的决策原则应源于公平和互利的价值观，从而确定积极的设计方向，避免因错误决策带来的破坏性影响。决策原则决定了设计结果的价值，并在设计过程中起指导决策。一旦内化，这些原则就会成为项目所有参与者的共识，成为设计的共同基础。

实现技能是设计项目成功完成的保障，以达成预期目标。这些技能将设计项目不断向深入和完善推进。实现技能通常是项目落地所需的专业知识，这些专业知识有时由一个人掌握，但更多时候是由项目组的多个成员组合实现。

决策原则 **思维过程** **实现技能**

图 4-9 实际工作中决策—思维—技能的关系

资料来源：笔者绘制。

设计思维的应用并不局限于设计工作本身，今天的大型组织正在发生变革，设计思维所服务的范畴已经远远超过设计工作本身，而是将设计思维的原则与方法转换为人们的工作方式。设计思维的广泛应用在很大程度上是对现代技术和现代商业日益复杂化的一种回应。这种复杂性表现为多种形式，有时是软件、硬件的集成性功能问题，有时是要使用户体验变得更为直观和简单的问题，有时则是多种社会因素混叠在一起的权衡问题。上述问题通常涉及诸多要素的相互制约与合作，最终形成的解决方案可能是一种机制而非一件产品。例如，重新设计一个医疗保健服务系统比设计一只鞋要困难得多。

在历史上，设计一直被视为与美学和工艺相关的工作，因此设计师也常常被称为美工或产品工程师。但今天复杂的设计问题已经是设计师角色超越了传统认知，成为更为丰富的设计内容的主导者。当代设计师设计目标的变化是其例证之一，功能性设计目标是对实用性的一种承诺，例如，用户买了一辆保时捷汽车，汽车制造商承诺用户这是一辆设计精良的高性能汽车，能够让用户实现安全舒适的交通。随着设计工作的需求、定义、社会性因素等各方面的复杂化，设计师的功能性设计目标开始转变为体验性设计目标。体验性设计目标是对感觉的承诺，例如，用户买了一辆保时捷汽车，汽车制造商承诺用户会感到被宠爱、豪华和富足。这两种不同的设计目标正映射了设计思维服务对象的转变：设计思维最初用于制造实物，解决功能与安全等物理实在的问题，而设计师现在越来越多地需要解决复杂、无形的设计问题。

为了应对今天的设计实践中的复杂性挑战，设计思维衍生出一系列工具，辅助设计师理清设计难题。通过工具设计师可以更好地探索、定义和交流。这些工具模型补充并在大部分场景下取代了电子表格、数据统计分析和交流文档，为设计师解决复杂问题增加了一个可视化维度，在处理非线性问题时允许非线性思维。在众多设计思维辅助工具中，最为人所熟知的是"用户旅程图"，它已经成为今天交互设计、体验设计、产品设计等领域必不可少的设计工具之一。如图4-10所示，用户旅程图以图形化的方式展现了用户在使用流程中的体验变化。较早的用户旅程图的应用是2008年美国退伍军人事务部创新中心使用用户旅程图来了解退伍军人在与事务部互动时的情绪起伏，并根据用户旅程图提出了一些改进服务的建议，比如简化申请流程、提供更多信息和支持、增加沟通渠道等。用户旅程图能够辅助设计师更清晰地意识到问题出在哪里，进而加以改进。很快用户旅程图就成为设计实践调研

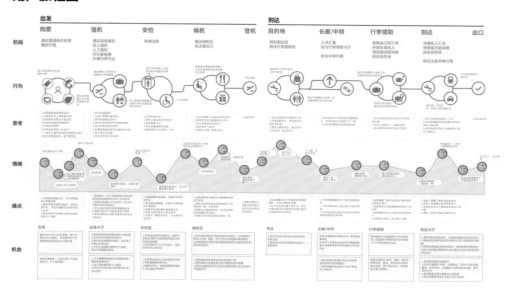

图4-10　乘机场景的用户旅程图

资料来源：https：//www. zcool. com. cn/work/ZMzY2MDA1ODA =. html。

中必不可少的工具之一，亚马逊、星巴克等一众强调服务品质的企业，都通过用户旅程图来改良结算支付、等待收货、评价反馈等环节的体验。

另一个广为人知的设计思维工具是交互设计原型。用户旅程图辅助设计师理解问题的边界，而设计原型则辅助设计师形成解决方案。设计原型可以是数字的也可以是物理的，其核心功能是交流思想的一种方式。设计原型可以是粗糙的、不完备的，但当设计原型展现在人们眼前时，设计交流就已经开始了。正如麻省理工学院媒体实验室创始人尼古拉斯·内格罗蓬特（Nicholas Negroponte）提出的座右铭："演示或死亡"（Demo or Die），强调要把创意变成现实而不只是空谈的重要意义①。除了提供交流价值之外，设计原型还能用于测试，通过快速迭代来不断更新设计方案，直到达到满意的测试结果，这一工作流程在数字产品的设计中尤为突出。

如图 4-11 所示，低保真模型和高保真模型是交互设计中用于快速演示的两种常用方法。低保真模型是指设计过程中使用的简单、粗略的原型，主要用于快速验证设计概念和收集反馈，通常由简单的线框图、草图或者手绘图构成，其目的是尽快表达设计想法，帮助设计团队和利益相关者快速理解和反馈。其特点是制作简单、

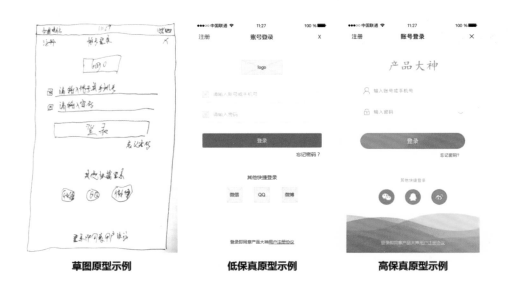

草图原型示例　　　　低保真原型示例　　　　高保真原型示例

图 4-11　概念草图，低保真模型，高保真模型

资料来源：https：//www.jianshu.com/p/da0e05bb5fec。

① MIT Media Lab. Inventing the future［EB/OL］. https：//www. media. mit. edu/files/inventing - future. pdf，2012.

成本低廉、易于修改，能够快速迭代设计方案，帮助设计团队快速探索和验证不同的设计方案。

相比之下，高保真模型是一种更加精细、真实的原型，通常用于展示设计的最终外观和功能。高保真模型可以是基于软件的交互式原型，也可以是物理模型或者样机，通常具有更高的细节度和真实感，能够更好地模拟最终产品的外观和交互细节，有助于收集更具体、更真实的用户反馈。其特点是逼真度高、功能完整，能够直观地展示设计方案的最终效果，有助于利益相关者理解和评估设计方案。

上述设计思维的模型化工具虽然并不新奇，但在真实的设计实践中，已经发挥了重要的作用。通过这些工具，设计师可以更好地理解设计问题，了解用户需求，提高协作和交流质量，评估不同设计方案的优缺点，更快速、准确地形成有效的解决方案，从而提高设计的质量和效率。

总之，设计思维使设计实践更加克制。我们经常能够发现，重视设计品质的企业的产品往往比竞争对手更为简单，但却能够创造更专注、更实在的用户体验。在设计思维过程中，设计不该做什么与该做什么同等重要，在设计思维的各个环节中，要求设计师不断地挑战假设、拓宽视野、选择最有效的方案和优化最细节的部分。在这个过程中，设计师发现很多不必要或者不合适的设计元素，比如多余的装饰、冗杂的颜色、复杂的形式等，这些元素可能会影响用户的体验和感受，甚至会造成资源的浪费和环境的污染。

观察设计思维的模型会发现，这是一个注重评估和选择，减少选项，从而选择最重要选项的过程。这意味着设计师要通过定义问题、构建原型、进行测试等方法，验证和筛选自己的想法和方案，同时通过快速迭代精神，不断改进和完善方案，通过收集反馈、分析数据、修正错误等方法，持续优化自己的设计，使设计模型更贴近用户模型。

综上所述，随着越来越多的企业意识到设计思维的重要性，很多企业将设计思维作为企业面对复杂挑战时的一种思考方法，帮助人们和组织克服复杂性。组织对设计思维的关注为人性化管理和提升用户体验提供了独特的机会，有助于创造和谐的工作氛围，让组织快速响应不断变化的动态业务。因为设计是移情的，而设计思维的核心正是同理心，它含蓄且有效地推动更周到、更人性化的商业模式的形成。当然，我们必须承认，设计思维对于创造新事物更为有效，它并不能解决所有的问题，特别是对于想要延续传统运营机制的企业来说，设计思维更像是一种空想。

4.2.3　设计路径的构建

设计路径是指在构建设计方案时，以何种方式来解决设计问题，构建怎样的运作机制或使用方式①，即最终以何种方式解决设计问题。以我们熟悉的 iOS 和 Android 操作系统为例，两者构建了两种不同的设计路径方案，营造不同的产品生态和使用体验。Apple 的 iOS 操作系统是一个封闭系统，在系统中，所有的应用都必须通过 Apple 的审核才能上架到 App Store。其优点是可以确保应用的质量和安全性，为用户提供良好的体验。然而，这种路径方案也限制了开发者的自由度，有些创新功能可能因为不符合 Apple 的规定而无法上架，其开发的难度和成本也较高。而 Google 的 Android 操作系统则构建了另一套设计路径。Android 是一个开放的系统，开发者可以自由地开发和发布应用，用户也可以从各种渠道安装应用，其优点是给开发者更大的自由度，可以催生出更多的创新应用，但也可能会有一些质量不高或者安全性不好的应用出现。

设计思维通常是建构设计路径的流程框架。洞察用户需求、定义设计问题、分析各类影响因素、平衡利益相关者的诉求，都是构建设计路径过程中必不可少的环节。在现实的设计实践中，我们能够观察到对于同一个设计问题，不同的设计师会提出完全不同的设计路径，这些差异正是设计的丰富性和创意性的体现。也就是说，设计工作并不是简单的因果推导过程，更不是公式化的产出过程，在同样的约束条件下，通过设计思维所提供的设计流程框架，最终设计师所提出的问题的解决路径可能截然不同。那么，到底是什么决定了设计师的设计决策？

设计师如何作出设计决策，这是一个复杂而模糊的问题，设计师的决策发生在设计过程中的各个环节，每一个环节都包含了设计师对当前问题的理解、评价与权衡，同时也不可避免地包含了设计师的个人偏好，无论在设计理论中如何强调应以用户为中心构建设计路径，但设计师的思维模式、价值观念、路径偏好、审美倾向都不可避免地体现在最终的设计结果中，通过设计过程各个环节的选择，最终构建起了完整的设计路径。也就是说，设计师在客观完整地审视了用户需求和约束条件后，个体偏好成为形成设计差异的本源性因素。这种个体偏好又受到设计师所处的

---

① Baker P. M. A. Design problem-solving strategies in multi-disciplinary teams［J］. Design Studies，2018：34 – 55.

文化、时代和教育的影响，其实质上是设计师所持有的思维方式的体现。

思维方式的影响并不等同于文化的影响，思维方式是文化的生产机制，具有不断衍生新文化的能力，也是人们进行决策的底层逻辑。因此可以说思维方式是设计师构建设计路径的根本机制。这也就解释了为什么往往本土设计师的作品更适应本土用户的需求和期望，这种适应性通常是潜移默化的，设计师的思维方式潜在地影响了设计决策，使构造出的设计路径更适应相同思维方式的用户。可以说，思维方式会在很大程度上影响了设计思维，但并非唯一因素。

上 篇 小 结

上篇（第1章至第4章）深入探讨了数字交互复杂性产生的原因。系统阐述了设计的分工协作模型、交互形式的变迁、数字交互的实质以及复杂性原理对设计带来的启发。设计的分工协作是设计复杂性的重要组成部分。在过去，设计往往是由一个设计师或一个小团队完成的，设计任务相对独立且边界明确。然而，随着社会的发展和科技的进步，设计工作变得越来越复杂，不再仅限于单一领域的知识和技能，已经演变成一个多方协作的动态系统，设计师需要与不同领域的专家合作，共同完成复杂的设计任务。信息时代设计问题变得越来越复杂和模糊，这种复杂性来自用户需求的多样化、设计目标的终极化以及社会性因素的混叠。

首先，在消费主义的催化下，用户对数字化生活表现出空前的热情，对数字产品的期待几乎覆盖了生活的各个层面，这使用户的多种诉求交织混合在一起形成一个混沌的整体，设计师越来越难以明晰用户的真实诉求。设计师要面对用户反馈的不稳定性并平衡不同的设计决策，设计师普遍采用基于实践经验的用户洞察方法，通过追踪和预测的方式获取用户需求，是一种低效易错的工作方法。

其次，当代设计已经从功能性目标转向体验性目标，这使多个 T 型问题的集合转变为一个模糊的 W 型问题，所有设计项目的终极目标都是获得"好的体验"，然而"好的体验"的标准却是模糊的，传统的体验设计模型已经越来越难以满足复杂的设计工作的需要。

最后，设计师在设计过程中需要考虑的社会性问题越来越多，需要平衡好满足社会需求与个体需求的双重任务，这也是设计工作复杂性的来源之一。通过社会学视角，能够较好地观察到与设计工作相交叉的社会性因素，通过系统性思维和各类设计思维模型，辅助设计师在纷繁复杂的设计工作中识别关键问题，从而规划出可行的设计路径。

下　篇

复杂性的迁移

第 5 章

大数据用户分析与设计协同

在上篇中，我们系统地讨论了数字交互复杂性产生的主要原因，这些原因是这个时代设计师不得不面对的挑战。从设计理论到实践方法，今天的设计界已经衍生出一系列知识来应对这种复杂性。随着人工智能、协同设计、交互技术和设计思维的不断发展和完善，设计的复杂性正在发生迁移，复杂体验的受众也随之改变。新兴技术将设计师的个人经验扩容为集体经验，复杂性开始由个体转向组织，从经验转向算法，从前台转向后台，应对复杂性的方法也开始从感性直觉转向理性分析，这是这个时代赋予数字交互的新契机，也是人类走向更大规模协作的前奏。

5.1 需 求 计 算

5.1.1 大数据带来的广泛变革

大数据兴起引发的社会变革是全方位的。它对人们的生活、工作、交流和决策方式都产生了深远影响。大数据（big data）是指从各种来源快速生成和传输的庞大、复杂的数据集，这些数据通常是传统数据管理和处理工具无法处理的数据集合。它具有三个主要特点，即"三 V"：大量（volume）、多样（variety）和高速（velocity）[1]。

---

① Sivarajah U. , Kamal M. M. , Irani Z. & Weerakkody V. Critical analysis of Big Data challenges and analytical methods ［J］. Journal of Business Research，2017（70）：263 – 286.

大数据的概念最早来源于对于互联网时代下数据规模与复杂度的认知①。随着互联网的发展和智能设备的普及，数据的产生呈指数级增长，并且这些数据多种多样，包括结构化数据（如数据库中的表格数据）、半结构化数据（如日志文件、XML 文件）以及非结构化数据（如文本、图像、音频、视频等）。同时，数据的生成速度也越来越快，如社交媒体的实时数据更新以及物联网设备的实时传感器数据。这些庞大、多样、高速的数据集合对于传统的数据处理方法和工具构成了挑战，因此引发了对大数据的关注和研究。

2001 年，美国国家科学基金会（NSF）提出了"数据密集型科学与工程"（data-intensive science and engineering）的概念②，强调数据管理和分析在科学研究中的重要性。此后，2008 年美国麻省理工学院（MIT）发布了一份报告③，指出大数据时代的到来，讨论大数据的定义、挑战和机遇。这份报告被广泛引用，并且在学术界和工业界引发了对大数据的深入研究和应用。随着时间的推移，大数据的概念逐渐被广泛接受，并成为当今信息技术和数据科学领域的重要概念。

在大数据时代，数据的来源主要可以归结为网络、传感器和旧信息的数据化。这三个来源共同构成了大数据的基础，为各个领域的数据分析和应用提供了丰富的资源。

首先，网络是大数据的主要来源之一。随着全球数字化的快速发展，几乎每个使用电子设备的个体都是数据源头，电子设备中内置的处理器、传感器和控制器持续地生成数据。过去，许多数据并没有被详细记录下来，例如，电话只提供了基本的通话功能，而没有记录通话的具体控制信息，如通话时间、双方电话号码和通话时长等。然而，当人们意识到这些数据的价值后，通过计算机控制电话交换机，人们很容易将这些信息记录下来，这就产生了大量与通信相关的数据。

其次，传感器技术的进步使数据收集变得更加容易。传感器作为大数据的第二个重要来源，广泛应用于各个领域。可穿戴设备成为传感器数据的重要来源。可穿戴设备是指可以佩戴在身体的各个部位（如手表、眼镜、耳机、鞋、戒指、衣服等）的高度集成化的智能设备，它们可以捕捉和记录多种数据，如生理信号、运动

---

① Diebold F. X. On the origin（s）and development of the term "Big Data"［J］. Journal of the Royal Statistical Society：Series A（Statistics in Society），2018，181（1）：3 – 10.

② Laney D. 3D data management：Controlling data volume，velocity and variety［R］. META Group Research Note，2001.

③ Manyika J.，Chui M.，Brown B. et al. Big data：The next frontier for innovation，competition，and productivity［R］. McKinsey Global Institute，2011.

状态、触摸、语音、手势等，利用机器学习、深度学习等技术从海量数据中提取有用的信息和知识，为用户提供个性化的服务和建议。除了可穿戴设备，RFID 技术也已经广泛应用于物联网领域，实现物与物之间的数据交换。此外，摄像头也是重要的数据传感器之一，无处不在地收集着数据，目前强大的图像识别能力能够进一步挖掘摄像头捕获的图像信息，从中提取具有语义信息的内容。

最后，第三个数据来源是将过去已经存在的非数字化信息进行数字化转化。这个过程主要始于 2000 年左右。非数字化的数据包括语音、图片、设计图纸、视频、档案、古籍和医学影像等，它们过去以各种形式存在并存储了很长时间，因此数量巨大。如今，许多图书馆、学校和医院都在积极进行纸质数据的数字化工作。通过将纸质资源转换成电子格式，数字化图书馆可以建立数据库和在线平台，使读者能够通过网络访问和检索电子书籍和期刊，节省了检索时间和阅读空间。学校将纸质教育资源数字化后，可以建立在线教学平台，学生和教师可以随时访问电子书和教学材料。医院通过电子病历系统和数字化医学影像，提高了医疗保健的质量和效率。数字化数据占用空间小，易于搜索、共享和分析，同时减少了数据丢失的风险。

在信息时代数据量的增长速度是十分惊人的。其中，传感器产生的数据和用户生成的数据增长最快。然而，许多人对于数据量的急剧增加感到疑惑，他们质疑是否有这么多数据存在，甚至认为这是大数据的宣传者夸大其词。事实上，许多数据是在人们不经意间被收集的，包括各种传感器产生的数据，如摄像头、可穿戴设备、手机的 GPS（全球定位系统）以及采集声音、光线、温度和运动等数据的传感器。例如，每个人每天携带的手机就可以记录用户的出行路径。这类数据量之大远远超出了一般人的想象，甚至我们可以说只要和网络设备发生交互便都会形成数据。我们可以做一个简单计算便能理解数据量有多么庞大，例如一个城市的摄像头数量超过 10 万个，每分钟产生的录像时长就高达 1 666 小时以上，而 YouTube 网站视频时长总和的增长仅为每分钟 35 小时[①]。如果每个城市摄像头每天 24 小时进行持续监控，所产生的数据量将是相当惊人的。在过去由于无法存储如此大量的视频数据，摄像头影像往往不存储或者只存储一两天就会删除。但随着存储设备成本的降低和云技术的成熟，人们已经可以在很大程度上保留并利用这些被动生产的数据，在城市管理、预防犯罪、智能识别等领域发挥着重要作用。

---

① YouTube：每分钟上传视频量已达 35 小时 [DB/OL]. https：//lmtw.com/mzw/content/detail/id/60463/keyword_id/–1，2010.

大数据对人类社会的参与不止于公共领域。例如，勇士队的超级球星斯蒂芬·库里（Stephen Curry）的成长之路也离不开大数据的影响。在库里进入 NBA 之前，他在大学时代就展现出出色的篮球天赋。然而，库里的身高只有 1.88 米，这在职业球员里是相对较矮的，因此也让许多球队对他的潜力表示怀疑。2014 年开始执教金州勇士队的史蒂夫·科尔（Steve Kerr），在接手勇士队之前观看了大量库里的比赛录像，并使用名为 Synergy Sports 的软件对库里的数据进行分析，追踪他每一次投篮的位置、距离、角度和时间等细节，形成大数据并计算出投篮的效率。科尔发现，在无人防守时，库里的三分球命中率高达 48%，而在有人防守时仅为 38%。这表明库里没有充分利用无人防守的机会，并在有人防守时出手过于勉强①。科尔意识到，通过让库里更多地跑动、寻找空位并接应队友的传球，可以提高他的投篮效率和进攻威胁。因此，科尔设计了一套以库里为核心的进攻战术，要求库里在外线不断穿插跑动，寻找队友的传球机会。同时，其他球员也被要求为库里制造更多的空间和机会，以便他能自由发挥。这套战术极大地提升了勇士队的进攻水平，也使库里成为 NBA 历史上最伟大的射手之一。

大数据技术的出现，从根本上改变了人们认识世界的方式。以往大规模统计必须采用抽样计算的方式实现，而今天，人们可以轻易获得海量数据，根据需要从中挖掘有效信息，其对设计领域也带来了本质性的影响，设计师理解用户需求的途径变得更加广阔、收集到的数据信息更加精准可靠，在大数据技术的加持下，设计行业的用户需求分析的复杂性开始降低，设计师更容易洞察到用户隐秘的真实需求，与传统数据统计方法相比，大数据分析具备数据全面、交叉验证、洞察分析三大优势。

1. 数据全面

大数据通过信息技术，能够收集到比人工统计多得多的数据量，并且可以做到全天候不间断地记录，完全改变了传统人工统计只能得到离散数据的现状，形成连续数据，大大增加了信息的全面性和价值。我们仍以可穿戴设备为例，随身佩戴的传感器不仅可以捕捉到物理世界的信息，包括温度、湿度、压力、光线、声音、位置等，还可以持续检测使用者的生理数据，如心率、血压、体温、血氧、压力等数

---

① Kesten P. The science behind the Warriors 3 - point shots ［DB/OL］. https：//www. scu. edu/illuminate/thought - leaders/phil - kesten/the - science - behind - the - warriors - 3 - point - shots. html，2016.

据，通过实时监测数据变化，为人们提出相应的调整决策。例如，在户外活动中，通过佩戴具有温度和湿度传感器的智能手表，人们可以根据环境的变化调整穿着，对生理数据的监测可以让用户更好地了解自己的身体状况和健康状况，观察运动频率、运动强度、心率、能量消耗等数据，进而调整活动强度和方式。这些设备通常是实时联网的，数据通过网络存储在云端服务器，并提供多日数据统计的分析比较服务，从而让用户得到一个周期内各项指标的变化统计，从而深入地了解自己的生理变化。大数据的全面性优势表现在其全天候数据监测和丰富的数据来源上。

首先，大数据具有全天候数据收集的能力。传统的数据收集方法往往受限于时间、地点和人力资源等因素，无法实现对数据的全天候记录。而大数据技术结合信息技术的发展，可以通过各种传感器、设备和网络连接，实现对数据的持续收集和记录。这种全天候的数据收集不仅仅是在数据量上的增加，同时也带来了数据分析结果的变化。

美国某些州的豪宅被改造成毒品种植基地，毒品种植者紧闭房屋的门窗，偷偷地在里面用 LED 灯种植大麻。这些豪宅往往处于环境优美、生活水平高的地区，很难将这些住宅与毒品种植联系起来，定位这类房屋的成本很高，加之毒品种植者分布广泛且隐秘行事，经常逃过警方对重点区域进行的排查，同时受美国宪法影响，警察也无法随意进入这些房屋进行搜查。因此，过去警方无法有效打击此类毒品种植活动。然而，随着大数据时代的到来，数据的全面性很好地解决了这一问题。2010 年，南卡罗来纳州的多切斯特县警察通过智能电表收集的用电数据，成功抓获了一名在家中种植大麻的人。此后不久，媒体陆续报道了其他州警察使用类似方法抓获在房间内种植大麻的人的事件。仅在俄亥俄州，警方就抓获了 60 名犯罪嫌疑人。这一系列高效率的抓捕行动，应归功于智能电表的全天候数据收集功能。传统电表只能记录每家每月的用电量，而智能电表可以记录用电模式。种植大麻的房屋用电模式与普通家庭完全不同，用电的高峰期和用电时长也截然不同，通过比对每户的用电模式，可以轻松辨别此类犯罪行为，并定位犯罪嫌疑人位置。

这一事件在当时引起了广泛讨论，大家讨论的焦点不仅是供电公司是否有权将用户数据提供给警察，更多的是关于大数据在社会管理领域带来的全新可能。警方在新的技术环境下改变思维方式，解决了过去难以解决的难题。

其次，大数据拥有丰富数据来源的优势。相比传统的人工统计方法，大数据能够收集到更大规模、更广泛的数据样本，从而提供更全面、更准确的信息。

在市场调研领域，传统的调查方法可能只能覆盖到有限的样本人群，而大数据技术可以通过互联网、社交媒体等平台收集到大量的用户行为数据、消费偏好等信息，从而更全面地了解市场趋势和消费者需求。这种全面性的数据分析可以帮助企业制定更精准的营销策略和产品定位。在金融领域，传统的金融数据分析方法可能只涵盖有限的指标和数据源，无法全面了解市场动态和风险趋势。而大数据技术可以整合各种金融数据源，包括市场行情数据、交易数据、新闻媒体等，实现对金融市场的全面监测和分析。

大数据的应用范围非常广泛，除上述案例外，还有许多应用潜力。例如，在金融领域，利用大数据进行风险管理和欺诈检测，通过分析海量的交易数据和用户行为模式来预测风险和发现异常交易。在交通领域，大数据可以帮助优化交通流量，减少拥堵和交通事故，并提供实时导航和交通预测服务。在能源领域，大数据可以帮助优化能源供应和使用，提高能源效率，促进可持续发展。在农业领域，大数据可以提供精准的农业管理和预测，帮助农民作出更好的决策，提高农作物产量和质量。在医疗领域，通过分析大量的患者数据和治疗结果，可以发现疾病的潜在风险因素、药物的副作用等，为临床决策和治疗方案的制定提供科学依据。在工业生产领域，大数据被用于效率检测、供应链管理、生产风险预防等。在城市管理中，大数据被用于交通流量优化、城市规划、环境监测、安全管理等。在科学研究领域，大数据可以帮助科学家进行模拟实验、发现新的关联和规律、加速科学发现等。

通过全天候数据收集，我们可以实现对数据的持续监测和记录，也是捕获更广泛、更准确的信息的基础。当然，大数据应用也面临着一些挑战和问题。除大数据对计算资源和存储空间的要求之外，隐私和安全问题也是一个重要的考虑因素，例如个人敏感信息，如果处理不当或遭到恶意攻击，将对个人隐私造成威胁。此外，大数据中可能存在噪声、错误和偏差，为数据质量和数据分析的准确性带来一定的影响。这些问题和挑战将随着大数据的广泛应用而日趋显著，需要相关从业者和管理者的理性介入。

2. 交叉验证

交叉验证是指在不同维度上对同一事件或信息进行验证和确认的过程。这一概念在第 2 章中已有所介绍。利用大规模数据的多样性和广泛性，通过对不同数据源、不同数据类型以及不同数据集之间的交叉分析和比对，来确认或验证特定的信息、观点或结论①。

交叉验证在大数据分析中具有重要的作用和优势。首先，它可以提高数据的准确性和可靠性。通过对不同数据源的交叉验证，可以消除单一数据源的偏差或错误，从而提高数据的质量和可信度。例如，当多个独立的数据集都得出相似的结论时，就可以更加确信这一结论的准确性。其次，交叉验证可以发现数据之间的关联和相互影响，揭示不同数据之间潜在的影响关系，从而更全面、更深入地理解某一现象，有助于发现隐藏在数据背后的规律和趋势。最后，交叉验证可以帮助人们发现异常情况和异常数据。当多个数据源或数据集之间存在不一致或突变时，交叉验证可以帮助人们及早发现这些异常情况，这对于识别潜在的问题、风险或欺诈具有重要意义。

大数据交叉验证所带来的数据比对能力，正在刑侦工作中大放异彩。通过交叉验证不同犯罪相关数据，如案发地点、时间、作案手法、嫌疑人特征等，可以建立犯罪模式和行为模式的模型，从而实现犯罪模式的识别与预测。这些模型可以帮助警方预测潜在的犯罪热点区域、作案手法，并提供关于可能的犯罪嫌疑人的特征信息，整合警情数据、人员轨迹数据、监控视频等信息，实现实时监测和分析，识别异常行为（如携带可疑物品、徘徊观察等），追踪危险行为并及时采取预防措施。例如，我国的"天网"系统，基于广泛分布的摄像头检测设备和人脸识别及追踪技术，通过分析人员轨迹数据和监控视频，成功发现多起涉及盗窃、抢劫、诈骗等犯罪行为的可疑人员，并成功将其抓获。再如，美国洛杉矶警察局利用大数据分析系统 PredPol，根据历史犯罪数据和其他因素，预测出未来可能发生犯罪的地点和时间，并将其显示在地图上，指导警察加强巡逻部署，有效降低了当地犯罪率②。

大数据交叉验证在打击金融犯罪中同样起到重要的作用。通过监测涉案人员之间的通信记录、社交媒体活动、金融交易等数据，可以揭示犯罪组织的结构、层级和关系，有助于警方了解犯罪组织的运作方式、核心成员以及相关联的活动和案件，进而精确打击犯罪团伙。大数据交叉验证还可以用于反洗钱和资金追踪工作。通过分析金融交易数据、跨境资金流动等信息，识别可疑的交易模式和资金流向，帮助警方追踪洗钱行为和犯罪资金。

---

① Kosinski M., Wang Y., Lakkaraju H. et al. Mining big data to extract patterns and predict real-life outcomes [J]. Psychological Methods, 2016, 21 (4): 493 – 506.

② Bhuiyan J. LAPD ended predictive policing programs amid public outcry. A new effort shares many of their flaws [DB/OL]. https://www.theguardian.com/us – news/2021/nov/07/lapd – predictive – policing – surveillance – reform, 2021.

大数据交叉验证已经在刑侦工作中有着广泛而重要的应用，帮助警方提高破案能力、打击犯罪效果、预防犯罪风险、保障社会安全。除此之外，在日常生活中如果我们能有效利用大数据交叉验证，可以获得丰富的信息用于决策。以下是一个经典的酒吧经营案例。

酒吧行业中的酒品盗饮行为非常普遍，酒保经常无偿或超量提供饮品给熟人和朋友。为解决这些问题，硅谷创业者戴维提出了一套对酒架进行改造的解决方案，在酒架上安装了重量的传感器和 RFID 读写器，并在每个酒瓶上贴上一个 RFID 芯片。每次倒酒时，倒出的酒量都将被记录，并与每笔交易相匹配。通过电脑查询每笔交易，可以轻松了解每个服务细节，有效控制了酒品盗饮行为。更重要的是，这一改造还带来了其他收益，通过酒架系统可以收集大量经营数据，为数据分析提供了基础。酒架系统记录了酒吧收支状况、高峰时段、畅销饮品等信息，从而帮助经营者更精确地评估经营状况。通过数据的交叉验证，经营者可以观察什么季节哪一款酒最受欢迎，在什么节日到访酒吧的人数最多，追踪某一款特定酒品的销售情况等。如从春季到夏季，啤酒的销量上升速度是否快于葡萄酒，以及烈酒销售是否保持平缓等。这些信息有助于经营者改善经营策略，使其更加符合市场需求。

大数据交叉验证在不同领域都有着广泛的应用可能。通过对多个数据源、数据类型和数据集的交叉分析和比对，可以提高数据的准确性和可靠性，揭示数据之间的关联和相互影响，发现异常情况和异常数据，并帮助用户更全面、深入地理解某一特定现象。

3. 洞察分析

基于大数据，除了能够获取全面信息以及进行交叉验证，对收集的数据进行数据挖掘，能够得到许多传统调研无法获得的全新结论。基于大数据的数据挖掘是一种通过应用统计学、机器学习和人工智能等技术，从庞大、复杂的数据集中提取有价值的信息和模式的过程。它旨在发现隐藏在数据中的关联、趋势和规律，以帮助组织和企业作出更明智的决策。

通过分析庞大的数据集，为我们提供潜在的趋势建议，建立预测模型来预测未来事件和趋势，洞察未来可能存在的机遇与风险。同时，由于数据样本量足够大，通过数据挖掘我们能够发现许多事物间的隐秘联系，这些联系是我们通过主观分析很难获取的，由大数据分析得到的许多因果关系是反常识的，很多时候由于"黑箱"原理我们并不理解、知晓形成这种因果关系的底层逻辑，但它们确实存在并起效，这对于设计调研而言无疑是超越性的研究路径。下面我们通过一系列案例来观察基于大数据的数据挖掘所形成的洞察。

新药的研制通常需要科学家们分析疾病的起因，并寻找能够消除这些原因的物质并合成新药，这是基于传统科学方法的经典制药过程，同时也是一个漫长而昂贵的过程。研制一款新药通常需要耗费超过 10 年的时间和超过 10 亿美元的研究经费，而随着已经发现的药物越来越多，研究人员开发新药的成本将变得更高，随之而来的则是新药面试的时间一再延后，药物的价格居高不下，一旦经过评估后发现如果在专利期内无法收回成本，大部分公司就不会对新药的研制进行投资。大数据的应用正在改变这一现状，基于海量的临床病例数据和数据挖掘技术，新药物有了全新的研发路径。目前人们已经掌握了数千种处方药，如果将每一种药物与每一种疾病进行配对，就可能发现一些意想不到的效果。例如，斯坦福大学医学院发现，原本用于治疗心脏病的某种药物对某种胃病的治疗效果特别显著，基于这一事实进行相应的临床试验，可能只需要 3 年左右的时间和 1 亿美元的费用就能找到治疗胃病的药物。这种大数据药物研发路径，实际上依赖的是强关联关系，只观察什么药物对什么病症有明显的疗效，就可以在不知道其因果关系的情况下展开研究，只需在接下来的研究中查明药物起效的机制和副作用，就可以完成新药的开发。这种从结果反推原因的方法与过去通过因果关系推导结果的方法截然不同。毫无疑问，这种来自大数据的洞察分析方法更为迅速和经济。

2014 年，谷歌以 32 亿美元收购了用户数量约为 200 万且处于亏损状态的公司 Nest。该公司的产品是一种具备自主学习功能的基于 Wi-Fi 的空调智能控制器（见图 5-1），可根据家庭成员在家中的活动习惯来控制空调，从而实现约 20% 的电能节约。在当时谷歌的这一收购行为受到了广泛的质疑，因为仅仅通过销售空调控制器很难收回巨额的收购成本，然而谷歌公司却有着自己的盈利计划。Nest 的核心价值并不在于控制空调，谷歌的目的是通过 Nest 来获取每个家庭的用电数据，进而分析家庭类型和成员结构。Nest 控制器的工作原理是通过追踪家庭成员在每个房间的活动情况，如回家时间、观看电视时间、用餐时间、晚上活动位置以及就寝时间等，通过分析用电时间能够准确地判断出家庭的类型，因为上班族、三口之家、老人之家等不同类型的家庭有着截然不同的用电模式，在了解用户的家庭模式后，谷歌公司便可以有的放矢地推荐节能方案或者进行其他营销活动。这些精准的用户家庭数据及其后续衍生出的利润，与 32 亿美元的收购费用相比简直是"九牛一毛"，与此同时其伴生的隐私安全层面的问题也受到了广泛关注。

图 5 - 1　谷歌的 Nest 空调控制器

资料来源：https://it. sohu. com/a/577830831_121209098。

　　谷歌 Nest 以"柔性"的方式获取用户信息是明智的。在大数据概念不断被炒作且数据变得越来越有价值的情况下，一些公司开始明目张胆地收集用户数据，然后想方设法将其变现。这种刻意收集的数据并不具有太大的意义，因为数据收集过程会引起用户的警觉、恐慌和反感，一些对信息安全敏感的人可能会关闭数据收集传感设备，导致收集的数据不够全面，而另一些人的行为可能会在聚光灯效应的影响下变得不自然。这种变形的数据既缺乏统计意义，也削弱了大数据的完整性，而像谷歌这样通过提供某种价值而获取用户数据，更容易被用户接受。事实上，收集用户信息是有助于更好地服务用户的，只是这些数据将被如何利用、保存和监管，目前尚未形成完善的法律体系和监督机制。收集用户信息是智能设备"智能化"的基础，如果用户不允许供应商获取并分析数据，智能算法几乎是无法工作的，我们也无法享受到便利的数字应用体验，因此智能设备获取用户信息本身并不是问题，信息将被如何利用才是关键。

　　大数据领域有一句名言："数据就像在沙里淘金，如果对收集到的数据不作任何处理，是不会得到新知识的。"大数据的重要之处不仅仅在于数据量大，更重要的是人们能够从这些数据中提取出有价值的"洞察"。

　　以上是大数据技术所具备的三个典型优势，从中不难发现，在大数据环境下，用户的行为能够被实时追踪和记录，这就为进一步分析用户提供了坚实可信的数据基础，相较于传统的统计学方法和设计师经验的用户洞察，大数据所提供的参考信息价值大幅提升。在捕获了海量数据后，数据挖掘就成为了解用户需求的关键。

　　早在 21 世纪初，有人提出利用海量数据进行统计挖掘的想法，但是受限于当时的软件和硬件能力，缺乏丰富的信息收集渠道，也无法处理大量非结构化数据。随着时间的推移，大数据分析的雏形产品开始出现，早期的如 Hadoop、Spark 和 No-SQL 数据库，在一定程度上实现了对大量数据的整理与分析，并随着传感器、网络、交易、智能设备的发展，大量复杂信息开始生成，推动这一领域持续发展。直到最近的机器学习等新兴技术的出现，进一步扩展了大数据分析的可能性。目前，大数据挖掘工作主要集中在数据收集、数据处理、数据清洗和数据分析四个方面。

　　首先是数据收集和存储。从云存储、移动应用程序、物联网传感器等多种来源收集数据，收集来的数据存储在数据湖中，等待分析算法的随时访问。数据湖是对所有数据进行统一存储的存储平台，可以从原始数据转换为可视化、可分析和可机器学习的目标数据。数据湖中的数据包括结构化数据、半结构化数据（CSV、XML、JSON 等）、非结构化数据（电子邮件，文档，PDF）和非结构化数据（图像、音频、视频）等，从而形成一个容纳所有形式数据的集中式数据存储。

　　其次是数据处理。收集到的数据必须经过正确的处理，才能在分析查询中产生准确的结果，尤其是当数据规模庞大且非结构化时，数据处理则变得尤为重要。面对今天数据的指数级增长，数据处理越来越成为一项艰巨的挑战。批处理和流处理是目前主流的两种数据处理手段。批处理是指将在一定时间范围内收集到的数据作为一个整体进行处理的方法，通常用于不需要实时分析的场景。批处理的优点在于能够对大量数据进行深度分析，发现历史趋势和模式，缺点在于无法及时响应数据的变化，可能导致结果的延迟；流处理是指将连续不断产生的数据以片段形式进行实时处理的方法。它通常适用于需要实时分析的场景。流处理的优点在于能够快速反馈数据，发现实时异常和机会，缺点在于无法对数据进行全面综合的分析，可能会忽略一些长期效应或潜在关系。随着大数据的发展，简单的批处理或流处理已经无法满足复杂的分析需求，因此出现了同时支持批处理和流处理的混合处理模式，能够兼顾数据的实时性和深度分析的需求，提供更为灵活和高效的分析能力。

　　再次是数据清洗。不论是大数据还是小数据，数据清洗都是确保数据挖掘质量的关键步骤。数据清洗的目的是对数据进行适当的格式化，同时清除重复的或不相关的数据，消除不准确、不完整或不一致的数据，从而确保所使用的数据集是可靠和具有可解释性的。数据清洗的重要性在于它有助于消除"不干净的数据"对分析结果的负面影响，未经过数据清洗的原始数据往往包含了缺失值、异常值、数据录入错误、格式错误等问题，如果这些问题未得到解决，将导致数据集质量的下降，进而产生模糊和误导性的分析结果。数据清洗的过程往往需要计算机和人力的共同参与，通过数据清洗软件、自动化算法和人工审核达到最佳效果。数据清洗是一个迭代的过程，需要不断检查和修正数据中的问题，直到达到所需的数据质量标准。

最后是数据分析。数据分析是将大数据转化为洞察的关键步骤。大数据分析方法涵盖数据挖掘、预测分析和深度学习等多个领域。数据挖掘是通过对大规模数据集进行分类、模式和关系识别及异常数据检测的技术，可以从海量数据中提取有价值的信息和知识，揭示隐藏在数据背后的潜在规律和趋势。预测分析是利用历史数据来预测未来趋势、识别即将出现的风险和机会的方法。通过对历史数据的分析和建模，根据已有的模式和规律来预测未来事件的发生概率。深度学习是一种基于人工智能和机器学习技术的分析方法，旨在通过模拟人类学习过程，在复杂和抽象的数据中发现模式和规律。深度学习利用神经网络和大规模数据训练模型，通过多层次的特征提取和学习，从数据中提取高级抽象特征，并进行模式识别和分类。这种方法可以处理非结构化的数据，广泛应用于图像识别、语音识别和自然语言处理等领域。

综上所述，大数据技术的出现和广泛应用，为追踪用户行为、分析用户需求提供了技术基础，也为设计行业面对纷繁复杂的用户需求提供了全新的分析工具，设计师不再需要基于用户的主观表达进行需求分析，而是基于对用户真实行为的统计展开数据挖掘，可以说这是一种对传统观察法的技术升级，实现全天候、多维度、高效率的用户观察，基于海量数据实现用户真实需求的判断。

5.1.2 推荐算法与信息茧房

推荐算法是大数据用户分析的典型衍生服务，在网络产品中扮演着至关重要的角色，是用户提高使用效率、设计师优化使用体验的重要工具。今天，用户将面对海量的信息和内容，推荐算法将从这些复杂而庞杂的信息中提取个性化、有价值的内容，按一定规则推荐给用户，让用户能够在海量的数据中匹配到与自身偏好相匹配的内容。无论是用户主动发布还是平台被动获取，用户的生活习惯正在被记录和识别。从积极的角度观察，收集用户的浏览信息和评价信息，大数据能够很好地进行用户的喜好分析。基于用户喜好，衍生出了一系列推荐算法。距离我们最近的就是新闻资讯、购物信息的推荐。

以抖音集团（原字节跳动公司）为例，旗下拥有多个知名的产品，如今日头条、抖音和西瓜视频等都依赖于推荐算法，以实现对用户的个性化内容推荐，从而提高用户满意度和忠诚度。其明星产品抖音能够根据推荐算法提高内容的相关性和多样性，通过分析用户的历史行为、兴趣偏好和地理位置等信息，以及视频的属性、质量和热度等特征，平台将与用户相匹配的视频内容推荐给用户。此外还会根据用户的兴趣标签和地理位置，向用户推荐不同类型、风格和地区的视频，从而增加用户的探索和发现的乐趣。同时推荐算法能够提高视频内容的可发现性和可访问性，根据用户的点击率、停留时间和评论数等指标，算法不断优化推荐效果，以实现实时或近实时的更新，动态调整推荐列表中视频的权重和排序。推荐算法还根据视频的质量、热度、创新性、社会影响力等特征，给视频分配不同级别和数量的曝光机会。

目前，具体的推荐算法更新频率极高，不同算法间有着逻辑和控制参数的各种差异，在这里我们不就技术本身进行讨论，而是着重观察目前推荐算法的几种主流模式，并分析其各自利弊。

1. 基于内容的推荐算法

基于内容的推荐算法是根据内容本身的属性和特征，向用户推荐与其之前喜欢的内容相似的其他内容。这种推荐算法的近似理解是内容的标签化，即通过内容分析或自动或人工地为内容赋予标签，将非结构化的数据内容结构化，进而与用户的需求标签相匹配，完成推荐行为。以音乐推荐服务为例，推荐系统的目标是向用户推送那些与其之前听过的歌曲相似度很高的歌曲，假设用户 A 喜欢的歌曲的特征标签为"日韩、流行"，用户 B 喜欢的歌曲的特征标签为"欧美、摇滚"。当一首新歌的特征标签为"日韩、流行"时，推荐系统就会判定这首新歌与用户 A 的偏好更为匹配，进而出现在用户 A 的推荐列表中。这种推荐算法利用了用户听歌历史中的音乐特征，从而能够更准确地推测用户的音乐偏好，为用户提供更加个性化和符合其兴趣的音乐内容，如图 5-2 所示。

以网易云音乐平台为例，平台主要依靠用户过去的兴趣和行为来提供有价值的信息推荐。推荐算法利用系统日志中提取的三类特征：用户特征（如性别、年龄、地理位置等）、歌曲特征（如热度值、语种、流派、年代、主题、场景等）及用户对歌曲的行为特征（如收听、收藏、下载、分享等），来实现推荐功能。这种推荐模式能够相对精准地匹配用户偏好与内容特征，让推荐的结果更符合用户的预期和兴趣。

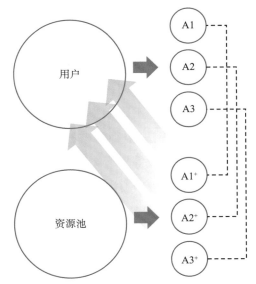

图 5 - 2　基于内容的推荐算法模型

资料来源：笔者绘制。

　　如果是纯粹的基于内容的推荐算法模式也存在很多弊端，一方面资源提供方需要把所有的内容标签化，分析每一项内容的特征将其结构化并录入数据库，以备与用户需求进行匹配，如果这一环节不能自动化批量处理，其工作量和成本将是难以想象的；另一方面，完全标签化的推荐可以比较精准，但缺乏惊喜，标签匹配之外的内容几乎不会推荐给用户，这样用户很容易局限在自己熟悉的内容领域中，形成信息茧房。当然，目前已经很少有产品仅使用基于内容的推荐算法了。

2. 基于内容的协同过滤推荐算法

　　协同过滤是一种基于用户行为和兴趣的推荐算法。其核心思想是通过分析大量用户的历史行为数据，寻找用户之间的相似性或者内容之间的相似性，从而向目标用户推荐其他相似兴趣的用户喜欢的内容（见图 5 - 3）。

　　基于内容的协同过滤是目前最为主流的推荐算法，广泛应用于各大内容平台。基于内容的协同过滤算法一般要经过内容特征提取、用户特征建模、内容相似度计算、用户兴趣度预测、推荐生成等多个环节来实现。（1）内容特征提取。与前面提到的基于内容的推荐算法相似，首先对内容进行结构化分析，提取其关键特征。（2）用户特征建模。对于每个用户的兴趣偏好进行建模，用户特征可以根据用户的历史行为数据进行建模，反映用户的兴趣爱好和喜好。（3）内容相似度计算。通过

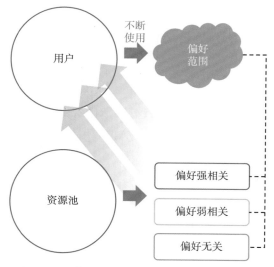

图5-3　基于内容的协同过滤推荐算法模型

资料来源：笔者绘制。

计算内容之间的相似度，找到与目标内容相似的其他内容。（4）用户兴趣度预测。对于目标用户，通过将其历史兴趣与内容相似度进行加权，预测用户对未接收内容的兴趣度。（5）推荐生成。根据用户兴趣度预测结果，为用户生成推荐列表。通常选择兴趣度最高的几个内容作为推荐结果，并按照强弱相关性等排序规则呈现给用户。

应用基于内容的协同过滤算法最为成功的当属短视频推荐。以抖音为例，抖音的核心推荐算法是被称为"For You Page"（FYP）的算法，它能够准确地预测用户的兴趣。出于商业保护等原因，抖音并未开放说明FYP的具体工作原理，但就系统反馈的结果而言，抖音的推荐效果是令用户满意的，也使其迅速成为国内最重要的短视频平台。算法中还考虑了用户的价值、长期用户价值、创作者价值和平台价值等因素。算法优先考虑内容的多样性，而不是仅推送用户可能喜欢的主题。它还重视创作者视频创作的质量，鼓励高质量原创作品的生成和获利，从而优化创作者和用户的满意度。

此外，抖音平台还推出了另外一套流量池推荐算法。不同流量池对应的播放量范围和审核方式各异。作品上传后，首先进入第一阶段流量池，初始抖音平台会分配200～500的流量，来观察内容是否受到欢迎；当第一阶段流量池的用户完播率比较好，作品就来到了第二流量池，平台会分配3 000～5 000的用户流量；当第二流量池内依然获得较好的完播、点赞等数据，作品会来到第三流量池，平台会分配

10 000 ~ 20 000 的用户流量给作品，以此类推；10 万 ~ 15 万位初级流量池，此时人工审核会介入；20 万 ~ 70 万位中级流量池；100 万 ~ 300 万位高级流量池；500 万 ~ 1 200 万位全站推荐。

综上所述，基于内容的协同过滤算法是一种在推荐系统中常见且有效的算法，它结合了基于内容推荐和协同过滤推荐两种方法的优点，为用户提供更为个性化和准确的推荐体验。根据具体的应用场景和数据情况，选择合适的推荐算法是推荐系统设计中需要综合考虑的因素。

3. 基于用户的协同过滤推荐算法

基于用户的协同过滤是通过寻找和目标用户行为相似的其他用户，将这些用户喜欢的内容推荐给目标用户，其核心思想是"物以类聚、人以群分"。该算法有直接推荐和间接推荐两种方式，直接推荐即判断两个用户的兴趣相似度，如 A 用户与 B 用户在兴趣上的重叠度超过某一阈值，便会把 B 用户的内容信息推荐给 A 用户；间接推荐则是有多个用户存在时，A 用户与 B 用户兴趣重叠度超过阈值，B 用户与 C 用户兴趣重叠度超过阈值，则将 C 用户的内容推荐给 A 用户，如图 5 - 4 所示。

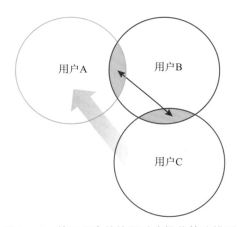

图 5 - 4　基于用户的协同过滤推荐算法模型

资料来源：笔者绘制。

基于用户的协同过滤推荐算法通常分为数据收集和表示、相似性度量、寻找邻居用户、生成推荐、推荐后处理等环节。（1）数据收集和表示。首先，收集用户对内容的行为数据，如用户评分、购买历史或点击记录等。通常这些数据会被组织成一个用户内容评分矩阵，其中每行代表一个用户，每列代表一个内容，矩阵中的元素表示用户对内容的行为，比如评分值。（2）相似性度量。计算用户之间的相似性，常用的相似性度量方法包括余弦相似度、皮尔逊相关系数等。（3）寻找邻居用户。对于目标用户，根据相似性度量找到与其最相似的邻居用户，这些邻居用户将用于生成推荐。（4）生成推荐。找到邻居用户后，可以根据他们的行为历史来预测目标用户对新内容的兴趣。常用加权平均邻居用户的评分的方式进行，权重可以根据相似性度量来确定。然后根据预测的兴趣值排列内容。（5）推荐后处理。对推荐结果进行后续处理，如过滤掉目标用户已经观看过的内容，或者根据其他因素进行调整，以提高推荐的质量。

基于用户的协同过滤推荐算法也存在一些显著的不足。首先，真实推荐系统中的用户内容评分矩阵通常非常稀疏，导致很难找到足够数量的相似用户，从而影响推荐的准确性。其次，冷启动问题仍然是一个挑战，对于新加入系统的用户或物品，缺乏足够的历史数据使推荐变得困难。此外，计算用户相似性的复杂度随着用户数量的增加而增加，影响了算法的可扩展性。为了克服上述不足，近年来基于深度学习的推荐系统试图通过更加复杂的模型来更准确地预测用户偏好。例如，一些系统采用自然语言处理技术，对用户的评论和文本进行分析，从而推断其喜好。另一些系统则结合协同过滤和内容过滤的思想，旨在综合利用用户行为数据和物品的特征信息。还有一些推荐系统使用图神经网络等先进技术，通过建模用户和物品之间的复杂关系，提高推荐效果。

综上所述，基于用户的协同过滤算法通过找到和目标用户行为相似的其他用户，将这些用户喜欢的内容推荐给目标用户。算法的优势是不需要进行内容分析，只需要查询用户兴趣的匹配程度即可，当然也存在诸多问题，因此，混合推荐算法成为目前真实应用中最为普遍的推荐算法。

4. 混合推荐算法

混合推荐算法是将多种推荐算法结合起来，以获取更加全面准确的推荐结果。它综合利用协同过滤算法和基于内容的推荐算法的优点，弥补各自的不足。混合推荐算法可以通过加权平均、级联等方式进行融合。例如，可以先利用基于内容的算法进行推荐，然后将协同过滤算法的结果与之结合，形成最终的推荐列表。混合推荐算法通常能够提供更加个性化和准确的推荐结果，同时兼顾了多种推荐算法的优点。

推荐算法已经成为一些以内容推送为主要业务的互联网企业的核心竞争力，它在优化内容带来良好用户体验的同时，也衍生出一系列问题，其中信息茧房是最为突出的问题之一。

2006 年，桑斯坦（Sunstein）在《信息乌托邦》①中首先提出"信息茧"的概念，2011 年，埃利·帕里瑟（Eli Pariser）在他的著作 The Filter Bubble：What the Internet is Hiding from You 中正式提出了信息茧房（filter bubble）的概念②，即个人在网上接触的信息和内容受到个性化算法的过滤，使用户越来越多地处于信息的"茧房"之中，互联网建立了一个"我们只听到我们选择的、只接触到让我们感到安慰的交流宇宙"。

信息茧房是由个性化算法和推荐系统的普遍使用形成的，正如上节中所阐述的现象，推荐算法如今已经深度嵌入数字产品，当用户使用搜索引擎、社交媒体、新闻网站和其他在线平台时，这些算法会根据用户的历史浏览记录、点击行为、搜索关键词以及与其他用户的交互等数据，自动选择和过滤信息，以展示与用户兴趣和偏好相符的内容。这样的个性化推荐使用户看到的信息越来越局限于他们已经喜欢的内容，而对其他观点和信息则形成了"盲区"。

信息茧房的形成源于用户的主动选择和算法的被动推荐。用户面对大量信息时往往只选择接触符合自己兴趣、品位和偏好的内容，而算法也会选择向用户推送他们可能喜好的信息，这一过程本身是提高用户信息获取体验的有效途径，可当推荐算法垄断了所有数字媒介后，便会导致用户的视野被局限，人们只能看到、听到自己喜欢的事物，沉浸在信息舒适圈中，而对于具有挑战性的新观念、新内容则持封闭或者抵触的态度。作为网络使用者，尽管很多人已经意识到信息茧房的存在，但同时又不得不承认自己很享受这样的感觉——被自己熟悉和认同的信息包裹起来的感觉。我们在网络上都有自己的圈子，结交和我们有相同兴趣的人，更喜欢追随那些持相同观点的人。如果任由这种情况泛滥，人们渐渐变得只从一个单一视角观察世界，而缺少认识世界更多的可能性。这些算法通过减少信息多样性来改善用户的在线体验，将用户置于安全区域，形成所谓的"信息过滤泡沫"。用户可能会陷入自我确认偏见，因为用户只能接触到符合其观点和信仰的信息，而对其他观点视而不见。并且这种情况会随着信息的不断输入而持续迭代，形成增强回路，导致意识形态的极化。

---

① Sunstein C. R. Infotopia：How many minds produce knowledge［M］. Oxford University Press，2006.

② Pariser E. The filter bubble：What the Internet is hiding from you［M］. Penguin Press，2011.

对于信息茧房这一概念也存在很多不同的说法，许多人认为所谓的信息茧房并不是真实存在的。因为即使在信息时代之前，人们也有可能跳过报纸上不感兴趣的部分。算法所做的只是节省我们跳过的时间，况且我们只需要对推荐算法略加修改，就能够降低算法的精准程度，让我们看到"茧房"以外的东西。持这种观点的人认为，人们并不是算法的傀儡，是人们自己的思想选择让自己被包裹起来，而不是信息推荐系统。不过我们也应该意识到，如今网络已经成为人们获取信息的主要渠道，人们大部分时间是通过屏幕获取信息、认知世界的，许多人使用屏幕的时长远远多于处理其他事务的时长，推荐算法所带来的影响可能因此被放大，极端的情况是如果人们所有的信息渠道都加入了推荐算法，信息茧房的问题恐怕就无从避免了。

信息茧房带来的另一个问题是群体性孤独，它主要表现为沉迷于社交网络、忽略现实生活中的人际交流、迷恋网络游戏以及依赖情感机器人。受到信息茧房的过滤作用，人们越来越痴迷于数字空间中的虚拟社交，在网络中结识各路朋友，却是现实世界的社交恐惧症患者，这一现象更流行的说法为"赛博外向人"。调查数据显示，花太多时间在网上会让人们变得"内向"，过度依赖或沉迷于社交网络会让人们更加孤独[①]。信息茧房加剧了这一问题，用户被封闭的信息接收者所包围，进而导致群体效应，尽管人们在社交媒体上似乎紧密联系，但实际上人们只是生活在自己创造的虚拟环境中，而缺乏与真实世界的联系。

人们天生希望获得外部反馈，以获得和维持准确稳定的自我形象。当我们进行比较时，我们倾向于进行选择性比较，而社交媒体使这种比较更加频繁。在社交平台上，我们很容易被动地接受他人的价值观，使用过高的标准来评估真实的自我，这也是目前年轻一代消极心态和心理问题频发的重要原因。在社交媒体上，人们还受到投射效应的影响，预设他人与自己有同样的倾向，并投射出一种被倾听的幻觉，然而这种投射只是个人的单方面想象。当投射过强或动作时间过长时，个体的孤独感反而更强。一旦这一现象在社会中蔓延开来，孤独感将导致人与人之间的疏离，使整个社会处于一种冷漠且自闭的状态。

在大数据背景下，数据分析能够很好地辅助设计师完成更精准的用户需求分析，一方面数据的收集与整理变得更加广泛和高效，另一方面通过大数据分析可以洞察到很多社会内在的结构性联系，这些对于设计师判断受众需求、发现新的设计机会都是至关重要的。可以说，在新技术的加持下，用户分析的复杂性正在从设计的实

---

① 乔艳，王少鹏. 从媒介批评角度看社交网络时代的"群体性孤独"[J]. 今传媒，2017（7）：42–44.

地调研、经验判断和灵光乍现转移向大规模统计与数据挖掘，设计师的决策能力由此大幅提升，设计风险大大下降，在充分的数据支撑下，设计师更容易作出理性、高效的设计决策。

同时我们应注意到，大数据分析所得到的需求结果充满了冷漠性与功利性，结果导向的分析方式让许多内在过程被忽略，这很容易导致设计决策脱离现实世界，成为唯数据论的傀儡，使最终的设计方案缺乏必要的人文关怀和温暖体验，这同样是设计师在充分利用大数据工具时需要警惕的现象，如何将客观数据与人的复杂性相融合，是智能设计时代设计师的核心价值之一。此外，大数据用户分析的发展和应用，也衍生出了推荐算法模式和信息茧房问题，新技术的应用一定是利弊参半的，对交互设计带来的影响也是多元和动态的。理解技术的"非绝对性"，对于设计师有效利用新技术有着至关重要的指导意义。

5.1.3　基于大数据的用户分析

史蒂芬斯－大卫德威茨在《人人都在说谎》[①]一书中用大数据揭示人们不为人知的一面，他发现世界充满谎言，而数字服务却能真实地捕获人们真实的想法、欲望与恐惧。前文中我们已经提及，传统的调研方法可能无法有效地捕捉涉及隐私的问题，受访者常常会有意或无意地隐藏自己的真实想法和感受，由此而形成的数据偏差非常常见，而基于大数据的分析结果则更可能揭露真相。例如，达维多维茨分析 Google 搜索引擎提供的数据发现，关键词"无性婚姻"（sexless marriage）的搜索次数比"不幸婚姻"（unhappy marriage）多 3.5 倍，比"无爱婚姻（loveless marriage）"多 8 倍[②]。这表明"无性婚姻"可能是一个比公众意识到或者承认的更严重和更普遍的问题，在公开场合进行调查时，人们往往不愿意或者不能如实地表达自己在这方面所面临的困境。

让我们回到设计领域，大数据能够很好地辅助设计师分析用户属性、观察用户行为、洞察用户需求，这也是在需求层面交互复杂性发生迁移的技术基础。每天从不同的信息渠道都会生成大量数据，这些数据涵盖了各种形式和类型的信息。然而仅收集和存储大数据是不够的，必须将其转化为有用的信息。大数据用户分析可以

---

①②　赛思·斯蒂芬斯－达维多维茨. 人人都在说谎：赤裸裸的数据真相［M］. 胡晓姣，等译. 北京：中信出版集团，2018.

在大量原始数据中发现趋势、模式和相关性，从而帮助设计师作出基于数据的决策。这些过程既可以利用传统的统计分析技术，如聚类和回归分析，也可以结合新的人工智能工具，应用于更广泛的数据集挖掘事物间的潜在联系。

塔吉特百货是美国的一家大型零售连锁企业，是美国仅次于沃尔玛的第二大折扣零售百货集团，也是美国第七大零售商。在 2002 年之前，塔吉特百货的信息策略是将消费者的信用卡号、接收发票的电子邮箱、顾客及其购买的商品联系起来，这样虽然能够形成与消费者信息沟通的渠道，但是并未能从收集到的信息中挖掘出更有用的信息，塔吉特并不了解每一位消费者的具体需求。2002 年，安德鲁·波尔加入塔吉特，并开始利用这些数据进行用户行为分析。安德鲁·波尔意识到，顾客的购物行为会随着其身份的转变而发生巨大变化。例如，如果一名女士怀孕，其购物行为将出现与之前完全不同的表现，与母婴产品相关的消费会大幅增加，而且女性在怀孕的不同阶段购买的商品存在很大的相似性。在怀孕初期，她们会购买无味的大瓶润肤油，因为皮肤容易干燥；接着购买维生素和其他营养品；然后购买大包装的无味香皂和棉球；最后购买婴儿毛巾等用品，这通常意味着即将分娩。尽管每位孕妇购买的商品并不完全相同，但整体趋势可以通过系统自动推断出来。这就意味着，通过用户的购物行为便可以推断出其现在大致的生活状态，进而预测其之后的购物行为。

根据这些看似有限的信息，塔吉特百货可以作出相当精准的预测，据估计准确性高达 87%，而且如果确认怀孕，预测预产期也能非常准确。借助大量数据，塔吉特百货在孕妇的不同阶段向她们发送相应的优惠券。通过利用大数据进行精准营销，使塔吉特百货在美国零售市场趋于饱和并受到电子商务竞争的情况下，仍能够保持稳定的增长。2002 年塔吉特百货的年营业额为 440 亿美元，到 2010 年则增长至 670 亿美元。

塔吉特百货的大数据应用是这一领域较早的成功案例，与传统调研方式相比较，数据所描述的用户更客观、更透明，但完全基于数据的推测，在很多时候忽略了消费者的个体差异和独特诉求。

当然，基于大数据进行的用户分析也不全是好处，其中也存在着许多问题。大数据已经深度嵌入人们的生活，其影响远比人们想象得更为深刻。在很多微小领域，由大数据分析所形成的差异化信息，正在潜移默化地影响着我们的认知和判断。

网络购物中的大数据杀熟就是其典型代表。大数据杀熟是指在互联网购物场景中，通过对消费者个人信息和行为数据进行大规模分析和挖掘，从而实现个性化定价和差异化服务的商业行为。这种行为导致在电子购物平台中，同一产品对不同用户标定不同价格，带来了价格和体验上的不平等。大数据杀熟是典型的基于互联网和大数据分析等技术手段而发展起来的经营策略。人们在购物时产生大量的行为数据和个人信息，包括个人身份、购物历史、浏览记录、点击行为、地理位置等。这些数据电商平台广泛收集，并通过大数据分析技术进行整合、挖掘和分析，用来识别不同消费者之间的差异，并根据差异进行个性化定价和优惠策略，使相同商品或服务的价格因人而异。如性格冲动的消费者，不愿意在多个商家间反复比价，消费过程短促，对价格不敏感，一旦大数据捕获消费者性格，便会显示较高的商品价格；反之，如果是对价格因素敏感，喜欢反复比价、购物决策犹豫的消费者，则显示的商品价格往往偏低，从而刺激消费。再如，某些网络服务的定价，针对苹果手机和安卓手机用户的定价策略也不尽相同，普通手机和昂贵的旗舰手机用户的定价策略也有差异，等等。

大数据杀熟现象背后的商业逻辑是，通过个性化定价和差异化服务，最大限度地实现企业的利润最大化。很显然，大数据杀熟行为侵害了消费者的诸多权益。首先，这种个性化定价和差异化服务可能侵犯消费者的隐私权。商家收集和使用消费者的个人信息，可能违反消费者的知情同意原则和个人信息保护法规。其次，大数据杀熟可能损害消费者的利益，导致不公平的交易和价格歧视。相同商品的不同价格可能让消费者感到不信任，并对商家的诚信产生怀疑。此外，大数据杀熟还可能导致市场混乱，破坏市场的公平竞争和效率。

大数据用户分析本身并不存在优劣之分，但分析结果如何加以利用则是所有大数据平台需要认真思考的问题。有效的监管和完善的法规是这一阶段控制大数据分析滥用的必要手段。政府和监管机构应采取相应措施来保护消费者权益和维护市场秩序。加强个人信息保护法律法规的制定和执行，明确商家在收集和使用个人信息时的责任和限制。建立消费者维权机制，加强对大数据杀熟行为的监测和处罚。政府还可以推动行业自律，促进商家和电商平台建立透明、公平的定价机制，增强消费者对价格形成的信任。

大数据对用户的分析已经成为今天了解用户的需求、推测用户行为的重要工具。总结而言，大数据用户分析主要集中在三个层面。

1. 用户情绪分析

用户情绪分析是大数据分析领域的一个重要应用，通过分析用户的对话、评论、反馈和推文等信息，企业可以了解和评估用户对其产品或服务的感受，使组织能够及时回应积极或消极的评论，并与用户建立更好的联系，了解用户认为有价值的产品和服务，以确保用户满意度并超越竞争对手。

情绪分析对于广告计划、营销策略和产品开发具有指导意义。例如，梅西百货通过收集有关客户偏好和兴趣的大数据，并利用情绪分析来识别新机会和预测趋势。他们通过分析客户在社交媒体上对特定产品的情绪表达，例如推特上与"夹克"相关的推文，发现这些人经常使用"Michael Kors"和"Louis Vuitton"等词。这些信息有助于梅西百货确定哪些品牌的夹克应该在未来的广告活动中提供折扣以吸引顾客，并预测客户需求，以保持客户的参与并促成购买。

再如，某航空公司在微博上设有官方账号，以方便旅客了解航班信息、购票服务和旅行提示。该航空公司每天都会收到大量的微博留言，其中包括客户对航班延误、服务质量、机上设施、退改签政策等方面的投诉、表扬和建议。

为了更好地了解客户的真实感受并优化服务，该航空公司决定利用情绪分析技术来挖掘这些数据背后的洞察。公司利用人工智能和自然语言处理技术开发了客户情绪分析系统。该系统可以实时监测和收集微博上与该航空公司相关的评论和留言，并自动对这些信息进行情感分类和情绪分析。情感分类包括积极（正面）、消极（负面）和中性，而情绪分析涵盖愤怒、喜悦、焦虑、满意等不同情绪类别，实现快速响应并提供解决方案。例如，当有旅客在微博上抱怨航班延误或服务不周时，航空公司的客服团队可以立即联系这位旅客，并为其提供后续的服务，尽量减少不满情绪的扩散。同时，对于积极的评论和表扬，航空公司可以及时回复，以增强客户的满意度和忠诚度。

2. 用户行为分析

行为分析在大数据应用中扮演重要角色，对于设计师来说具有巨大的价值。设计师可以通过大数据分析来预测用户行为，从而形成更好的设计策略；企业可以通过用户行为分析，改进产品和服务，提升业务价值。

如某 MOBA 游戏（多人在线战术竞技游戏），拥有海量用户数据，通过大数据分析技术，对用户行为进行了深入的挖掘和理解，从而形成更精准的营销策略。首先，通过大数据分析，对用户的游戏习惯、喜好、水平、消费能力等进行了分类和标签化，从而形成不同的用户画像。例如，玩家属于年轻、男性、高频、高消费、高水平、团队型的用户群体。根据不同的用户画像，为用户推荐更适合他们的游戏内容和活动，以及更符合他们需求和预算的商品和服务。其次，通过大数据分析，对用户的游戏行为进行了实时监测和反馈，从而实现了更智能的游戏匹配和平衡。例如，玩家每次进入游戏时，系统会根据他的水平、位置、设备、时间等因素，为他匹配合适的对手和队友，以保证游戏的公平性和趣味性。同时，系统会根据他的游戏表现和反馈，动态调整游戏难度和奖励机制，以激发他的挑战欲和成就感。

再如，麦当劳利用大数据分析改善门店运营和增强客户体验。他们通过分析等待时间、菜单信息、订单规模和顾客点餐模式等数据，优化各个门店的运营，提升服务质量。麦当劳得来速，使用店外摄像头捕捉周围交通状况，将室内外数据结合，利用视频分析和餐厅外车辆行驶模式来判断客流量和点餐等候效率，从而优化驾车行驶车道和售卖窗口的设计，还会根据客户的点餐历史、天气、时间、节日等因素，向客户推荐个性化的菜单，提升不入店客户的就餐体验。针对在得来速排队等待点餐的人群，麦当劳分析其不同特点（如年龄段、种族、车辆分类）人们的驾驶习惯和行为，以及点餐节奏和需求模式，从而预测排队等候时间和变化节点，并采取相应的措施，比如增加员工数量、开设多个窗口、提供新品推销等，以减少客户的等待时间和提高客户的满意度。

3. 用户偏好分析

随着获客成本的增加，企业通过用户细分来进行有效营销变得至关重要。通过从交易数据、社交媒体等多个来源收集的用户信息，企业能够将用户的行为信息和购买历史相结合，以提供个性化的优惠，从而降低获客成本。

以时代华纳为例，这家传媒巨头拥有近 1 400 万客户，其中 790 万为订阅用户。时代华纳每天都能收集约 0.6TB 的数据，利用大数据分析创建个性化的广告活动。其分析系统将本地观看数据、人口统计数据与房地产记录等其他数据相结合，以了解用户的个性化偏好，如消费倾向、收入和当地环境。这有助于公司通过网站、广播、电视、社交媒体和移动应用等多种媒介进行更有效的广告传播，实现根据人们对每条广告平台的反应，进一步调整其广告活动。

亚马逊同样利用大数据进行客户细分，凭借其个性化的产品推荐给用户树立良好的口碑。亚马逊根据每个用户的购买和浏览历史，基于数据分析判断消费者群体特征，为其提供推荐产品。同时用户分析也帮助亚马逊发现不同用户群体的消费趋势。例如，如果有 75% 购买苹果 iPhone 6s 的用户也购买了充电宝，亚马逊便会在此类销售中推荐相关产品，以吸引他们进行额外的购买，即使他们原本没有打算购买其他产品。

许多消费行为有着我们难以观察的内在联系，这些联系通过传统调研方式是难以发现的，这也使设计师错失了很多设计机会。例如，在电影视频的网站上投放零食的广告，在摄影论坛中投放相机镜头广告，这样的广告投放策略是容易被理解的，但基于大数据分析发现，在女装网站上投放男装的广告，在咖啡评论和销售的网站上投放信用卡和房贷的广告，在工具评论网站上投放快餐的广告，同样会带来惊人的广告效果，这些隐秘的需求联系是设计师难以察觉但真实存在的，大数据有助于设计师了解这种社会的结构性联系，从而提高设计对真实需求的满足性。

由此可见，基于数据的决策与传统设计决策有着截然不同的逻辑模式。后者更依赖于设计师自身的经验与洞察力，是由设计师的观念与思维出发，逐渐构建起对目标问题的解决方案。而基于数据的决策则更依赖于客观事实和潜在联系，由事件或现象产生的数据出发，逐渐构建其解决问题的思路。设计驱动决策与数据驱动决策在现代管理与设计实践中都有所体现，可以将其描绘为一个金字塔模型，如图5－5所示。

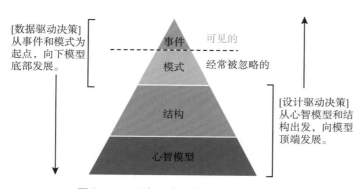

图 5 – 5　设计驱动决策与数据驱动决策

资料来源：笔者绘制。

设计驱动的决策是从金字塔底层的心智模型开始的，它强调设计师的直觉、创造性思维和对用户需求的深刻洞察，往往包含了对情境、文化和人类行为的全面理解，并且具有一定的弹性和开放性，允许在不确定性中进行探索和创新。之后是结构层面，设计驱动决策通常呈现出一种非线性和迭代的过程，设计师通过反复地试验、反馈和调整来逐步优化解决方案，设计思维中的发散与收敛过程是其核心特征，这种结构具有高度的灵活性和适应性。在模式层面，设计驱动的决策通过模式识别来捕捉潜在的用户需求，利用设计师经验和直觉在复杂信息中找到创新的切入点。这种模式识别常常是非结构化的，带有很强的主观判断色彩。在事件层面，设计驱动决策关注的是用户体验和情感共鸣，通过具体的设计实践和用户反馈来验证和调整决策，重视设计方案在实际应用中的表现和用户的主观感受。设计驱动的决策是一种由设计师经验出发的自内而外的决策方法，经过设计师一系列的决策判断最终将设计解决方案体现在事件中。

数据驱动的决策则与之相反，从金字塔模型的顶端开始，关注可见的事件或现象本身，通过对事件的量化来形成关键数据，并基于数据和实时反馈来分析事件可能的决定性因素，注重的是决策的效率和效果。在模式层面，数据驱动的决策通过数据挖掘和机器学习等技术手段，从大量数据中提取出有价值的模式和规律，这些模式是基于统计和算法的，具有高度的重复性和客观性。在结构层面，更倾向于将事件抽象为结构化和系统化的数据，其决策流程通常是线性的，依赖于数据收集、处理、分析和应用的明确步骤，数据的精确性和处理的系统性是关键，确保在每一步骤中都能最大化利用数据的价值。最后是心智模型层面，通过数据分析和统计模型，基于大数据和量化指标来构建解决问题的心智模型或思路，通过分析历史数据、识别规律和预测未来趋势来形成决策框架，强调的是数据的客观性和可靠性，倾向于在确定性和可验证性中进行操作。

设计驱动决策与数据驱动决策各自具有独特的优劣势。设计驱动决策的主要优势在于其创造性和灵活性。设计师通过直觉和创造力能够在不确定的环境中发现新的机会，引发情感上的共鸣，能够从多角度综合考虑问题，提出系统性的解决方案，并通过不断地试验和反馈循环，调整和优化方案；而数据驱动决策的优势在于其客观性和系统性。大量数据和量化分析提供了可靠的决策依据，减少了人为偏差的影响，可以更高效地发现潜在的规律和趋势，提高决策的效率和效果。综合来看，设计驱动决策与数据驱动决策各有优劣，二者并非对立，而是可以相辅相成。通常，在创新和用户体验构建的早期设计阶段，设计驱动决策可以发挥重要作用；而在需要系统化管理和精确预测的运营阶段，数据驱动决策则更为有效。

综上所述，大数据用户分析能够利用来自多个来源、多种格式的海量数据，来辅助设计师识别机遇和风险，帮助设计师迅速采取行动并提高成功率，从而达到节约成本、理解需求、洞察市场、追踪行为、预测趋势等目的。为了充分利用大量涌入的数据，设计师必须理解基于大数据的用户分析的原理、优势及风险，与传统用户分析调研方法相比较，大数据分析有着传统调研无法取代的优势，其形成的洞察结果能够很好地拓宽设计师视野，辅助设计师决策，同时设计师也应意识到大数据用户分析的局限性，其并不能完全替代设计师作出设计决策、形成设计方案，完全基于数据所形成的洞察也可能缺乏必要的人文关怀，让设计结果显得冷漠和过于机械。

5.2　设计的跨专业协作

在第 3 章中，我们深入探讨了设计目标的终极化所引发的复杂性，这种复杂性源于从追求功能到追求体验的转变，以及多重因素的交织。显然，仅依赖设计学科的知识已无法解决日益增多的 W 型问题，设计师的个人知识储备也开始显得不足。因此，多学科协作成为未来设计的必然趋势，这也是现代社会分工协作体系在设计领域的必然反映。大数据对设计领域的辅助作用是学科交叉的一种典型体现。现代设计一直以来都是一个对学科交叉高度依赖的学科，心理学、工程学、经济学、社会学等不同领域的交叉为设计学的发展提供了源源不断的动力。在解决复杂设计问题时，多学科协同将是一条必然之路。这种协同不仅能够提供更全面的视角和更丰富的解决方案，也能够推动设计领域的创新和发展。

5.2.1　协同设计与多学科协作

在具体的设计工作中，很多时候一个项目的实现需要多方协作才能实现，设计部门在项目中发挥着指明思路、串联内容、协调统筹的作用。"协同设计"通过不将设计归为单一的设计部门，而是在项目设计和开发的早期阶段纳入多个利益相关者，可以激发他们更深入地投入到项目的结果中，使团队保持一致和信息共享，各部分发挥学科优势并形成合力，这种方式使团队可以在一个项目上并行工作，从项目开始到移交结束。这种方法不仅有利于单个项目的进展，还有助于建立一种包容和积极的团队文化，使每个成员的意见和投入都能得到重视。此外，协同设计有助于释放创造力和创新，为团队成员提供了一个横向思考和创新的环境。团队成员可以将自己的不同知识和经验应用于当前任务，并提出创造性的解决方案，在设计的早期阶段以头脑风暴、coffee table 等方式展开跨专业合作讨论，能够有效避免团队陷入思维定式的局限。

我们生活在一个充满复杂社会问题的世界，这些问题有着多样且相互关联的原因。解决这些问题需要多个学科的多重干预。就如健康问题不能仅通过手术来解决，无家可归问题也不能仅通过增加住房来解决，幸福的获得与教育、就业、社会网络和建筑环境等多维因素都有着密切的关系。正如阿兰·德波顿在《幸福的建筑》中所言："在先进社会中人们所面临的问题，在小说、诗歌、治疗师的沙发中出现的问题，实际上都是建筑的问题。我们在寻找一种能够让我们感到安全、自信、优雅、谦逊或者自由的环境，一种能够反映出我们内心深处的理想和价值的环境。"①

这种综合性的思维方式，与中国自古以来的普遍联系的思维方式是一脉相承的，不将问题视为孤立存在，而是将问题置于一个系统环境中，观察多方因素对问题的影响关系，这正是多学科协同设计的本质。可以说，中国思维方式在面对复杂问题时有其独特的优势，这一话题将在第7章中详细展开。

今天的设计工作越来越以模糊的、总体性的目标为结果导向，解决问题的能力也不再局限于某一个设计学科，往往需要平面设计、工业设计、交互设计、环境设计学科以及其他非设计学科之间的通力协作才能解决设计问题。

如图5-6所示，按照学科协作程度的不同，笔者将协作方式归纳为四类，从完全没有协同作用到高度协同作用，分别为单一学科、学科体系、多学科协同、协同设计。下面依次展开讨论各种模式的特征。

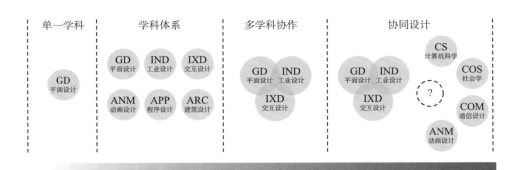

图5-6　多学科协同设计的不同阶段

资料来源：笔者绘制。

---

①　阿兰·德波顿. 幸福的建筑［M］. 冯涛，译. 上海：上海译文出版社，2021.

1. 单一学科

单一学科是指知识和能力集中在一个专业内，不与其他专业和学科发生联系。例如：设计中的平面设计就是典型的单一学科，是一个孤立的、没有协同作用的存在。

2. 学科体系

多个学科形成一个大学科体系，这是我们日常对一个学科的基本认识，一个大学科门类细分为多个子学科，子学科之间具有潜在的联系，知识上也有重叠，但多个子学科间本质上还是彼此独立的，在专业内部发展知识，依靠单一学科的能力来解决设计问题。例如：设计就是一个大学科，下属平面设计、工业设计、交互设计、动画设计、程序设计、建筑设计等多个子学科，这些子学科具有相似的底层知识逻辑，但并不协同解决问题。

3. 多学科协作

多学科协作关注不同领域的知识共享，以解决设计问题为导向，形成合力。以智能工业产品的设计为例，数字化工业产品不仅包含了产品的造型设计、功能设计、人机工学设计、材料设计等，还包含了创新的交互方式设计、交互过程的体验设计、交互系统的实现等，也包含了界面的吸引力、色彩设计等纯视觉设计。因此，数字化工业产品的研发并不是传统工业设计、交互设计或平面设计的单一学科能够独立完成的，此时就需要多学科协作，如图 5-7 所示。

在真实的大型设计项目中，多学科协作已经成为常态。在数字化工业产品的例子中，工业设计、交互设计、平面设计三个学科紧密协作，在产品控制界面、使用方式创新、视觉展示系统等层面共享知识，三个学科必须相互配合，共同为以用户为中心的产品研发这一目的努力，才有可能形成优良的设计结果，这样的综合性结果不是靠任何一个学科的知识储备可以形成的，这也是形成优良用户体验的先决条件。

4. 协同设计

协同设计则需要跨越更多的学科，不再局限于某一个大学科的限制，而是广泛地吸纳与设计目标相关的更多的学科（见图 5-8）。在第 4 章中我们已经阐述了当

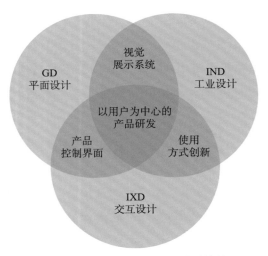

图 5-7　产品研发中的多学科协作

资料来源：笔者绘制。

代设计的一大特质，即以最终的体验结果为设计目的，模糊了解决问题的路径。为追求优良的设计体验，设计师要考虑除基本设计之外的全要素，才有可能综合性地解决体验问题。同样在数字化工业产品的例子中，一件完整的设计产品不仅需要工业设计、交互设计、平面设计三个学科紧密协作，还需要计算机学科完成代码的编制、社会学学科理解市场文化和用户心理、通信设计学科实现网络互联、动画设计专业制作宣传广告……唯有多个学科共同参与到设计环节中，才有可能从底层优化设计结果。

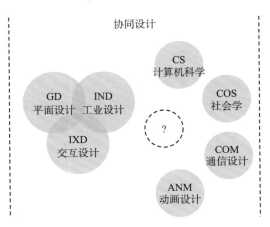

图 5-8　协同设计

资料来源：笔者绘制。

更为鲜明的例子是汽车设计领域，一台车从设计到落地要经过相当复杂的过程，在此过程中，需要机械工程学、材料学、人机工程学、计算机科学等诸多学科的配合，而对于消费者而言，所关心的只是最终的驾乘体验和购买成本，即便只有一个领域存在短板，都会降低用户对整辆汽车使用体验的评价。正是这种对于体验和成本的极致追求，要求产品设计必须综合多个学科的力量，不仅在自身学科领域给出优秀的解决方案，同时要充分考虑到各学科各部分之间的协调与联动。

在协同产品开发（CPD）中，协同的核心理念在于将来自不同背景和行业的不同群体聚集在一起，共同合作产生新的创意和想法。通过充分利用不同群体的独特观点和专业知识，创造出真正有效的解决方案。协同设计接纳广泛的观点和专业知识，让不同的人员共同参与设计过程，从而产生更多的创意和创新想法，这些想法通常能够超越个人或单一群体所产生的设计创意。为了实现协同设计，团队通常采用敏捷的协作工作方法，包括：通过回顾来重新审视过去产品开发的过程，以验证已经实施的设计是否成功，并在必要时进行改进；通过核心问题追踪来让整个团队共同处理特定问题或任务，以修复关键性错误或创建新设计；通过组织让具有相同技能的专业人员共同合作完成特定设计任务，在自身最擅长的领域发挥作用等。

当然，现实要比上述模型复杂得多，有些时候可能会发现团队处于两种状态之间，或者存在另一种学科组合方法。例如，在设计工作中可能需要比其他工作更多的知识协同，而专门负责技术的学科，对于协同性的需求可能相对较弱。

下面以一件名为"土家之花"的装置艺术作品的设计过程为例，解释协同设计在具体的设计工作中的作用。北京 YI + MU 工作室是一个以空间设计为主的跨领域创意团队，由来自不同国家和背景的设计师、艺术家、建筑师、工程师等组成。装置作品"土家之花"的灵感来源于土家族传统手工艺——西兰卡普（土家花铺盖）（见图 5 – 9）。西兰卡普是一种以麻、棉纱为经，以多色彩的粗丝、毛绒线为纬，在古老的木制腰机上反面挑织而成的花布。西兰卡普色彩热烈、结构严谨，纹样以菱形结构和斜线条为主，讲究几何对称和反复连续。西兰卡普是土家族先民对太阳之于生命之火的原始奇想，也是对生活热烈、祥和的渴盼。复杂的几何图案和丰富的色彩让土家族的纺织品大放异彩。

土家族主要聚居在湖南西部的武陵山，在附近的张家界，中国土家织锦博物馆致力于展示土家织锦的艺术，以彰显这种文化独特的创造力，并保护这种濒临灭绝的工艺。在家织锦博物馆中装置"土家之花"用 15 万米的红色锦缎线，为博物馆的主空间创造一个令人惊叹的视觉核心。

图5-9　装置"土家之花"

资料来源：https：//www.gooood.cn/the - flower - of - tujia - at - the - china - tujia - brocade - art - museum - by - yimu - design - office.htm。

"土家之花"将西兰卡普做了一次象征性的三维展开，利用20根钢结构骨架横纵穿插，红色锦线依附钢架逐根牵拉、固定而成，从织锦纹样中提取的菱形结构，在正、侧、俯、仰不同角度都清晰可见。在黑色钢制骨骼与红色锦线的虚实相交中，织机上的土家族血脉奔涌而来。

经过4个月的制作过程，集合了温哥华、北京和张家界三地的协作之力，"土家之花"终于完成，其设计过程是非常典型的多学科协同设计。概念设计阶段，工作室根据需求和场地的条件，提出以西兰卡普为灵感的大型装置的概念，并制作了初步的草图和模型。这个阶段是整个制作过程的起点，通过深入了解要求，工作室能够提供一个切实可行且符合预期的设计方案。方案深化阶段，工作室对装置的形式、结构、材料、尺寸等进行了详细的设计和计算，并与业主和施工方进行了沟通和协调。这个阶段的关键是将概念转化为具体可行的方案，确保装置在结构和美观上都能够达到预期的效果。工作室、博物馆和施工方的紧密合作，确保了各方的期望能够得到充分考虑和满足。

钢结构制作是制作过程中的重要一步。根据工作室提供的图纸和模型，施工方采用钢管和钢板制作了 20 根钢结构骨架，并进行了防锈处理和喷漆（见图 5 – 10）。这些钢结构骨架作为装置的支撑和基础，承载着整个装置的重量和形状。精细的加工工艺和严格的质量要求确保了钢结构的坚固和稳定。在锦线编织阶段，工作室从湖南当地采购了 15 万米长的红色锦线，并与施工方一起将锦线按照设计要求牵拉、固定在钢结构上，形成菱形纹样。这些红色的锦线像是装置的血脉，穿行于钢结构之间，犹如盛开的鲜花，为整个装置增添了艳丽和动感。

图 5 – 10　装置"土家之花"细节

资料来源：https：//www. goood. cn/the – flower – of – tujia – at – the – china – tujia – brocade – art – museum –
by – yimu – design – office. htm。

最后是装置安装阶段，施工方将钢结构骨架和锦线编织好的装置运输到博物馆现场，并按照工作室的指导将其安装在预留好的位置上，完成装置的最终呈现。这个阶段需要精准地操作和团队的协同配合，确保装置在安装过程中不受损坏，并能够完美地展示在观众面前。

"土家之花"将土家族千年不变的手工艺以全新的形式展现给现代观众，让人们重新走近、探寻这一不为人知的民间技艺，也为土家族织女提供了一个展示自己的才华和智慧的平台，让她们感受到自己劳动成果的价值。更是一种对自然、社会和生活的尊重和关怀，体现了工作室"风合睦晨"的理念和态度。"土家之花"跨越时空、跨越文化、跨越领域，展示了设计与传统、艺术与工艺、空间与情感之间的无限可能性。也是一个激发想象、传递情感、促进进步、增进信念的空间载体，它让人们看到了传统技艺在当代社会中的新生命和新价值（见图5-11）。

图5-11　装置"土家之花"细节

资料来源：https：//www. gooood. cn/the－flower－of－tujia－at－the－china－tujia－brocade－art－museum－by－yimu－design－office. htm。

通过"土家之花"的案例不难看出，在真实的项目中，仅靠设计学一家之力是很难解决复杂的设计问题的，在案例中材料、工程、照明甚至是运输、沟通、宣传等各类学科都参与其中，从而让一个设计构想真真切切地成为现实方案。

综上所述，协同设计在解决复杂问题时具有以下优势。

第一，协同设计有助于打破团队间的藩篱，通过培养跨界意识，促进团队的合作与协调。无论团队成员的角色如何，当大家共同解决问题或集思广益时，生产力的提升都是非常显著的。

第二，协同设计有助于创建强大的、完善的设计。在设计过程中，设计人员、开发人员、测试人员等各方都参与其中，确保在最终确定产品设计之前，充分考虑了每个人的观点和意见。这样的协作带来了更具容错性的设计过程，让设计可以在最大程度上避免低级错误的发生。

第三，协同设计让所有成员都充满参与感。由于所有团队成员都参与到协作设计过程中，每个人都投入了精力和情感，因此对项目的成功拥有一种共同的责任感。

第四，协同设计有助于缩短设计时间。当最终的设计兼顾了整个团队（包括设计师、产品负责人、开发人员和测试人员）的建议时，设计几乎不会出现需要进行大规模修改的情况，这确保了更短的研发时间，并有助于提高团队成员的工作满意度。

由此可见，协同设计作为一种应对设计复杂性的工作方法，已经在许多设计实践中广泛应用。而在设计领域的相关研究中，多学科协作同样是设计创新的有效路径。

多学科协作是指在研究、创新或问题解决过程中，不同学科领域的专业人士共同参与、合作，并在其各自的领域内，将各自的专业知识和方法相互融合，以协同创造全面而综合性的解决方案。这种协作模式旨在打破学科壁垒，促进跨学科的交流与合作，激发创新思维和启发，以应对复杂问题和挑战①。多学科协作作为一种综合性的合作形式，在现代学术和实践领域中日益受到重视，具有不同专业背景和技能的成员组成的团队，通过相互补偿和共同努力，朝着相同的目标前进，以实现创新的产品。这种协作模式在面对今天常见的复杂问题时尤为有效，并已成为行业趋势。

在多学科协作领域堪称典范的是麻省理工学院的媒体实验室。麻省理工学院的MIT媒体实验室（MIT Media Lab）创立于1985年，是一家跨学科研究中心，其使命是推动科技、媒体、科学、艺术和设计领域的融合，以塑造更美好未来。媒体实验室以其具有颠覆性和创新性的研究项目而著称，涵盖诸多学科领域，如人机交互、通信、未来城市、设计与自然、生物工程、合成神经生物学、可穿戴设备和社交机器人等。

在过去30多年里，MIT媒体实验室创造了众多影响深远的技术和产品，其中包括无线网络、无线传感器、网页浏览器、电子墨水、可穿戴设备、触摸屏、语音识别、人工智能和虚拟现实等技术的原型，这些大家耳熟能详甚至是改变了一个时代的技术，都是在多学科协作的机制下诞生的。该机制鼓励研究人员不受传统学科限制，从不同角度探索问题和解决方案，打破学科壁垒，带来前瞻性创新。研究人员自称从事"反学科"工作，以非传统方式进行实验。这些研究人员来自各种不同背景，包括计算机科学、物理学、心理学、建筑学、神经科学、机械工程、材料科学、

---

① Collin A. Multidisciplinary, interdisciplinary, and transdisciplinary collaboration: Implications for vocational psychology [J]. International Journal for Educational and Vocational Guidance, 2009, 9 (2): 101-110.

音乐和艺术等。

　　例如 MIT 媒体实验室对 DuoSkin 的开发就是一个鲜活的多学科协作案例。DuoSkin 是一个智能触控文身项目，由 MIT 媒体实验室和微软研究院合作开发。作为一种可穿戴的设备，可以将人体皮肤变成一个交互式平台，利用金属箔纸制作出不同的图案和功能，其设计灵感来源于一种流行的金属闪文身（metallic flash tattoos）时尚配饰[①]（见图 5 - 12）。

图 5 - 12　MIT 媒体实验室的 DuoSkin

资料来源：https：//m. sohu. com/a/110442010_473283/。

　　DuoSkin 是典型的多学科协作下产生的结果。首先，项目需要结合计算机科学和电子工程的知识，来设计和实现文身的电路和传感器。其次，需要结合艺术和设计的知识，来创造出美观和个性化的文身图案。最后，还需要有社会科学和人类学的知识参与，来理解用户的需求和偏好，以及文身在不同文化中的意义和影响。

　　MIT 媒体实验室的研究人员可以自主选择感兴趣的项目，无须批准或撰写项目计划书。他们强调将想法变成产品，并奉行"Demo or die"的原则，这个原则强调在项目或创意的早期阶段，尽快制作出一个可行的演示版本（Demo）来验证概念或想法的可行性。如果无法迅速展示一个可行的演示版本，这个想法可能会被拒绝或放弃（Die）。其核心目标是快速验证一个概念是否可行，并在可能的早期阶段发现潜在的问题。通过制作一个简单的演示版本，团队可以更好地了解其优点和缺点，并获得反馈，从而更快地迭代和改进产品或项目。通过快速演示，团队还能够吸引

---

　　① Kao C. H - L. ，Holz C. ，Roseway A. et al. DuoSkin：Rapidly Prototyping On - Skin User Interfaces Using Skin - Friendly Materials［J］. In Proceedings of the 20th International Symposium of Wearable Computers，Heidelberg，Germany，2016.

潜在的投资者、客户或合作伙伴，从而增加项目的成功机会。

此外，他们与政府、企业、非政府组织和社会团体等各领域合作伙伴密切联系，以确保研究与社会需求和价值观相契合，并产生积极影响。可以说，正是多学科协作的方式使 MIT 媒体实验室成为一个富有创造力和活力的多学科融合平台，为世界带来了许多令人惊叹和惊喜的技术和产品。

多学科协作在设计领域具有显著优势。首先，由于每个人在解决问题时都受其背景、经历和学科的影响，不同学科的成员可以为同一问题提供全新的视角和解决方案，从而产生更优质的结果。其次，多学科协作意味着跨越学科界限的知识合作，这使设计能够与其他领域相结合，增强解决问题的能力，或者思考如何在其他领域中应用设计。最后，许多设计师的背景涵盖多个学科，他们能够结合不同的实践领域为项目提供更好的解决方案。在实际应用中，与其他领域的专家合作是常见的，如与数据科学家、民族志学者、医生和律师等，只有集成了更全面、多维度的知识，才有可能面对复杂问题给出更合理的问题定义，进而得到更好的设计结果。

在交互设计领域，由于用户之间的需求、认知、审美、行为等因素存在差异，因此以体验为目标的交互设计变得越来越复杂，设计方案直接影响信息识别、传递和利用的效果，进而形成不同的体验。为了应对这种复杂性，交互设计的边界正在不断扩大，多学科协作成为解决交互问题的必然路径，包括计算机科学领域的计算机软件技术、计算机硬件技术、网络技术、交互技术、人工智能等；艺术设计理论领域的美术与设计理论、设计史、人机工程学、界面设计等；以及人文社会科学领域的社会学、认知科学、传播学、认知心理学等。这些知识将构建设计项目的大框架，使信息交互设计能够为社会带来深远且良性的影响。

在第 4 章中我们已经探讨过社会学与设计学的多种交叉可能，它们共同关注人类福祉和社会责任，都能够在广泛的时空中产生影响。无论是社会学还是设计学，都关注人类在物质文化和精神文化方面的需求和满足，致力于改善人类生活质量和生活水平。两者也都承担着一定的社会责任，即在追求个体利益和集体利益之间寻求共赢，在满足当下需求和保护未来资源之间寻求协调，在促进经济发展和避免过度消费之间寻求平衡，在尊重传统文化和创造新型文化之间寻求融合。

当然，多学科协作也存在一些挑战。不同背景之间的差异导致的交流和理解障碍是其主要问题。尽管存在这些缺点，但通过有效的沟通和互动，优质的多学科协作仍然能够在设计方面提供价值、激发灵感，优秀的综合性团队能够更好地为学生提供更多跨学科的学习机会，并帮助他们更好地理解自己在团队协作中的角色和价值。

5.2.2　从更高的维度观察设计问题

设计是一门综合性的科学，旨在创造出功能性、美观、符合人类需求的解决方案。然而，很多时候设计师可能会局限于某个特定领域，而忽视了更广阔的视野。设计的跨专业协作有助于设计师从更高的维度观察设计问题，将定义问题的复杂性转移到多学科的共同联动中，这意味着设计师不仅需要关注具体的形态、功能或样式，还要深入思考设计问题的本质，以及它在更广泛的背景中的影响，从更高的维度进行设计问题的定义。

从更高维度观察设计问题，要求设计师不是简单地按照客户的要求来进行设计思考，而是基于与客户充分沟通，了解背后的动机和目标，洞察用户真正的需求和痛点。设计师不仅要问"客户需要什么"，还要深入探究"客户为什么需要这个"。在面对一个复杂设计问题时，往往不仅要解决一些显而易见的问题，更应该关注那些潜在的复杂性或间接影响，甚至这些间接性的问题才是问题真正的症结所在。设计师将观察问题的视角抬高，更易于发现这些隐藏的难题，并为其寻找解决方案。

从更高维度进行设计思考，还能让设计师抓住一些意想不到的机遇，为设计添加更多的创意和创新元素。一个典型的案例是相机的革新设计，如果设计师仅考虑如何在现有的相机形态上进行更新改良的话，很难作出具有颠覆性的设计方案，而如果将相机定义为"图像记录装置"，设计师将会抛开现有相机的形式约束，从全新的角度去观察用户记录图像的需求与过程，进而给出完全不同于现有相机的设计方案。当然，上述案例的前提是设计一款颠覆性的相机，是在这样的设计需求驱动下产生的设计决策。

另外，更高维度的设计观察能够帮助设计师权衡不同影响因素。设计往往不是一个简单的取舍过程，而是需要平衡多个因素的考量。比如在产品设计中，要考虑功能、成本、材料、制造工艺、用户体验等方面。通过从更高维度去审视问题，设计师可以更好地理解这些因素之间的相互关系，从而作出更明智的决策。设计的结果物往往是长期存在的，将陪伴用户度过人生中的一段时光，因此需要考虑到未来可能的变化和发展，并为设计留下更多的适应性和扩展性。

最后，设计并不仅是为了满足个人需求，更应该关注如何为社会创造更大的价值，以为人类创造福祉为目标。因此设计师应该将设计问题与社会发展、环境保护等更宏大的议题结合起来进行思考，通过设计推动社会向着更可持续、更具有社会责任感的方向发展。

综上所述，当代设计问题实际上已经远远超出设计学本体知识的范畴，混叠进了越来越多社会性因素，而设计的最终追求也从传统的解决功能性需求转变为解决体验性需求，这让设计问题的定义变得混沌而复杂，面对更广泛的知识需求，设计学科与其他学科的联姻将成为必然，对设计问题的观察，也将从单一学科转移为多学科协同联动，这种变化在一定程度上消解了设计学本体知识的局限性，将定义问题的复杂性迁移到多学科协作中，使设计任务不再是一个完整的、混沌的设计目标，而是拆解为项目相关学科的多个子问题，设计师的角色不再仅是完成具体的设计工作，而是面对复杂设计项目，要给出全局性的规划，识别项目真实需求，选择不同的学科参与者，制定具体的设计策略，并协调好参与各方，让多学科知识形成合力，真正实现协同设计。

第6章

新技术引发交互方式的改变

6.1 信息供给方式的改变

消费需求的爆炸和越来越快的生活节奏，使目前数字交互产品的信息供给模式，已经越来越难以满足人们对数字化生活的想象和要求。人们渴望新的信息供给模式能够带来更为简单直接的交互体验。本节将从数字产品信息供给的角度展开讨论，从信息供给的底层逻辑出发，观察数字产品商业目的与有限注意力模式间的冲突，思考数字交互产品应该以何种方式提供信息，引导或创造用户需求，形成新的用户体验。

6.1.1 信息供给模式

信息供给模式是指数字产品以何种模式呈现信息。信息供给模式包含很多个维度，如主动供给和被动供给、多向信息交换和单向信息交换等。

主动供给和被动供给是指数字产品是主动向用户提供信息，还是等待用户主动请求信息。例如，新闻客户端可以根据用户的兴趣爱好或浏览历史主动推送相关新闻，这属于主动供给；也可以让用户自己搜索或浏览感兴趣的新闻栏目，这属于被动供给。多向信息交换和单向信息交换是指数字产品是否支持用户之间或用户与平台之间的双向或多向沟通。如社交媒体平台可以让用户之间互相发送消息、评论、点赞等，属于多向信息交换；也可以只允许用户浏览平台发布的内容而不能进行互动，属于单向信息交换。

在数字交互设计的宏观视角中，信息供给模式的选择对于产品的技术路径、信息架构以及具体的交互行为产生深远影响，进而塑造了用户的最终体验。当前的数字产品设计倾向于采用能够激发高频互动的信息供给模式，通过主动且频繁地向用户推送信息，以刺激用户的高频使用行为，进而提升"用户活跃度"这一关键的运营指标。例如，社交媒体平台通过推送消息、推荐内容和设置红点等方式来吸引用户注意力；电商平台通过展示优惠券、限时抢购和热门商品等方式来刺激用户消费；游戏平台通过设置奖励、排行榜和挑战等方式来增加用户沉浸感。然而，当所有的数字产品都采取了这种策略，用户的数字交互环境将陷入困境，事实上，我们正处在这种糟糕的交互环境之中。

根据 eMarketer 调查显示，2021 年中国成年人平均每天花 3 小时 16 分钟查看智能手机（不包括手机通话）。和 2020 年相比，这一数字上升了 25 分钟，即增长了14.6%，这使中国智能手机使用量跃居世界第一，超过美国成年人每天看智能手机的 3 小时 10 分钟①。这些以抢夺注意力为目的的信息供给模式，虽然为互联网企业带来了更多的利润，但也给当代人带来了一系列问题。

在数字产品中，信息的推送通常以通知、提示、广告等形式出现，这些信息的出现往往打断了用户的当前任务，使用户的注意力从一项任务转移到另一项任务，从而导致任务执行效率的降低。另外，频繁的信息推送还会导致用户的认知负荷增加，使用户在处理信息时感到压力和困扰。

为此一些学者更赞同倾向于保守的（警惕性）设计理念，认为在设计实践中应该充分考虑可能出现的负面结果和意外后果，而不仅是追求正面的成果和乐观的结果。更为保守的设计鼓励设计师以可能出现的不良后果为设计的出发点，特别是那些对于社会整体而言潜在的、难以被直接观察到的危害，在设计过程中进行更加谨慎的设计决策，并采取措施来减轻或避免这些后果。当然保守的设计理念并不意味着拒绝创新或采用保守的设计方法。相反，在创新的过程中如果更加谨慎地思考设计的可能影响，会带来更多的设计机会，有效地扩展设计结果的应用范围，让设计结果能够更好地应对可能的风险和不确定性。例如，一些学习辅助软件提供了强制远离手机模式，进入该模式后，除进行紧急联系以外，手机的其他功能将被锁定，以此提升用户工作学习的专注度，减少频繁使用手机带来的影响。再如，在 App 的

① eMarketer：2021 年中国成年人每天花 3 小时 16 分钟看手机［DB/OL］. http：//www.199it.com/archives/1256077.html，2021.

创新实践中，一款健康类应用通过追踪用户的生活方式来模拟用户的健康状况，从而展示长期过度使用手机可能导致的如眼睛疲劳、颈部疼痛等健康问题。通过这种方式，用户可以更直观地了解过度使用手机的危害，从而减少使用频率。

数字产品的设计者和开发者需要在设计和开发过程中充分考虑上述因素，以实现信息供给模式与用户需求、用户体验和社会责任之间的平衡。一个非常重要但常被忽略的问题是，设计师在设计工作中更多关注具体的交互行为，而很少从更为宏观的层面思考应该如何提供信息、应该提供何种信息。

如今在数字产品的设计中，抢夺用户的注意力几乎已经成为所有企业的共同目标，手机中的每一个 App 都在想尽办法呼唤用户打开并停留其中，从企业的角度观察，这样的设计策略能带来更多的使用时长和用户留存，或许有些企业已经意识到这一策略所带来的危害，但由于市场竞争所形成的囚徒困境，没有企业愿意放弃这一策略。然而如果所有的信息服务都在努力抢夺注意力，其结果必然是双输的。

在人类早期的生存实践中，为节省大脑对于能量的巨额消耗，人类衍生出了直觉认知模式。直觉认知模式是指大脑的注意机制类似于一个位于瓶颈处的过滤器，把与自己不相干的信息或无用的信息滤掉，只让有用的信息进入大脑，减轻大脑的负担。这种模式在原始社会中有利于人类警惕周围的危险。

早期智人在活动中如果遭遇野兽必须迅速作出反应，选择与之战斗或者逃跑。如果在这种情况下花时间进行理性分析，评估风险和概率，那么他们很可能因此丧命。因此，对于人类祖先来说，依靠直觉作出决策是一种有效的生存策略。虽然直觉不够精确，但它能提高适应环境变化的能力。例如，在狩猎过程中依靠直觉而非理性评估的狩猎者，通常对追逐行为更有信心，且分泌更多的多巴胺，促使自己更加努力地奔跑，最终成功狩猎获得肉食供给，而理性狩猎者则更多地意识到狩猎中的困难和风险，更难以获得捕猎成果，其基因也更难保留并传播。

在现代社会中，这种直觉认知模式常常变成一种信息干扰机制，人们对于突发信息、动态影像、声音异响有着难以抵抗的好奇，会不自觉地将注意力投射过去。这也正是今天数字产品设计能够利用大量推送和通知形成高频互动的原因。如在购物网站上看到各种吸引眼球的颜色、图片、价格、评价等信息时，人们很容易被诱导或干扰而作出非理性或非最优的选择。由于注意力分散和专注持续时间缩短，人类难以集中精力进行深度学习和创造性思考，人们很容易走神或被手机、微信等打断而无法专注于手头的内容。

很显然今天数字产品普遍采用的信息供给策略的出发点是商业利益而非用户体

验，那么未来的交互设计应该提供怎样的信息供给模式呢？在下一节中，我们将进一步观察用户的注意力模式，并思考在这个信息过剩的时代，何种信息供给方式才是企业与用户双赢的，新技术又将带来何种新的交互方式。

6.1.2　有限注意力模式

人类的注意力模式非常独特，我们特别擅长一些事情，而又特别不擅长另一些事情。例如，我们很容易依靠直觉判断正在进行的会议的气氛，但很难准确地统计5 分钟内走了多少步路。

这是因为人类的注意力由"自下而上"和"自上而下"的两条通路调控。"自下而上"的通路指的是外界刺激驱动的注意力，它主要反映了视觉信息的物理特征，如颜色、强度、方向等。这种通路可以帮助我们快速扫描全局图像，并获得需要重点关注的目标区域。比如在会议中，我们可以通过观察发言者和听众的面部表情、肢体动作、声音大小等线索来感知会议的气氛。"自上而下"的通路指的是大脑内部信息驱动的注意力，它主要依赖于当前任务的目标和以往的知识来调控视觉信息的处理。这种通路可以帮助我们根据具体目的筛选出更有用的信号，并忽略其他无关信息。比如在走路时，如果我们想要统计步数，就需要有意识地关注自己每一步走了多远、多快等细节，并抑制对周围环境或思绪的分散（见图 6 – 1）。

[系统1]
无意识且快速的判断与认知

本能/直觉
（人类擅长的，不必付出努力）

[系统2]
需要投注持续注意力的认知

专注/理性
（人类不擅长的，无法长期保持的）

图 6 – 1　系统 1 和系统 2

资料来源：https://mb.yidianzixun.com/article/0IjJ87DI；https://product.suning.com/0071005112/11818682430.html。

丹尼尔·卡尼曼在他的著作《思考快与慢》[1] 中将人的思考模式分为两个系统：快系统（System 1）和慢系统（System 2）。这两个系统有着不同的特点和功能。快系统是无意识、直觉、情感、记忆和经验驱动的，在面对复杂而不确定的情境时能够迅速作出判断；慢系统是有意识、理性、逻辑、规则驱动的，在面对需要深入分析或解决问题时能够作出决策。人类思考过程是这两个系统协同作用的结果。例如，在阅读本书时，我们使用快系统来理解单词和句子的意思，使用慢系统来理解文章的观点和逻辑性。

由于慢系统消耗大量注意力资源，人类通常让慢系统处于待机状态，先由快系统处理问题，再在必要时启动慢系统来解决难题。这种分工方式有利于人类节省能量消耗，当然，快系统也容易受到各种情绪的干扰，导致非理性的结果。可能有人觉得大脑进化出快系统和慢系统是多此一举，但实际上大脑的耗能远超我们的想象，这种耗能在食物贫乏的人类早期甚至是致命的。

保持高度专注，大脑所消耗的能量巨大。有研究表明，一次约20分钟的专注思考之后，头脑会消耗肝脏75%的糖分，消耗人体20%的含氧量。人类的大脑在体积上虽然只占身体比重的2%，但却是个耗能大户。一个大量阅读和用脑思考的人脑细胞十分活跃，为了保证大脑有足够的能量和养分供应，身体各个部分的多余能量会向大脑汇聚，所以高强度脑力工作后，人通常会感觉特别饥饿，这可能就是"过劳肥"形成的原因，也是人类为什么无法保持长期的高度专注的生理逻辑。

为了能够在能量短缺的时代生存下去，大脑进化出了特别的"节能模式"，并以基因传承的方式一直延续至今。在日常生活中大脑节省能耗的现象比比皆是，我们在执行某项任务时，注意力总是不自觉地从任务上转移到其他无关的事情上。开会的时候刚听了十几分钟报告，人们就可能开始想晚上去哪儿吃饭、突然想起一件有趣的事情，或者拿起手机和朋友聊个天，类似的走神现象在我们的生活中十分普遍，每个人一天中可能走神十几次或者上百次。为什么当我们专心做事的时候，却还是会不由自主地走神呢？走神是指在清醒的状态下，主动或被动地想象一些与现实无关或不太可能发生的事情。走神是大脑对固定不变的刺激的适应性反应[2]，此时大脑会试图寻找新鲜有趣的信息，也是大脑在休息状态下进行自我相关思考、记忆整合、未来规划等功能的表现。事实上，走神不仅能够帮助大脑节省能量，还可

① 丹尼尔·卡尼曼. 思考，快与慢［M］. 胡晓姣，李爱民，何梦莹，译. 北京：中信出版社，2012.
② Killingsworth M. A.，Gilbert D. T. A wandering mind is an unhappy mind［J］. Science，2010，330（6006）：932.

以帮助我们提高创造力、增强同理心、缓解压力等。

出于节省能源消耗的目的，大脑进化出了有限注意力模式，这使人们无法长时间保持注意力，同时也让人更喜欢做耗能更低的事情。人类的这种注意力模式被广泛地应用于各个领域，在知名的交互设计专著《别让我思考》① 中，史蒂夫·克鲁格研究用户在使用网站时的认知负荷，并指出设计师应该尽可能减少用户需要注意和记忆的事物，以确保他们能够更好地理解网站，并更容易完成自己的任务。这种认知负荷与用户有限的注意力之间存在紧密联系，书中所提到的"思考"是指那些无意义的、由界面设计或信息设计不足而产生的信息摩擦，这些摩擦的累积很容易造成认知负荷，进而导致用户体验的下降。而真正有意义、有价值的思考，则会在交互过程中带来乐趣和惊喜，其并不会和有限注意力模式发生冲突。

由于有限注意力模式，当面对一个复杂的任务时，用户只能关注有限的信息并作出有限的决策。因此，克鲁格在书中通过一系列实例揭示了如何通过设计使网站更容易被用户理解。如建议遵循通用且易于理解的操作约定、使用明显易懂的标题和标签，最小化互动所需的轻扫、滑动和缩放等行为。这些方法不仅帮助用户更轻松地了解网站的功能和内容，还有助于降低用户在操作网站时的认知负荷，使用户能够集中精力完成任务而不会被页面上其他元素分散注意力，交互设计应该努力让用户能够在最少的认知负荷下顺利浏览网站并找到所需信息，通过减少用户需要注意和记忆的内容，有效地提高用户的体验和成功率，从而大幅提升整体的网站可用性。

除了具体应用层面的设计，在更宏观的领域有限注意力仍然潜移默化地发挥着作用，我们来观察自媒体的发展便可以进一步理解这种影响。自媒体的发展经历了几个阶段，从最早的图文博客到微博再到短视频（见图6-2）。

博客　　　　　　　　微博　　　　　　　　vlog
（长图文）　　　　　（短图文）　　　　　（短视频）

图6-2　自媒体形式的变迁

资料来源：http：//www.17xuexiwang.com/seoyh/zwseo/272.html；https：//www.163.com/dy/article/EEL-REOA605314SX6.html；https：//www.lanrentuku.com/sucai/119315.html；https：//www.lanrentuku.com/sucai/100175.html；https：//www.wlcbw.com/57517.html；https：//www.99it.com.cn/news/2022/0629/56116.html.

① 史蒂夫·克鲁格.别让我思考：人性化设计之道［M］.陈屹，译.北京：人民邮电出版社，2009.

　　自媒体媒介形式的演变与人类的有限注意力模式有密切的关系。在图文博客时代，人们需要花费大量的时间和精力去阅读长篇文章，在那个时代人们有耐心去阅读长达几千字的分享观点的文章，常常花费十几分钟进行阅读并乐此不疲。随着微博的出现，百余字的信息极大地降低了用户获取信息的成本，用户只需要 1~2 分钟甚至更短的时间就能够获取关键信息。而在过去的几年中，自媒体形式越来越多地向短视频平台转移。短视频内容时长很短，通常只有几十秒的时间，同时动态影像对注意力的吸引也是无与伦比的，人们几乎不再需要动脑，视频内容会帮用户整理好关键信息，并表演/讲述给用户。

　　由此可见，越来越省力地获取信息成为驱动自媒体发展的重要动力，从图文博客到微博再到短视频，用户接收信息所要消耗的能量越来越少，集中注意力的时长也越来越短。

　　人类的有限注意力模式会引发一系列认知偏差和认知简化现象。如我们往往更容易接受支持我们观点的信息却忽略反对的证据；我们也倾向于根据记忆、经验来做决策，而不是基于广泛而准确的数据。由人类的有限注意力模式衍生出了认知偏差和认知简化两种现象，这些现象在生活中普遍存在，设计师经常利用这些认知现象形成设计方案，从而更好地影响用户的交互行为。

1. 认知偏差

　　Mars 是一家历史悠久的巧克力饼干制造商（见图 6 – 3），在 1997 年，Mars 的一款饼干产品突然间销售额惊人地增长，这引起了销售团队的疑惑，因为他们认为自己没有采取任何新的销售策略，那么到底是什么导致销量大增呢？

　　一些人设想可能是 1997 年的金融危机或互联网泡沫等因素导致的结果，但实际上只有 Mars 饼干的销量大幅增长，而德芙、HERSHEY'S 和 M&M's 等品牌的产品则并没有明显增长。深入挖掘后，调查人员发现这种增长背后有着深层次的社会、文化和心理原因。原来，在 1997 年美国国家航空航天局探测器"探路者"登陆火星后，新闻媒体持续对该事件进行了报道，火星成为当时众人的热议话题。而由于"Mars"（火星）一词恰好也是 Mars 品牌的名称，致使该品牌的销量大增。值得一提的是，不仅是 Mars 饼干，只要与 Mars 一词有关的品牌产品销量均获得了显著提升，如专门销售儿童玩具汽车的 Marshero。

　　这种现象被称作"认知偏差"。正如前文所述注意力是稀缺的、消耗性的宝贵资源，这意味着注意力分配必须谨慎，全神贯注在一个任务上可能会消耗大量的资

图 6-3 Mars 饼干

资料来源：https：//www.zhizhizhi.com/t/mnd5。

源，因此大脑会对注意力资源进行优先排序。具体来说，在信息密度较低的环境中，个体可能会更倾向于较为涣散的注意力表现（低注意力水平），这是由环境稳定性、心态和外部需求等因素共同塑造的；而在面对外部刺激或信息密度较高的环境时，个体可能会更倾向于较为集中的注意力表现（高注意力水平）。

人类在面对复杂信息环境时，我们需要不断地筛选信息并对其进行加工，然而由于有限的注意力模式的存在，我们的大脑处理信息的速度是有限的，这会导致我们无法充分考虑各种情况进而作出决策判断，而是选择我们相对熟悉的事物。这也正是人们在海量饼干品牌中进行筛选时，Mars 作为潜意识中更熟悉的名字销售量大增的原因。

这种认知偏差在购物方面尤为明显。例如，在售卖红酒的店铺中播放不同国家的音乐，可以让人们无意识地选择来自相应国家的酒品。这是因为大脑的认知负荷已经达到上限，无法同时处理所有的信息，从而重视了所听到或所看到的某些特定线索。此外，类似于中彩票等事件的报道也会引起人们的注意，导致人们高估自己中奖的概率，从而更加喜欢购买彩票，即使实际中奖的可能性非常小。在生活中有些决策是无关痛痒的，例如选择买巧克力或红酒，但有些决策则是极其重大的，如决定职业、婚姻等。

尽管我们在作出重要决策时会更加谨慎，但当我们回顾自己过往的选择时就会发现，有限注意力一直以来都对我们的判断产生影响。以职业选择为例，经济收入、职业道路、生活质量、工作能力、职业热情、社交圈等都是选择职业时应该充分考虑的因素，但由于注意力资源有限，我们可能会依赖自己的第一直觉，或者过度强调某些特征或机会，从而可能忽略其他同样重要的因素，很多人会被高薪资和公司名气所吸引，而忽视了工作的具体性质、文化氛围和长期发展前景等方面的因素。

上述案例揭示了造成注意力偏差的主要原因：一是由于注意力的限制，我们倾向于选择易于处理的信息；二是我们经常用直觉方式处理信息以节省精力；三是使用直觉方式处理信息很容易犯错。

2. 认知简化

为了应对有限注意力模式，人们倾向于将复杂的信息进行简化。这种信息简化可以使人们更容易地处理信息，但也可能导致人们对信息的理解出现偏差或错误。如在看到红白相间的条纹衣服时，人们可能会在印象里将其简化为粉色的衣服（因为粉色是红色和白色的混合色）。

这种认知简化现象在日常生活中普遍存在，以下是金融业利用认知简化现象的经典案例。在股票市场中，好消息和坏消息应该在什么时候发布收益最大？人们发现周五的时候，大家都急切地盼着要回家，期待着即将到来的周末，加之周末停市，导致很多消息的反应有所迟钝。因此，如果企业要公布坏消息，选择周五进行公开披露会造成较小的价格冲击。相反地，如果企业有好消息要公布，则不能在周五进行，而是应该寻找一个人们注意力充足的日子，以便让好消息的影响更大程度地体现。

这一方式看似来自生活常识，但其背后包含着深刻的人类认知规律。20世纪80年代《金融学期刊》上的论文指出[1]，在周五公布的消息，市场价格反应比其他日子低约15%，交易量则低约8%。因此，当公司面临坏消息时，在非周五的日子公布可能会导致其股价下跌1美元，而在周五公布同样的消息仅会导致股价下降85美分。这种现象被称为"周五效应"，今天许多上市公司和政府部门都掌握了这一有限注意力的技巧，并选在周五或周六公布坏消息，以利用公众的有限注意力减轻事件的影响或价格的震荡。当然，随着移动网络的飞速发展，周五效应或许面临着新

---

[1] Gérard Dufour, Roland F. Brunet, The Friday Effect: Stock Returns and the Day of the Week [J]. Journal of Finance, 1984, 39 (4): 1469 – 1484.

的挑战。

另外一个认知简化的典型理论体现是峰终定律。峰终定律是一种心理学上的认知偏见，指人们对过去经历的记忆和评价主要取决于经历中的最强烈的感受（无论是正面的还是负面的）和经历结束时的感受，而不是整个经历的平均感受或总和①。峰终定律已经在产品设计、服务管理、市场营销、医疗保健等领域广泛应用。

宜家的成功得益于其独特的商业模式，其中不乏对峰终定律的应用。在宜家的畅销榜单中排名第一的可能并非沙发或者家具，而是出口处售价仅为 1 块钱的冰淇淋［见图 6-4（右）］。宜家的冰淇淋价格虽低，但是却在消费体验上起到了重要的作用。虽然宜家低成本运营策略经常带来不那么好的用户体验，比如由于店员很少顾客经常得不到帮助，顾客需要自己从货架上搬货物，还要排很长的队去结账，但是宜家却很好地利用了峰终定律来改善用户体验。通过便宜又好用的沙发、令人惊喜的设计以及经典的瑞典肉丸和烟熏三文鱼，让顾客在购物路线上不断感到愉悦和惊喜，从而创造"高峰体验"。另外，通过出口处只售卖 1 元钱的冰淇淋，让顾客在离开卖场前吃一个美味便宜的冰激凌，通过创造美好的"最终体验"，让顾客把之前的所有糟糕体验抛到脑后。

图 6-4　游乐场的高峰体验与宜家的最终体验

资料来源：https：//m. sohu. com/a/289582390_120046844；https：//www. 163. com/dy/article/FJ8O06C105148JR4. html。

峰终定律的另一个经典应用发生在大型游乐场［见图 6-4（左）］。今天回想起 2017 年笔者在大阪环球影城的经历，能够清晰回想起来的有惊险刺激的哈利·波

---

① Kahneman D. & Thaler R. H. Anomalies：Utility maximization and experienced utility［J］. Journal of Economic Perspectives，2006，20（1）：221-234.

特主题乐园、在茫茫人海中寻找失联的同伴以及美味的黄油啤酒等这些与强烈情感相关联的体验，以及闭园前灿烂难忘的烟花秀。除此之外，像如何抵达和离开环球影城、如何漫长排队等待、吃了什么午餐等细节则完全回想不起来了。

综上所述，有限注意力模式是人类在生存实践中演化出来的一种认知策略，从人类早期一直延续至今，仍然是人们认知信息的主要方式，然而今天数字产品的信息供给策略却并未充分考虑这一认知模式。

6.1.3　两种信息模式

如前文所述，目前大部分数字产品设计的信息供给模式，都是以尽可能抢夺用户注意力资源为目标的，这显然与用户的有限注意力模式相冲突。在数字服务尚未深度嵌入生活的时代，这样的交互设计策略往往是能够起效的，也确实为产品供应商带来可观的流量和利润，然而随着数字服务成为日常生活不可割裂的组成部分，每一件数字产品都在抢夺用户的注意力资源，其带来的糟糕体验相信每一位读者都深有体会。

在信息供给模式众多维度中，选择型供给和推荐型供给是目前已经在发生转变的一个维度。首先让我们回想一下当下典型的数字产品是如何供给信息的。以美团外卖为例，当我们打开 App 后就会有长长的食物列表呈现在眼前，要求用户从中选出自己最喜欢的一项，这一设计策略的底层逻辑是，将所有可能的选项列举出来，给用户最大的选择自由度，让用户综合评估口味喜好、卫生程度、食品价格、配送时间等因素，选取自己最喜欢的一个选项。这一策略看上去似乎没有什么问题，但由于注意力模式非常有限，用户综合评价所有因素实际上是非常费神的，更重要的是在这个一切皆快、不问过程只求结果的时代，人们早已失去了综合评价的耐心，只想快速得到满意的结果，于是一个流传于网络上的笑话诞生了：什么是困扰当代年轻人的三大难题？早上吃什么、中午吃什么和晚上吃什么。这种将所有选项都呈现出来让用户"自由"选择的交互策略，笔者将其称为"母爱式"信息供给策略，就仿佛一位无比疼爱子女的母亲一样，把所有能给的东西都摆在孩子眼前，让他自由选择。很显然，这种"母爱式"信息供给模式已经不再适应当前的信息和人文环境了，面对众多选择很多用户都会觉得复杂、烦躁，然后选择自己最熟悉的几种餐食草草了事。

美团外卖的设计团队也意识到这一问题，于是在系统中加入了智能排序功能，通过算法将用户可能喜欢的和最常食用的选项排在前面。这一交互策略是对典型"母爱式"信息供给模式的一种补充，但程度可能还不够。显然这样的交互设计策略已经不足以满足用户对数字服务的期待，未来信息服务场景或许是这样的：用户在使用数字外卖服务时，系统只提供2~3个套餐选项，甚至只有1个，但这些为数不多的选项极有可能是用户非常喜爱的、是通过多渠道信息的综合评价而形成的推荐结果，用户可以放心地选择其一或者直接接受推荐，并有极大的概率获得满意的餐食。这样的方式笔者称为"父爱式"信息供给模式，就仿佛一位饱经世事的老父亲，经由自己丰富的经验给出匹配度极高的推荐。当然，想要实现这样的应用场景，不仅需要外卖系统记录用户的用餐习惯，还需要结合更多维度的信息进行综合评估，如当前的天气，用户距离上一餐的时间、用户近期的健康状态、工作强度与压力、餐前的运动情况、昨晚的睡眠质量，甚至是用户的心情等，在这些综合信息的共同作用下，将绝大部分选项去除，进而给出如"魔法般"准确的推荐信息。尽管这一信息供给策略可能带来诸如信息茧房等一系列信息过滤问题，但随着用户对信息筛选的耐心日渐减少，"父爱式"信息供给策略极有可能成为主流。

这样的模式变化正在发生，对于用户需求的理解从单一维度向多维综合转变，用户所感受到的信息复杂度也随之下降。这种信息供给模式的转变，是信息技术发展和信息化应用进步的必然结果，也是体验驱动下的数字交互设计的必然要求。

随着大数据、云计算、智能计算等信息技术的不断成熟，信息供给模式将更加智能化、动态化和实时化，根据用户的实时行为和反馈，动态调整信息供给的内容和方式。未来推荐系统将能够更加快速地收集和处理海量的实时数据，从而提供更加动态化和实时化的信息内容，精准地理解用户的需求、意图、情感等，从而提供更加智能化和个性化的信息供给，满足用户的多样化和差异化的信息需求。

综上所述，当前大部分数字产品的信息供给模式以抢夺用户注意力资源为目标，与用户有限注意力模式相冲突。在数字服务未深度嵌入生活时这种策略较为有效，但随着数字服务成为生活的一部分，这种高信息密度的产品用户体验变糟。未来信息服务必然以减少信息数量、提高信息质量为核心。这一模式的实现有赖于新技术的介入，数字系统记录用户习惯、综合多维度信息，给出与用户期望高度契合的建议，从而减少用户感受到的信息复杂度，这种信息模式将更智能、动态和实时，其实质是将用户选择的复杂性迁移到了数字服务的算法端，通过更为复杂、更为智能的算法来取代复杂的用户选择。

除了信息供给模式正在发生的变化，在智能技术的驱动下，传统的基于图形界面的交互方式也在悄然发生变化，全新的交互形式将有效地弥补图形界面交互的局限性。下一节我们将着重探究图形界面的实质，并展望全新的交互方式。

6.2 图形界面交互形式

6.2.1 界面的历史与初衷

交互界面是数字产品与用户直接接触的最前端层级，决定了用户将通过何种方式完成交互。人与计算机的交互方式经历了多次变革，最终形成今天为我们所熟知的图形界面。计算机硬件在过去几十年里得到了巨大的发展，用户界面（UI）设计也随之不断演进，尝试为用户提供更符合日常认知模式的使用体验。用户界面的发展经历了以下几个阶段。

1. 穿孔卡界面

在批处理计算时代，计算能力远不如现代计算机。批处理计算机的用户界面由穿孔卡或等效介质的输入组成，人类与这些早期批处理计算机的交互，完全通过物理介质完成。当时，复杂的用户界面被认为是没有必要的，软件设计的目的是最大限度地利用处理器，使用者的使用体验完全让位于运算功能。

2. 字符界面

命令行接口（CLI）是一种用户通过键盘输入文本命令来与计算机交互的方式，它最早出现在 20 世纪 50 年代的电传打字机上，后来发展为字符终端和图形终端，成为图形用户界面（GUI）出现之前的主要用户界面。当时计算机系统仅使用键盘作为输入，屏幕显示文本内容作为输出。CLI 的优点是操作速度快，系统资源占用少，批量操作方便，远程管理支持好，定制和扩展性强。因此直至今天，CLI 在很多场景和领域中仍然有着重要的作用和价值，例如，在 Web 开发、Linux/Unix 系统、嵌入式设备或网络设备中。不过这种字符界面的用户体验非常糟糕，需要记住很多命令和参数，对于初学者很不友好，如果输入了错误的命令或参数，可能会造成不可逆的损失。可以说这一时期虽然有可视化的界面，但仍然是基于计算机的认知习惯而非人的认知习惯所形成的交互界面。

3. 图形用户界面（GUI）

图形用户界面（GUI）是一种让用户通过图形图标来与计算机交互的界面形式。GUI 的发展可以追溯到 20 世纪 60 年代，伊万·萨瑟兰（Ivan Sutherland）在 1963 年开发的 Sketchpad 被认为是第一个图形计算机辅助设计程序，它使用光笔来创建和操作工程图中的对象。之后道格拉斯·恩格尔巴特（Douglas Engelbart）受到 Sketchpad 的影响，在加州斯坦福研究所的人类智能增强项目（augmentation of human intellect）中开发了在线系统（NLS），这是一台使用鼠标驱动光标和多窗口系统的计算机。

到了 20 世纪 70 年代，施乐帕洛阿尔托研究中心（PARC）的研究人员受到前面两位研究者的启发，设计了一个基于图形界面、超文本、以太网和激光打印机的"未来办公室"概念。PARC 的图形界面最早应用于 1973 年开发的 Alto 计算机，它使用了位图显示、鼠标、键盘、以太网和激光打印机等设备，提供了一个友好、直观、富有表现力的用户界面。PARC 的图形界面在 1981 年被商业化，引入了许多现在仍然使用的图形界面元素，如桌面、文件夹、图标、菜单、窗口、滚动条等。在 PARC 发明图形界面后的 10 年中，GUI 版本开始融入颜色、更高分辨率的显示和更好的处理能力等功能，其中具有重要影响力的 GUI 版本有 1985 年的 Amiga Workbench 1.0，1985—1990 年的 Windows 1.0、2.0 和 3.0，1991 年的 Mac OS System 7，他们不仅是一种界面形式的开创者，也是用户使用习惯的塑造者。

GUI 的优点是毋庸置疑的，图形化界面有效地降低了用户学习和使用计算机的难度，提高了效率和易用性。用户可以通过直接操纵图形元素来执行操作，而不需要记忆复杂的命令或输入文本。GUI 还可以根据用户的需求和喜好进行定制，更改不同的外观，使计算机更加亲切、友好、有趣和富有创造力，这极大地促进了计算机技术的普及和发展。

4. 触控界面

笔记本电脑和手持小型计算机等便携数字设备的出现，开始再次改变数字产品的交互界面。如 Amstad 的手写笔输入设备 Pen Pad（1993 年），IBM 的 Simon 触摸屏手机（1994 年），以及 Palm 公司的手写笔个人数字助理 PalmPilot（1996 年），这些设备让人们可以在移动场景中接入计算机，摆脱空间的限制，随时随地地与计算机交流。因此，从 2000 年开始，计算机的 UI 设计开始发生变化，计算硬件的巨大转变导致设计师不得不从头开始重新思考界面。直到 2007 年 iPhone 的出现，彻底改变了数字界面的生态。在当时，苹果公司为手持设备提供的 UI 解决方案可能是最好的：一个逻辑清晰的触摸屏 GUI，具有多点触摸功能，功能则以应用程序的形式由用户自由选择安装到设备中。

这一创新的交互形式迅速成为移动数字设备的标配，基于手指点击、滑动行为的触控界面及其交互逻辑成为界面设计的焦点。虽然触控界面仍然基于图形来交换信息，但手指的灵活性远超鼠标，同时多点触摸形成的交互方式（如双指缩放、三指截屏）也更符合人类的直觉。直观的界面进一步降低用户的学习成本，手指的直接触摸让用户有更强的参与感、自信心和控制感。虽然偶尔因"胖手指"效应无法完成精细操作①，但对于日常使用场景来说已经是相当完美的解决方案了。

GUI 和触控界面成为主流的交互界面形式已经有相当长的时间，在这期间数字硬件和软件都得到了长足的发展，数字服务愈发深入地嵌入日常生活，但令人惊讶的是，交互的形式和逻辑在这段时间内没有发生质的变化，绝大部分的研究和应用都集中在对现有 GUI 的体验改良上，如选择何种图标、使用何种颜色、采用哪种视觉结构，这些研究对于提升数字产品的用户体验有着重要的参考价值，但从交互形式而言仍然是基于 GUI 的。客观来讲，GUI 确实能够很好地平衡信息丰富性和交互直观性两者之间的关系，但随着数字应用越来越复杂，图形界面也开始逐渐暴露出其缺点，人们不禁思考图形界面是否就是交互的终点？

随着语音识别、手势识别、脑机接口和增强现实等 UI 技术的进步，计算机用户界面设计正在迎来新的变革。从文本输入到传统的计算机桌面操作系统，计算机的交互形式已经走过很长的路，截至今天除键盘、鼠标和触摸之外，语音输入已经成为非常普遍的交互形式，特别是随着人工智能技术的发展，语音输入将很可能成为替代鼠标键盘的主流交互方式之一。

综上所述，图形界面的出现极大地缓解了字符界面的抽象与烦琐，提出高效务实的交互解决方案，在当时大幅提升了交互效率并促进了计算机的普及。但随着交互产品的日渐复杂，多元需求与多功能集合导致图形界面的信息结构越来越复杂，交互层级越来越多，用户需要不停地点击界面在各个页面中穿梭，从信息结构的角

---

① Zhao Y., Qiu Z., Yang Y. et al. An empirical study of touch-based authentication methods on smartwatches [J]. In Proceedings of the 2017 ACM International Symposium on Wearable Computers，2017：2－9.

度来观察今天的图形界面，已经逐渐成为一种复杂且低效的交互形式，成为交互设计复杂性的来源之一。

6.2.2 图形界面的实质

图形界面（GUI）在整个界面生态的发展历史中有着重要的生态位，是今天人与数字产品实现交互最主流的方式。今天人们已经非常熟悉数字界面的使用体验，无论是网站、App还是其他数字系统，通过鼠标或手指在界面上的点击，形成界面间的跳转，最终实现人与数字产品的信息交换。当我们观察这种信息交换方式时便会发现，基于图形界面的交互，实际上是用户通过在不同层级界面间的跳转和点击，来将用户的使用意图逐步输入计算机，让计算机以结构化的方式理解用户意图的过程，其实质是基于多层级界面实现信息粗糙度的细化，让用户意图从模糊的状态逐渐具体化，从而让数字系统理解用户意图并正确反馈。例如，我们想要查看上海黄浦区后天的天气情况，通常的交互流程是这样的：用户打开手机—点击天气App—选择上海市—选择黄浦区—选择后天的时间—查看具体数据。在这一过程中，用户通常会跳转3~4个页面，最终将自己的使用目的逐级地、结构化地提供给手机系统，进而手机系统才能给出正确的信息反馈，因此可以说图形界面的本质，是通过层级界面的跳转完成对信息从粗糙到细化的筛选。尽管现在很多App尝试提供如定位服务这样的自动化功能，来减少用户的界面跳转和信息输入的操作，但在面对大型系统或实现复杂目的时，用户仍要经历非常复杂烦琐的界面跳转，基于图形界面的烦琐信息筛选，成为数字交互复杂性体验的源头。

此外，尽管图形化界面的设计已经充分利用可供性（affordance）原理，通过拟物化图标、文字提示、界面结构在很大程度上告知/暗示了用户如何使用界面，让图形界面设计能够很好地展现界面的主题、用户可以交互的区域以及点击后可能的结果，但在实际交互中，视觉性的提示信息仍然常常失效，完全无法达到设计师预期的信息传递效果。究其原因，主要与用户浏览界面的预期与习惯有关。由于数字产品用户获取信息的成本非常低，因此用户并不像阅读纸质资讯时那么专注，而常以"扫描"的形式浏览数字界面，通过标志性的符号和文字片段进行交互决策，用户感知到的界面常常是"模糊"的。这一现象不仅发生在用户的视觉认知层面，更是一种心理的准备状态。在交互过程中，当出现用户感觉可能是有效的按钮时，便会立即点击，当发现反馈结果与期望不符时，会马上返回并重新开始"扫描"界面，如此循环往复，这种心理准备状态使交互任务的完成路径看起来杂乱无序。

最后，数字产品的交互越来越呈现碎片化趋势。今天人们使用数字产品已经很少受限于场所和时间，这就意味着与数字产品的交互过程常常与其他生活事务混杂在一起，用户会在毫无准备的情况下被其他事件打断，当用户回到交互任务时，需要重新进行内容识别、任务回想并进行界面逻辑的定位。这一现象的频繁发生增加了交互过程的复杂性，系统设计需要让用户能够更快地回到交互任务序列中，并正确判断交互的逻辑位置。

在数字交互产品的设计中，数字产品的信息架构、内容组织方式、信息供给模式属于宏观层面的设计，而具体的页面样式、交互方式和符号暗示则是微观层面的设计。两者在设计流程中处于先后顺序，但对于用户体验都有着巨大的影响，并且两者有着非常微妙的联系，宏观问题对用户体验的影响是潜在的、难以直接被观察到的，也在一定程度上决定了微观设计的呈现方式，而微观问题则是显在的，是用户可以直接感受和指出的。事实上，很难简单评价宏观、微观设计哪个对体验的影响更大，通常来说，微观设计决定了用户使用中的瞬时感受，而宏观设计则更可能影响用户的整体体验评价，但强烈的瞬时感受有时也会起到决定性作用，影响用户的最终评价。因此宏观和微观设计在设计过程中都非常重要，不过在具体的设计实践中，大部分设计师会花费更多的时间来处理微观层面的设计问题，对宏观问题思考不足或缺乏决策权。宏观设计问题往往比微观设计问题更难被发现，信息的组织方式及其衍生出的使用逻辑问题在产品推出的早期很难被察觉，而微观的设计问题则在用户的使用过程中会很快暴露出来。

宏观设计问题与微观设计问题是图像界面交互设计的一体两面，宏观的信息架构决定了通过界面进行信息筛选的过程、信息流动的路径、用户将通过何种方式实现功能需求等问题，微观的图形界面则决定了界面的美学和商业吸引力、用户能否迅速识别界面中的关键信息、能否理解图形对使用方式的暗示等问题。这两方面能否达到平衡是至关重要的，这种复杂性从设计师的信息设计角度和用户的主观体验中都能被观察到。对于大型数字产品而言，图形界面的设计是极其复杂的，既要考虑信息架构能否与用户模型相匹配，构建符合常识的信息筛选路径，避免用户在交互过程中感到困惑，又要考虑如何呈现具体的界面，符合用户的视觉认知习惯，提高交互行为的效率。

综上所述，图形界面的交互实质是基于多层级界面实现的信息粗糙度的细化，让用户的交互意图通过主机筛选，从模糊状态逐渐具体化、结构化，进而正确传达交互目的，得到正确反馈。在具体的设计实践中，以信息架构为主的宏观设计问题和以图形认知为主的微观问题，共同决定了最终的用户体验。因此，在后文中将分别阐述宏观的信息架构与微观的图形认知的特点与属性，进而进一步理解图形界面的交互逻辑，展望新的交互形式。

6.2.3　信息结构与信息架构

信息结构（information structures）与信息架构（information architecture）是两个不同的概念。信息架构是指一款特定的应用或者应用的某个模块的信息组成方式，而信息结构是指某一类信息的构成方式，是信息架构的模型①。

信息的组织有着不同的结构，在数字产品的设计中，通常以 1～2 种信息结构来实现内容的组织和信息的流动。下面将讨论线性结构（sequential structure）、矩阵结构（matrix structure）、树状结构（tree structure）、单中心化结构（centralized structure）、多中心化结构（decentralized structure）、去中心化结构（decentralized structure）的结构特点及其优缺点。信息结构解释了信息的组织方式和流动规律。从交互设计的角度观察，不同的设计路径将形成不同的信息结构，进而带来功能组织、信息收集、使用体验等多方面的差异。

1. 线性结构

线性结构（sequential structure）是信息结构中最简单、最常见的一种结构，将多个信息节点连接起来，就形成了线性结构（见图 6－5）。线性结构是一种只有单一维度的信息结构，信息的流动具有方向性，有些线性结构是首尾相连、自我循环的。例如，一部电影的影像信息就是线性结构的，影像从开头播放，随着时间流逝按顺序展现内容，直至影片结束，这就是最典型的线性信息结构。再如，时钟上显示的时间是一种循环线性结构，每天的时间单向流动，遍历所有时间节点，周而复始。

图 6－5　线性结构

资料来源：笔者绘制。

---

① 梁颖. 交互设计的系统性思维之信息结构和信息架构 [J]. 现代信息技术，2018.

在今天的数字产品的设计中，完全由线性结构构成的已经非常少见，通常都是由多个线性结构和其他信息结构组合而成。不过某些板块可能仍然保留着线性结构，例如浏览一条通知。不过线性结构在我们的日常生活中经常出现，例如收听一首歌曲、阅读一段文字或者按流程办理某些手续等。

线性结构是信息流动最简单的一种形式，其有着明确的信息流动方向和流动路径，无须考虑交互路径的选择问题。这是线性结构的优点，也是其缺点，线性结构无法应对复杂的交互行为，在线性结构中用户几乎无法进行自主选择，只能按照事先设计好的路径按部就班的实施行动。

2. 矩阵结构

矩阵结构（matrix structure）是一种具有多个维度的网格式的信息结构（见图6-6）。所谓矩阵可以理解为由多个节点规则排列形成的结构，为方便理解我们可以类比图片像素，一张图片由成千上万个像素按规则排列形成，可以说一张图片就是一个巨大的矩阵结构，每个信息节点（像素）都包含了相对应的颜色信息。相较于后面将要介绍的信息结构，矩阵结构有着更规整的信息流动方向，信息可以沿着轴，横向或者纵向的流动，而轴向通常表现为某种约束条件或筛选条件。

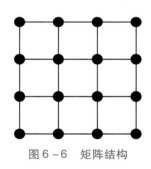

图6-6　矩阵结构

资料来源：笔者绘制。

在交互产品的设计中，矩阵结构经常被用于某一板块或某一功能，其允许用户在节点与节点之间沿着两个或更多"维度"移动，这些维度一般是基于用户需求的某种筛选条件。例如，在购物网站中用户将面对海量的商品列表，这是用户通过筛选功能选出"电子产品"这一品类，那么网站将沿着"电子产品"这一维度进行信息展示，如果用户再加入"免运费"这个约束条件，系统将筛选出"电子产品"维度下的"免运费"产品进行信息展示。

矩阵信息结构的好处是用户可以参与选择，系统能够按条件给出高度结构性的信息结果，兼顾了用户自主性和信息规范性，但由于矩阵结构的轴向属性，信息无法自由流动，因此矩阵结构通常只应用于某些特定的功能。此外，在学术界矩阵结构是否可以作为单独的一类信息结构是存在争议的，因为其与去中心化结构（网络结构）非常相似，只是节点的排列更为规则。

3. 树状结构

树状结构（tree structure）是信息结构里面最常见的一种，也是社会组织和分类学最常用的一种结构。树状结构有强烈的层级性与归属性。节点与节点之间存在父子关系。在我们的日常认知中，会不自觉地将信息进行归类整理，而树状结构就是对信息进行归类和组合的典型信息结构。如图6-7所示，树状结构从顶部开始，依次向下分出子集，子集下面再分出下一层子集，以此类推，这就使树状结构体现出强烈的归属逻辑和包含关系，可以更明晰地观察到信息的来源和流动路径。因此树状结构经常被用于数字产品的设计，如我们常说的首页、二级页面、三级页面等就是基于树状信息结构建立起的数字产品架构。同样，政府、军队、企业的组织架构中也常常使用树状结构。

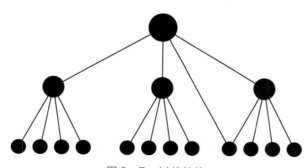

图6-7　树状结构

资料来源：笔者绘制。

树状信息结构可以有效地表示数据的层次关系，方便进行数据的分类、组织、检索等操作，提高数据的存储和访问效率。树状信息结构可以支持多种遍历和搜索算法，实现数据的快速查找、插入、删除等操作，是一种可以灵活地扩展和调整、适应不同的数据规模的信息结构。但同时，树状结构的建立需要考虑多种因素，如树的类型、度数、深度、平衡性等，其结构的更新成本也比较高。综合而言，树状结构是目前适用范围最为广泛的一种信息结构，下面将要介绍的单中心化结构和多中心化结构，也可视为树状结构的一种变体。

4. 单中心化结构

单中心化信息结构也通常被称为中心化信息结构，本书强调其单中心特征是为了更好地区别后续两种信息结构。单中心化结构（centralized structure）是指一个组织或系统中的所有信息都由一个中心机构或部门来管理和控制，信息自上而下或自下而上地流动。单中心化结构是一种特殊形式的树状结构，是一种出现较早、结构简单的信息结构，其有着明确的信息中心节点。信息由中心发出抵达各个终端节点，终端节点各节点的信息也都汇聚到中心节点（见图6-8）。

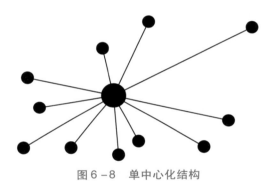

图6-8 单中心化结构

资料来源：笔者绘制。

这种信息结构的优势是信息传达的效率较高，所有的信息由中心节点控制，信息流动的过程中不易出现信息损失，同时由于所有信息都由中心节点管理，因此信息流动受到严格的规范和监督，保证信息的一致性，提高信息传递的速度和质量，避免冲突和重复。但同时，单中心化结构也存在着缺少灵活性、终端节点参与度低的问题，更为重要的是由于只有一个中心节点，一旦中心节点遭到破坏，整个系统将无法运行，所有的信息都将丢失，因此在极为重要的信息系统或组织中，不能采用单中心化的信息结构。此外，这种信息模式也无法保证信息不被篡改，由于所有信息都汇聚并储存在中心节点，一旦中心节点更改了某些信息，终端节点将无法验证与反驳。

5. 多中心化结构

多中心化结构（decentralized structure）也常被称为去中心化结构，但实际上其仍然具有信息的中心结构，只是与信息单中心化结构相比，其信息中心从一个变为多个，因此称为多中心化信息结构更为合理。在此结构中，信息的组织架构仍然是基于树状信息结构的，但形成了多个信息聚集的中心，信息的发出与接收不再局限于一个信息中心，每个信息中心拥有其从属结构，信息中心之间也能够进行信息交换。相较于单中心化的集中型结构，多中心化信息决策权更为分散（见图6-9）。

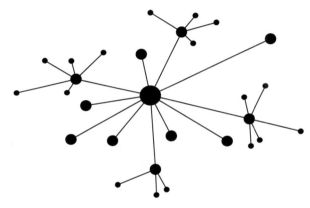

图6-9　多中心化结构

资料来源：笔者绘制。

多中心化信息结构拥有更多的信息中心节点，这就意味着如果一个信息中心失效，其他信息中心仍然可以维持运转，不至于使整个信息网络瘫痪，这种安全性更高的信息结构常被用于军事和重要数字资产领域。例如，百度在全国拥有北京、保定、苏州、南京、广州、阳泉、西安、武汉、香港等10多个数据中心，这样不仅可以利用物理位置上的优势提升服务访问速度，还能够在某一个数据中心更新或瘫痪时正常提供服务。

多中心化结构具有更高的灵活性和适应性，由于其形成了各自独立的小网络，因此可以在小范围内促进创新和创造力，各信息节点拥有更多的自主权和参与感，可以提出新的想法和解决方案。这一信息结构常被应用于大型多部门组织，例如大学下属各个学院，每个学院会微调管理制度，从而更适应本学科的特点和教师的发展需求。同时，多中心化结构可以加强领导力的培养，因为各个层级或部门的管理者都需要承担更多的责任和挑战。但多中心化结构也具有各中心间协调困难、责任不清、从属逻辑混乱等缺点，各个层级或部门的决策可能不一致或相互冲突，影响组织的整体效率和目标。

6. 去中心化结构

去中心化结构（decentralized structure）通常也被称为分布式信息结构或网状结构，是指没有明确从属关系和分类关系，节点与节点间呈不规则的连接方式的信息结构。信息节点间的连接类似于网的形状，每个数据节点可以有多个连接点，每个连接点可以指向任意其他节点。之所以也被称为分布式信息结构，是因为其将数据分散存储在多个节点或位置，这些节点或位置通过网络相互连接，利用多个节点的计算能力，实现算力的拓展。生活中人与人之间的社交关系，以及这种关系在网络上的映射所形成的社交网络，地理信息系统、导航系统等，通常都属于网状结构（见图6-10）。

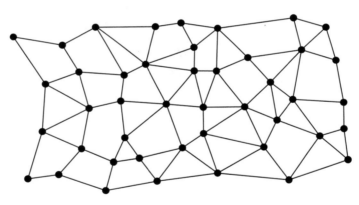

图6-10　去中心化结构

资料来源：笔者绘制。

杰西·詹姆斯·盖瑞特（Jesse James Garrett）在其著作《用户体验要素》中把网状结构称为自然结构（organic structure），他认为这种结构是根据信息和功能的内在联系和逻辑来形成的，而不是强加于信息和功能之上的。他认为自然结构可以帮助用户更好地理解和记忆信息和功能的关系，从而提高用户体验的质量。

去中心化结构可以有效地表示数据的网络关系，方便进行数据的检索、分析、导航等操作，支持多种遍历和搜索算法，可以灵活地扩展和调整，适应不同的数据规模和需求。

值得一提的是，近些年迅速发展的区块链技术，其就是一种特殊的网状信息结构，它是由一系列包含交易记录或其他数据的块组成的链式结构，每个块都通过加密算法与前一个块相连，这种数据结构在真正意义上实现了去中心化，在整个信息网络中，没有绝对的信息中心节点，网络上信息数据的变化将被所有节点所记录，因此单一节点很难对数据进行篡改或抹除，这就使区块链形成了一个不可篡改的分布式数据库，可以用来实现数字货币、智能合约、供应链管理等应用，信息的真实性和不可更改性是其最突出的价值。网状信息结构也存在设计和实现相对复杂，维护和更新比较困难等缺点，需要考虑连接点的数量、路径等多种因素。

综上所述，信息结构是某一类信息的构成方式，不同的信息结构有不同的优缺点及其应用场景。线性结构是最简单和最常见的信息结构，信息的流动具有方向性，无法应对复杂的交互行为。矩阵结构具有多个维度的网格式信息结构，用户可以自主选择，系统能够按条件给出高度结构性的信息结果，但信息无法自由流动。树状结构是最常见的信息结构，可以有效地表示数据的层次关系，方便进行数据的分类、组织、检索等操作。单中心化结构所有信息都由一个中心机构或部门来管理和控制，信息传达的效率较高。多中心化结构拥有多个中心节点，信息流动更加灵活。网状结构是一种分散的信息结构，信息不易被篡改和抹除。从交互设计的角度来看，不同的设计路径形成不同的信息结构，进而带来功能组织、信息收集、使用体验等多方面的差异。因此，在数字产品设计中，选择合适的信息结构并由此衍生出与功能相适应的信息架构，对于提高用户体验和产品可用性至关重要。

信息架构与信息结构不同，交互设计中的信息架构是指对产品的内容和功能进行组织、分类、标签、搜索和导航的设计，以提供用户可用性、可寻性和可理解性的信息环境。信息架构是交互设计和用户体验的基础，它决定了产品的结构和逻辑，影响了用户的认知和使用方式。信息架构可以说是一个数字产品的框架，是底层的信息组织模式，通过信息架构，数字产品将各个功能板块以不同的方式组合在一起，而上文所阐述的信息结构，则是信息机构的基础模型，即一个数字产品的信息架构可能由多种信息结构组合而成，例如一款 App 的主要信息架构由树状结构构成，其中某些板块则包含矩阵结构和网状结构（见图 6-11）。因此，可以说信息架构的设计决定了数字产品的信息组织方式和用户使用方式，是交互设计中极为重要的设计环节。

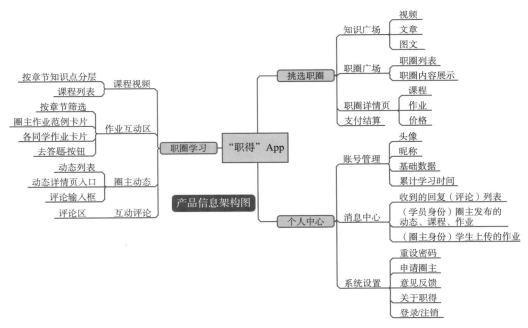

图 6 - 11 App 设计的信息架构图

资料来源：https://www.sohu.com/a/397774162_114819。

　　信息架构的设计结果通常是不可见的，而是由各个层级、各个版块之间的关系所反映出来的，因此用户并不能在接触数字产品之初就全面理解其信息架构，而是在使用过程中逐渐理解其信息的组织方式。当然，绝大部分数字产品为了营造直观简洁的用户体验，都会采用容易理解的信息架构，同时有些产品还会提供类似网站地图、信息地图的功能，来可视化产品的信息架构。

　　数字产品的信息架构是相对稳定的，是设计师对产品的功能、内容进行组织的体现，而产品的展现形式是多变的，相同的信息架构可以有完全不同的 UI 设计和视觉体验。在构建产品信息架构时，需要设计师有深入的用户研究和分析能力，同时也需要对信息架构的设计有充分的理解和经验。除此之外，设计师还需要与开发人员和其他相关人员密切合作，以确保信息架构的实现符合设计要求。

　　信息架构的设计对于产品的成功至关重要，因此，产品设计师需要充分重视信息架构的设计，将其作为产品设计的基础和关键环节。通过完善的信息架构设计，产品设计师可以提高产品的可用性和用户满意度，从而为产品的成功打下坚实的基础。

　　需要注意的是，一个产品的信息架构是一个不断发展变化的内容，需要不断地进行优化和改进，以适应用户需求和市场变化，同时需要考虑产品的可扩展性和可维护性，当产品功能和内容增加时，信息架构需要能够适应这些变化并保持稳定。

综上所述，信息架构是产品设计的基础，它的完善和优化对于产品的成功至关重要。因此，设计师在设计过程中需要充分考虑信息架构带来的影响，特别是对于使用方式和使用体验的影响，综合考虑用户的应用需求、认知规律、信息环境等多种因素，构建与产品使用场景相匹配的信息架构。

6.2.4　图形界面的认知规律

在数字交互设计的微观层面，图形界面是与用户最为接近的产品界面，也是直接影响用户交互体验的显在因素。前文已经阐述了图形交互界面的实质是对用户意图的逐级筛选，在这一筛选过程中，用户的每一个交互行为都基于对图形界面的正确认知，因此下文将着重阐述与图形界面相关的认知规律，从认知负荷、记忆规律、简化原则三个层面观察用户与图形界面交互过程中的体验影响因素。

1. 认知负荷

澳大利亚的认知心理学家约翰·斯威勒（John Sweller）于 20 世纪 80 年代提出了认知负荷理论。该理论主要从认知资源分配的角度，考察学习和问题解决的过程，认为当所有活动所需的资源总量超过个体拥有的资源总量时，会出现认知超载现象，进而导致个体解决问题的效率下降[①]。任何心理过程，从记忆到感知到语言，都会产生认知负荷，因为它们需要消耗能量和付出努力。当认知负荷过高时，思维过程可能会受到干扰。对于界面设计师来说，设计的常见目标就是尽量减少用户的认知负荷，让用户更容易使用界面并完成目标。约翰·斯威勒将认知负荷分为三种类型：（1）固有认知负荷（intrinsic cognitive load），与任务本身的复杂性和难度有关，取决于用户的先验知识和技能。（2）外在认知负荷（extraneous cognitive load），与任务无关，但由界面的设计和呈现方式引起的额外的心智努力。（3）相关认知负荷（germane cognitive load），与任务有关，且有助于用户构建新的知识和技能的心智努力。

---

① Sweller J. Cognitive load during problem solving：Effects on learning ［J］. Cognitive Science，1988，12（2）：257－285.

随着数字产品所承载的信息量越来越大，图形界面所产生的认知负荷问题越来越受到重视。在界面设计中，设计师时常使用具有强烈视觉吸引力的元素来吸引用户注意力，例如使用闪烁的图标或鲜艳的颜色，这种方式可以有效地在短时间内让用户聚焦于界面中的重点内容。但当同一界面集成过多的强烈视觉元素后，便会产生认知超载现象，用户面对过于花哨的界面无法迅速判断出哪些才是真正重要的内容，难以作出高效的交互决策。这种现象一般称为"视觉噪声过大"。

另外，如果一个界面所承载的选项过多，而又缺乏必要的信息筛选机制时，同样会在记忆逻辑上给用户造成高强度的认知负荷。我们经常观察到一些公告类的网站，罗列了大量超链接条目供用户阅读，当缺少用户身份分类功能时，由于不想错过与自己有关的公告信息，用户不得不逐一阅读这些条目，从中找出与自己相关的内容，大部分时间浪费在阅读无关信息上，有效交互的成本大大增加。

因此，充分考虑图形交互界面的认知负荷问题，能够辅助设计师设计出更直观、更易学习、更少出错的界面，从而提高用户的体验和效能。在设计实践中，应该最小化用户的认知负荷，释放心智资源，让用户更好地思考并更关注周围的世界。降低界面认知负荷的常用设计原则包括：（1）用户界面应该与用户的自然行为一致，避免不必要的转换和映射。（2）提供清晰和及时的反馈，让用户知道他们正在做什么和为什么要做。（3）支持多模态交互，让用户可以根据自己的偏好和情境选择合适的输入和输出方式。（4）减少多余的信息和干扰，让用户专注于主要任务。（5）使用一致的布局、清晰且意义鲜明的标签、字体、按钮，使用适当的颜色、字体、对齐和间距。（6）使用动画和声音，让界面更有趣生动，在关键交互节点获得必要的反馈。（7）适应用户的不同水平和需求，提供适当的指导和帮助。

赫莱纳·M. 雷伊斯（Helena M. Reis）等研究者通过实验，观察了通过减少图形用户界面元素，来降低认知负荷并提高其可用性的可能性[①]。实验对比了两种不同复杂度的图形用户界面，将30名学生分为两组，分别使用完整版和简化版的图形用户界面来完成一个动态任务。完整版图形用户界面包含了所有的工具栏、菜单、按钮和选项，而简化版图形用户界面只保留了最基本和最常用的功能。结果表明，使用简化版图形用户界面的学生在任务完成时间、正确率、满意度等方面都优于使用完整版图形用户界面的学生。实验结果说明减少用户界面的图形元素，可以有效

---

① Reis H. M. , Borges S. S. , Durelli V. H. S. et al. Towards Reducing Cognitive Load and Enhancing Usability through a Reduced Graphical User Interface for a Dynamic Geometry System：An Experimental Study ［J］. In 2012 IEEE International Symposium on Multimedia. IEEE，2012：445–450.

地降低交互的认知负荷，并提高产品可用性。

由此可见，在图形界面的设计中，一个界面中应包含多少视觉元素，应充分考虑目标用户的认知能力，过多的元素必将导致认知负荷过大，有效信息的效率大大降低；同时界面元素也不应过少，过少的界面元素通常会以增加界面数量作为补偿，用户需要在更多界面间跳转以完成信息筛选，这也变相增加了用户的认知成本。

2. 记忆规律

在界面设计中，研究用户记忆规律的重要性不言而喻。用户记忆规律指的是用户在使用界面时所形成的记忆模式和习惯，包括界面元素的位置、功能、名称等方面的记忆。理解用户记忆规律可以帮助设计师更好地理解用户行为，从而设计出更符合用户认知习惯和操作习惯的界面，提高用户的使用体验和效率。

在记忆规律的相关研究中，米勒定律又被称为组块理论或"7±2"法则，是由心理学家乔治·米勒于1956年提出的一种信息加工模式[1]。该理论强调了人类大脑工作记忆容量的限制以及组块在信息加工中的关键作用。米勒的研究发现，人类的短时记忆能够广泛涵盖7±2个信息块，超过这个范围就容易出现错误。米勒定律的影响不仅限于心理学领域，它也在其他学科和应用中得到了广泛的关注和应用，在认知心理学、教育学、人机交互、用户界面设计和信息架构等领域也具有重要意义。

在信息加工过程中，"长时记忆"和"短时记忆"是重要的概念。长时记忆类似于计算机中的硬盘，可以存储无限量的信息，但在提取信息时如果缺乏线索可能导致信息提取失败。短时记忆则类似于计算机的缓存，一次只能保存有限的信息，其容量为7±2个信息块。米勒将这个信息单位定义为"组块"（chuck），指由多个较小单位组合而成的、熟悉且具有意义的较大信息单元，例如数字、人名、单词、地址或电话号码都可以是一个组块。在现实生活中，人们常常将电话号码分为几个组块，每个组块包含3~4个数字，这样更便于记忆。广告设计师也经常使用简洁的口号、重复的音调和可识别的品牌元素来创建有意义的组块，从而引导消费者更容易地记住和识别广告信息。

米勒定律在数字产品设计中最直接应用之一是导航栏的设计，通过将导航栏的

---

① Miller G. A. The magical number seven, plus or minus two: Some limits on our capacity for processing information [J]. Psychological Review, 1956, 63（2）：81-97.

内容控制在有限的范围内，或将过多的导航信息隐藏处理，来提升用户对图形界面的认知程度（见图 6 – 12）。客观而言，即使将导航栏的内容控制在 7 个左右，用户仍然无法完全记住所有的内容，但通过数量控制，用户在潜意识中能够感受到更轻松的认知状态，避免了因过长、过多的内容而产生信息上的压迫感。

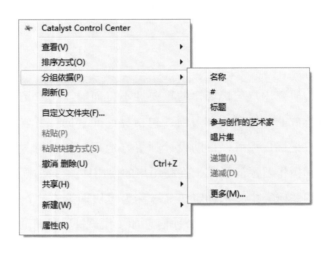

图 6 – 12　复杂命令的图形化替代

资料来源：笔者拍摄。

　　另外，图形界面的最大成功在于采用识别替代回忆的策略。人们在回想某件事情时需要耗费相当大的专注力才能完成，而且很容易出错。相比之下，识别事物要容易得多，只需在呈现出的选项中选择其一即可完成。因此，在图形界面设计中，以识别行为取代回忆行为成为其核心价值，也是图形界面相较于编程界面更容易学习的主要原因。通过设计直观、易于识别的界面元素，如图标、符号和视觉指示，用户可以更快速地辨认和定位所需的信息，而无须依赖繁重的回忆过程。这种基于图形界面识别行为策略，不仅减轻了用户的认知负荷，而且其认知方式也与人类记忆方式相契合，使用户更易于理解和操作界面。

　　进一步深入探讨，导航栏的设计可以通过采用合理的信息架构和有意义的组块化，帮助用户更轻松地识别和定位所需的信息。通过将相关的导航选项组织成信息组块，例如按主题或功能分类，用户可以更快速地辨识和选择所需的导航选项。同时，适当的图标和视觉指示也可以作为辅助手段，提供更直观和易于识别的导航标识。

随着数字产品功能的增加，用户面临着更多的选择和操作，基于图形识别的交互界面也开始变得越来越复杂。众多而烦琐的功能结构和操作流程不断增加用户的认知负荷，使用户需要花费更多的时间和精力来学习和理解界面的使用方式。用户需要在大量界面中不断跳转，还需要在此过程中弥合设计模型与用户模型间的差异，这让交互设计工作和用户的使用过程都变得更加复杂，这也是当下设计师在设计图形界面时不得不充分考虑的难题。通过理解和应用米勒定律，设计师和开发人员能够更好地满足用户的认知需求，提供简洁、易于识别和使用的界面。

米勒定律对我们的启发不仅只是记忆层面的，它对于创新领域同样有着深刻的洞见。组块也是许多专业领域（如下棋、设计创意和计算机编程）中最常用的信息单位。赫伯特·A. 西蒙等学者认为，高级棋手能够比新手更快地对棋局作出反应，是因为他们记忆中存储了许多棋局组块，这些组块可以帮助他们在无须过多思考的情况下作出正确的反应[1]。其他学者通过实验证实，在其他高级思维活动中也存在类似的情况。例如设计师在设计过程中会以组块作为基本信息单位。当设计师进行创意时，设计师通过长期知识积累所形成的特定知识组块会自动浮现在意识中，因此通常能更快速地产生多个方案。在设计实践中我们发现，经验丰富的成熟设计师最初提出的解决方案通常具有某些相似之处，因为他们习惯于使用已获得普遍认可的组块信息（包括良好的审美、合理的功能、受众接受度、文化偏好等）来进行设计。

3. 简化原则

在交互设计领域，众多学者提出了信息简化的原则，吉尔斯·科尔伯恩（Giles Colborne）在其著作《简约至上：交互式设计四策略》中详细介绍了如何通过设计来降低复杂感、提高用户体验[2]。书中提供四种简化原则，即删除、组织、隐藏和转移。这些原则可以在功能性不变的情况下，通过改变产品展现方式来实现简化。在实际设计中，简化原则不仅是一种设计哲学，更是一种提高用户体验的有效途径。在设计过程中，应根据产品的特点和用户需求，灵活运用这些简化原则，以实现更好的交互设计效果。

---

[1] Newell A., Shaw J. C. & Simon H. A. Empirical explorations of the logic theory machine：A case study in heuristic［J］. Proceedings of the Western Joint Computer Conference，Los Angeles，1957：218－230.

[2] Giles Colborne. 简约至上：交互式设计四策略［M］. 李松峰，秦绪文，译. 北京：人民邮电出版社，2011.

（1）删除

删除是最直接的简化方式之一。通过去除可有可无的功能，只保留最核心、最重要和最常用的功能，使产品更加简洁、易用，从而减少产品的复杂性。在设计产品时，设计师应该考虑用户的真正需求，避免为了炫酷而添加一些不必要的功能。例如在信息类网站设计时，可以只保留最核心的版块和搜索功能，而将那些可有可无的版块和功能删除，从而使用户更快地找到他们需要的信息，达成交互目的，提高用户体验（见图6-13）。

图6-13　信息简化之删除策略

资料来源：https：//item. taobao. com/item. htm？id＝543919205973；https：//wiki. smzdm. com/p/3qzj3jj/；https：//www. 163. com/dy/article/F2PRK1T70511805E. html。

以遥控器设计为例，传统遥控器界面中绝大部分按钮的利用率都很低，但却将所有按钮都呈现在面板上，非常影响使用者的识别效率，特别是对于新手用户而言，需要很长时间阅读和识别按钮上的文字以确定其功能。基于"删除"原则，现在的智能电视通常使用更少的按键来构成控制面板，这些按键都是电视控制中极为常用的功能，不常用的功能则通过智能系统的层级结构来实现。同样，在数字产品的设计中，突出最主要的功能按钮，将无关紧要的部分直接删除，从而形成简洁易懂的数字交互界面。例如在耐克的运动App中，运动开始后只保留了最核心的时间数据和控制开关。

（2）组织

组织信息是另一种降低图形界面复杂感的方法。将信息进行分类整理，不仅可以引导用户作出选择，还可以有效地降低复杂性，从而使用户更轻松地理解和使用产品。例如在新闻类应用中，将不同的新闻按照类别进行分类组织，使用户可以根据分类更快地找到他们感兴趣的内容。此外，还可以通过使用标签、目录等方式进行更完善的归类，让用户以最关心的维度对内容进行筛选。

在遥控器的设计中，同样可以通过信息组织的方式来降低复杂度，将按钮分配在不同的区块中，通过位置间隙、按钮形状、按钮颜色来区分不同的功能分类，从而让用户能够在功能相关的区域更快地找到所需的按钮。同样，数字产品的界面设计中，信息组织的体现更为明显和灵活，以外卖服务为例，App 提供了多个维度的信息组织方式，不仅在滑动浏览中利用位置间隔划分出不同的类型和主题，还可以通过限制搜索规则（如按距离、按热度、按价格等排列）来自定义信息组织方式（见图 6－14）。

图 6－14　信息简化之组织策略

资料来源：https：//item. taobao. com/item. htm?id＝543919205973；作者手机截图。

（3）隐藏

隐藏原则是将使用频率较低的功能隐藏起来的设计方式，从而突出常用功能并减少复杂度，提升用户界面的简洁性和易用性。例如在数字产品的设计中，"更多"菜单是经常被使用到的隐藏策略，只在用户需要时才展开菜单。此外，在设计中也经常通过折叠、缩略图等方式，隐藏一些不常用的功能或信息。

以空调遥控器设计为例，现在大多数空调遥控器在面板上只保留了开关、温度、风速等最常用的功能，而将其他不常用的功能隐藏在下方的面板中，打开上方按键盖板才能使用，这便在物理层面上实现了功能的"隐藏"与"展开"。而数字产品的设计则更加灵活，除了上述的"更多"菜单外，很多界面都提供了"专注内容"和"完整信息"两种模式，从而兼顾浏览体验和信息查看两种诉求，例如在查看手机照片时，会有照片库浏览和全屏浏览两种模式，全屏浏览隐藏了其他图片的信息和控件，让用户专注于图片本身（见图6-15）。

图6-15　信息简化之隐藏策略

资料来源：https：//item. taobao. com/item. htm?id=543919205973；https：//item. jd. com/10101789166422. html；作者手机截图。

（4）转移

转移是一种将功能转换为其他更简单直接形式的策略，通常需要采用新技术或新途径来实现传统功能的技术升级，间接地降低复杂性。通过引入新的技术或方法，可以简化产品的操作和用户体验。例如，通过引入语音识别技术，用户可以通过语音来控制设备，而不需要通过复杂的操作界面来实现，这可以极大地提高用户体验。

同样是遥控器的设计，现在越来越多的智能电视都提供了语音控制功能，用户通过与遥控器对话来实现对电视的操控，这是非常典型的功能转移设计，设计方案不再纠结如何设计遥控器的图形界面，而是将图形界面转移为语音界面，图形界面所涉及的种种问题也因此而消解。同样，越来越多的智能家居系统也引入了语音控制方式，例如，通过语音命令或者光线传感器来控制窗帘的开合，让原本基于图形或实体界面的交互行为，在空间和交互方式上都变得更为灵活。当然，图形界面的功能转移绝不仅仅是语音界面这一个方向，语音、体感、物联网、智能算法等新技术都为突破图形界面的限制提供了新的可能性（见图 6-16）。

图 6-16　信息简化之转移策略

资料来源：https：//item. taobao. com/item. htm?id = 543919205973；https：//item. jd. com/10098730746685. html?cu = true&utm_source = graph. baidu. com&utm_medium = tuiguang&utm_campaign = t_1003608409_&utm_term = 7de43562827e45498a65ea1efa9b5d31；https：//smartroomcn. com/58531. html。

　　上述简化原则通过删除、组织、隐藏和转移等策略来降低产品复杂性，通过这些方法能够使产品更加简洁、易用，提高用户满意度和体验质量。在设计过程中，设计师应该根据产品的特点和用户需求，灵活运用这些简化原则，以实现更好的交互设计效果。

　　通过上述认知规律的分析我们不难发现，基于视觉的图形界面有着他的优势和局限性。直观性、多模态交互、可视化表达是图形界面最为突出的优势。视觉图形界面通过视觉元素与用户进行交互，使用户可以通过视觉感知快速理解界面元素的功能和操作方式。这让界面使用起来更加容易，用户无须学习复杂的命令语言或记忆特定的快捷键。同时，信息密度限制、符号依赖性和有限的表达能力也是图形界面的局限性所在。图形界面需要在界面空间和交互效率两者间做好平衡，信息密度过大或过小，都可能导致信息传达和交互效率的下降。而且视觉图形界面通常依赖于图标、符号和图形等非语言元素来传达信息和指示，这对于不熟悉特定图标和符号的用户来说，理解和使用界面可能存在一定的难度。最后图形界面的表达能力仍然有限，在某些复杂任务中，需要更多的文字和上下文来准确传达信息，仅依靠图形符号和界面结构可能无法提供足够的表达能力。

6.3　新交互形式的萌芽

6.3.1　人工智能提供变革基础

近年来，随着 AI 技术的进步，特别是机器学习框架和算法的发展，在一定程度上让 AI 拥有处理真实世界问题的能力，同时，存储设备、移动 App、物联网等因素的演进，降低了数据处理系统和 AI 技术的发展成本，在许多任务中，AI 已接近甚至超越人类水平。

回望过去几十年人工智能技术的发展，2023 年可以被称为 AI 元年，在这一年以 OpenAI 为代表的大语言模型异军突起，带动了整个人工智能领域的发展。大语言模型是指利用大规模文本数据训练的深度神经网络模型，能够根据给定的输入生成自然语言文本，并且具有跨领域和跨任务的泛化能力。大语言模型的兴起源于 2018 年 Google 提出的 BERT 模型，该模型通过预训练和微调两阶段的方法，实现了自然语言理解（NLU）任务上的显著提升。此后，各大科技公司和研究机构纷纷推出了各自的大语言模型，如 GPT、XLNet、RoBERTa、T5、ELECTRA 等。OpenAI 的 GPT 模型成为大语言模型发展的一个转折点，旨在使用自然语言回答问题，可以在语言之间进行翻译并连贯地生成即兴文本，并催生了一批基于其 API 接口开发的创新应用和服务，涉及文本生成、文本摘要、文本分类、文本纠错、文本分析、文本搜索、对话系统、知识图谱、编程辅助、教育辅助、创意写作、内容创作等多个领域。因此引起了学术界和业界的广泛关注和讨论，并引发了公众对于人工智能未来发展方向和社会影响的思考和探索。

无论人们是否愿意接受人工智能，其已经在我们的生产生活中发挥着重要作用，以多种方式改善我们的日常生活，彰显其多方面的价值。例如在医疗领域，人工智能在新冠疫情暴发期间，智能算法通过机器学习从不同来源获取数据（如新闻、航空公司信息和医疗数据），将这些数据连接起来，从而为科学家提供有意义的参考数据。同时人工智能也减轻了医疗专业人员的负担，辅助从业者处理日常数据的收集和整理工作，为高价值的工作腾出时间；人工智能的介入让非接触式筛查和虚拟诊断也成为可能，加速了诊断流程；在服务和生产行业，人工智能能够提供全天候的客户服务，可以在任何时间回答客户问题，提高客户服务效率。在制造业中，智能技术和工业机器人不受压力和疲劳影响，极大地提高了生产率，其多任务处理的能力为处理并行任务提供可能。在危险操作领域（如制造业和矿业），人工智能和机器人的参与减少了人类面临的风险，扩展了操作领域。与之类似，人工智能在智慧城市、自动交通、文化教育、社会安全等方面越来越多地发挥着作用。

不可否认，人工智能的介入肯定会促使劳动力群体的进化。人工智能抢走工作岗位的新闻将会越来越多。正如生活中的大部分变化一样，一开始人们往往会感到手足无措，但最终都会在新的环境中找到机会并作出改变。根据普华永道（PwC）的数据，2017~2037年，英国现有的700万个工作岗位将被人工智能取代，但可以创造720万个新的工作岗位[①]。所以真正的挑战在于人们需要多久完成改变，以及如何在新的环境中寻找到意义和激情。

人工智能将在经济、法律、政治和监管等诸多层面影响我们的社会，这种影响远比对工作机会的挑战更为复杂和难解。例如机器伦理问题，如果一辆基于人工智能的自动驾驶汽车伤害了行人，该如何确定谁是犯错者，是乘客、汽车供应商还是算法供应商？如果责任归咎于算法，算法又将如何受到"惩罚"？再如，虽然创造人工智能的初衷和目标是造福人类，但如果它有能力超越自己的工作边界，选择以一种破坏性（但有效的方式）来实现预期目标，人们将如何控制和消除其所产生的负面影响？如何让人工智能算法始终与人类的总体目标保持一致？

诸如此类的问题在人工智能高速发展的今天不断涌现，而在现阶段，人类作为一个整体还没有办法给出有效的回答。联合国就人工智能伦理问题提出建议[②]，指出人工智能技术的巨大潜力及其可能引发诸多伦理问题：要求对人工智能算法的工作方式和训练数据进行透明化和可理解化，关注其对人权、基本自由、性别平等、社会、经济、政治、文化等方面的影响。认识到人工智能技术可能加剧国际、国内分歧和不平等，呼吁维护正义、信任和公平，避免任何国家或个人因技术掉队。认识到不同国家面临信息通信技术和人工智能的不同挑战，特别是中低收入国家，需要保护本土文化、价值观和知识以发展可持续的数字经济。关注人工智能对决策、

---

① AI Will Create As Many Jobs As It Displaces by Boosting Economic Growth [DB/OL]. https：//m. renrendoc. com/paper/215379473. html.

② UNESCO. Recommendation on the Ethics of Artificial Intelligence. UNESCO [DB/OL]. https：//unesdoc. unesco. org/ark：/48223/pf0000381137，2022.

就业、社会互动、医疗、教育、信息获取、个人数据保护、环境、民主、法治、安全等方面的影响。人类应认识到人工智能系统特有的能力将改变人类、社会、环境的关系，对儿童和年轻人的成长环境产生深远影响。强调提供合乎道德规范的研究和创新机会，使人工智能技术建立在人权、价值观、道德和伦理反思基础上，从而将最终决策权保留给人类。

人工智能将深度嵌入社会并带来巨大变革这一事实已不可避免，正如工业革命初期对传统手工业的冲击一样，让人既兴奋又恐惧，可以预见，新卢德主义在 AI 社会的初期将成为流行思潮，也会随着人工智能在生活中的深度嵌入而逐渐消失。笔者认为，讨论是否接受人工智能已没有意义，我们更应该关注的是在这样的变化之下，人们应如何更快地转变角色以适应全新的生产模式和生活模式。特别是在设计领域，人工智能技术的发展将改变传统的设计工作模式，构建人机共生的全新设计工作模式。

对于设计领域而言，以 midjourney、stable diffusion 和 sora 等为代表的生成式 AI，正在颠覆传统设计行业的生产模式。这些应用利用 GPT 模型结合其他的图像生成模型，实现了从自然语言描述到图像创作的转换，为用户提供了一种全新的视觉表达方式。midjourney 能够根据用户输入的文本提示，创造出各种风格和主题的图形艺术作品。用户可以通过发送/imagine 命令和文本提示来生成图像，AI 会返回四个图像供用户选择。midjourney 生成的作品通常具有较好的美学价值和专业水准，能够相对完整地理解 prompt，快速生成创意性的设计作品，为设计师节省大量时间和精力，提高设计效率和质量。

Stable diffusion 是一种基于扩散技术（diffusion technique）的深度学习的算法模型，同样可以根据文本描述生成图像，stable diffusion 使用潜在扩散模型（latent diffusion model）将图像从高质量逐渐退化为噪声，然后用 GPT 模型来逆向恢复这个过程，从而生成新的图像，得到细节丰富且逼真的图像。相较于 midjourney 而言，stable diffusion 的可控性更强，能够在较大程度上控制和修改作品的细节，生成更符合设计师意图的图形结果，但对于计算机硬件的性能要求也更高。

Sora 模型能够理解和模拟运动中的物理世界，能够根据文本指令直接生成逼真和富有想象力的视频场景。帮助解决需要真实世界交互的问题。Sora 同样基于扩散模型，从一个静态噪声视频开始，逐步通过多个步骤去除噪声，来生成一个视频。sora 的训练和生成都在一个压缩的潜在空间中进行，通过视频压缩网络将原始视频降低维度，因此大大降低了对算力的依赖，有效降低了生成影像的成本。截至本书创作时，sora 模型仍然未对公众开放使用，但有传闻表示其视频生成过程可能需要消耗海量的算力。目前 sora 最高可达 1 分钟的高清视频，如果最终面向市场的产品对算力的要求可控，将在虚拟现实、电影制作、教育、娱乐等领域有着颠覆性的应用前景。

在前文的后信息时代设计分工协作一节中，我们已经初步探讨了人工智能的崛起对设计界带来的冲击，很多设计师面对 AI 的冲击感到无所适从，特别是在一线工作的插画师、平面设计师，图像生成式人工智能应用对他们的影响是强烈且直接的，而且这样的生成应用还在不断地向产品设计、建筑设计、影像及动画设计领域延伸。于是一个无法逃避的问题摆在设计师面前：AI 是否会替代设计师？

实际上，现在回答这个问题还为时尚早，人工智能对绘画工作的替代只是其对设计领域产生影响的极小部分，更为宏观的改变将发生在设计行业全新的思维方式和生产方式上。这需要我们对传统的设计工作流程进行观察，理解其思维层面的属性。如图 6－17 所示，在一般性的设计流程中，越倾向于流程前端的工作内容越抽象，越倾向于流程后端的工作越具象。

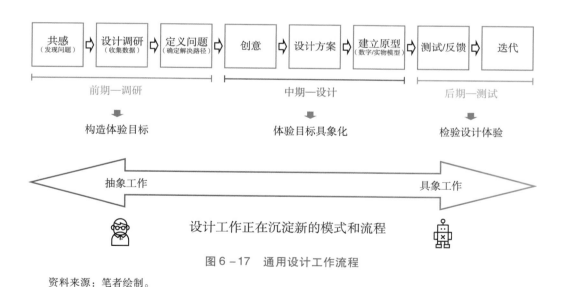

图 6－17　通用设计工作流程

资料来源：笔者绘制。

目前，人们感受最为直观的是人工智能对具象工作的替代和冲击，即需要动手制作的部分。目前人工智能的优势在于原型设计和测试环节，能够有效减轻绘制和测试过程中繁重的人工劳动，显著提升了设计实施的速度。尽管人工智能工具在效率上表现出色，但它们无法提供设计的主动性，无法给出设计问题的求解思路，也无法自主判定设计的有效性与正确性，即便某些设计在视觉上看起来不俗，但其设计的出发点是否合理，是否还原了设计意图，能否达成设计初衷，仍然需要设计师后期的积极参与，对生成的结果进行筛选和判定，以确保最终呈现出的设计具备高可用性与创造性。

因此，在 AI 融入设计行业的初期，人工智能仅作为一种工具参与到设计实践中，在设计流程中越靠近具象工作的部分，这种参与越明显，如图 6 – 18 所示。这种替代类似于 30 多年前发生在出版行业的变革，当时计算机技术和排印技术飞速发展，数字化的排印技术逐渐淘汰了传统的铅字印刷技术。今天在具象的设计结果的生产上人工智能已经蓄势待发，与当初数字化排印技术所引发更为高效、灵活的生产变革如出一辙，极大地缩减了设计过程中的时间消耗，并消除了许多原本存在的物理损耗。因此，现阶段人工智能在设计中的参与是工具性的，设计工作仍然将基于传统流程和思维方式。

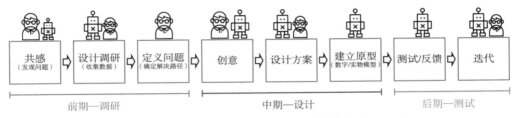

图 6 – 18　设计流程中人与 AI 的参与程度

资料来源：笔者绘制。

从技术角度来看抽象工作仍然需要大量人工的参与。虽然人工智能能够通过不断学习和模拟来增强审美能力，但人类的情感和认知路径经过数千年的演化，所具备的创造力和对美学的追求是现阶段人工智能所无法完全理解的。设计师所具备的创造力和灵感来自深厚的文化背景和情感积淀，这种人类独有的创造性思维和主动性也是当前的人工智能工具所无法替代的。设计师不仅是技术的执行者，更是通过敏锐的洞察者和创新者，其所具有的敏锐的设计思维，在相当长的时间里都不会被人工智能取代。

在 AI 融入设计的初期，AI 工具并未削弱传统设计原则与规范的重要性，设计师仍然需要遵循这些基本的设计流程和方法，以确保人工智能所产生的设计能够得到正确而有效地实现与表达。如数字排印技术的采用为设计师带来了更多创作自由，但仍需要遵循排版的规则和原则以实现良好的视觉效果，人工智能工具在设计领域的应用也需要在设计师的引导下完成，以确保最终设计的质量和价值。

但笔者认为，随着人工智能技术的不断发展和成熟，其将不仅只是作为"效率工具"出现在设计生产流程中，也不是将越来越多地渗透到抽象工作中，而是将颠覆整个设计行业所应具备的传统设计思维，形成全新的人机共生设计思维，并衍生出完全不同于现在的设计工作方法。我们所熟悉的从调研到方案再到测试的设计流程将会完全重置，形成充分融合了人工智能的全新设计思维（见图6-19）。

图6-19　未来人与 AI 将会深度混合协作

资料来源：笔者绘制。

这种人工智能与设计师智慧的融合将是深层次的，不再是工具与使用者的二元关系，而是机器脑与人脑对设计问题共同思考的结果。总体而言，人工智能对设计带来的影响是正面的，从长远来看，它们将使设计实践变得更加优越和高效。然而，和以往的技术革命一样，智能革命也会带来许多负面影响，特别是在其发展的初期阶段，这些影响可能会持续相当长的时间，并对个人、组织和行业产生广泛而深远的影响。任何一次技术革命，最初受益的都是那些发展和应用该技术的人，而那些远离和拒绝接受该技术的人，在很长的时间里都将是迷茫的一代。我们尚未经历过机器在智能上全面超越人类的时代，但不可否认机器的智能水平将迅速提升，不断超越人类在各个领域的能力，设计行业应该努力拥抱这一变革。积极应对智能革命所带来的挑战并逐渐形成新的工作模式，是处在变革过程中的这一代设计师最重要的使命。

总之，尽管人工智能和深度学习工具在设计领域发挥了巨大作用，但设计师的角色仍然不可或缺。设计师需要深入理解技术和设计的联系，以解决实际问题，确保设计具备高质量和创造性。至少在现阶段，智能技术的引入并不意味着设计师将被替代，相反，它为设计师提供了更多时间和空间，将精力投入到更具挑战性和创造性的任务中，从而推动设计领域的不断创新与进步。莱斯大学的计算机教授摩西·瓦尔第（Moshe Vardi）曾预测，在未来 30 年内，人工智能有可能替代当前世界上 50% 的工作①，但随着人工智能技术的不断发展，可能会涌现出一些新的设计岗位。在这个过程中，设计师需要持续成长，并掌握新的技能和知识，不断提升自己的想象力、创造力和前瞻性，以保持其不可替代的价值。

综上所述，虽然人工智能在设计领域带来了许多变革，但就目前人工智能的发展程度而言，设计师的独特价值仍然是不可替代的，设计师的创造力、洞察力和情感认知将继续为人类创造出美好的设计作品。而用户所体验到的复杂性的减弱，则是人工智能带来的显著改变之一。人工智能的加入并没有让复杂本身消失，而是将复杂性从用户端转向了开发端，通过智能算法大量替代了本该由用户实施的交互行为，让用户体验到更直接、更扁平的交互体验。在人工智能的加持下，基于图形界面的信息筛选逻辑将被重构，随之伴生的认知负荷、记忆极限等问题也将得到极大的缓解。

6.3.2 语音界面

不同的交互形式带来不同的用户体验和交互效率，在图形界面交互之外，还有很多其他的交互形式的尝试，虽然这些交互形式往往由于信息粗糙度和技术上的限制，未能成为主流的交互形式，但这些交互方式的出现，已经预示着人机交互领域未来的变革方向。如以语音界面为代表的新的交互形式，正在将交互复杂性从使用者转移向开发者。

语音界面（VUI）作为一种交互方式，以语言信息的传递为基础，实现用户与系统间的信息交换。在语音界面环境中，系统接收并理解语言信息、指令，将图形界面的信息筛选机制迁移为对语言信息的理解与执行。

语音界面又被称作听觉显示器，其发明的初衷源自对于某些视觉界面受限情境下的交互需求，设计师开始将关注点从视觉转移到听觉，试图寻求语音界面的适用性，语音界面开始成为多通道用户界面的研究焦点之一。与独立的视觉界面相比，语音界面呈现出一系列优势：首先，人类对于听觉信号的感知速度高于视觉信号，

---

① Vardi M. Machines Will be Able To Do Any Work A Human Can Do. American Association for the Advancement of Science Annual Meeting［DB/OL］. https：//www. aaas. org/news/machines－will－be－able－do－any－work－human－can－do，2016.

因此采用语音界面能够加速对信息的理解，从而提升操作效率。其次，听觉通道拥有全向性质，用户无须将注意力集中于特定点，声音能够有效地引起用户的关注。再次，语音界面还能够减轻用户的视觉负担，避免过度的视觉信息，从而让用户不必在固定位置上实施交互行为，带来更灵活的交互体验。最后，语音界面不仅可以服务于一般用户，还具备广泛应用前景，特别是对于盲人和视障患者而言，语音界面能够为其提供丰富的交互可能性。

目前，语音界面交互的主要以语音助手或智能音箱的形式呈现，典型代表如 Siri、小爱同学、Google Assistant、Bixby、Cortana 等，通过语音交互围绕特定任务展开的人机对话，其核心在于人机之间的信息传递和认知协调过程。基于语音界面的智能产品对用户语音输入的处理过程起始于语音识别，通过应用声源定位、降噪、回音消除以及端点检测等技术，从语音信号中提取出所需信息，并借助声学和语言学模型将语音数据转化为文本。之后通过文本分析，将用户的指令转化为机器可理解的结构化数据，实现对用户语言的认知。然后系统从数据库中检索响应数据，将其文本合成为语音输出。用户在感知相关机器语言信息后，通过分析建构出交互的内容和意义，从而完成对机器语言的认知，并基于认知结果，确定自身要表达的内容和概念，经过词汇选择、结构组织等过程，将交互意图传达出来。

与图形交互使用结构化数据驱动不同，语音交互的人机对话过程中所采用的是自然语言。这一交互方式大大降低了学习成本，不再需要通过图形界面去逐级传达交互意图，用户可以直接提出最终的问题，语音助手则利用自然语言中所包含的信息驱动搜索，并给出最终回答。

虽然语音界面具备上述优点，但鉴于语音的多样性、歧义性及方言差异等问题，目前的语音界面的接收效率与准确性还颇为有限。声音作为信息传递的媒介，其表达能力相对有限，尤其是在涉及复杂抽象概念或大量数据的情境下不如视觉界面的效率高，例如阅读一个表格或欣赏一幅图像。同时，个体对声音的敏感度和接受度存在差异，这也可能导致语音界面在一部分用户中效果不尽如人意，如现在的语音界面还需要较长时间（1~2 秒）的运算等待时间才能给出反馈，这使不熟悉语音界面的用户，无法恰当地掌握与语音界面交流的节奏，经常在系统运算完成时发起新的对话。

另外在语音交互中，虽然用户不再需要依赖视觉紧盯界面，但用户在发布语音命令时仍需要集中注意力来组织语言，确保语音命令的正确与流畅，而对话的时间往往非常短暂，不能够像图形界面一样有足够的停顿思考时间，因此在进行语音交互时，很多用户感受到较图形界面更大的压力。

在语音界面的实践中，语音交互方式的优点与缺点集中体现在锤子科技推出的 TNT 计算机产品上。TNT 计算机产品是一款创新的智能终端，它集合了电脑、平板、手机、电视等多种功能于一身，可以满足用户在工作、娱乐、学习等各方面的需求。其最大的亮点是加入了语音控制系统，用户可以通过说出指令或问题来操作 TNT 计算机或者获取信息。例如，用户可以说"打开微信""搜索最近的餐厅""播放音乐"等。

TNT 计算机产品还可以通过语音反馈来回应用户的请求，或者提供语音提示。例如，当用户说"打开微信"时，TNT 计算机产品会说"已经打开微信"，或者当用户说"搜索最近的餐厅"时，TNT 计算机产品会说"为您找到以下餐厅，并显示在屏幕上"。同时 TNT 计算机也具备了语音合成的能力，可以将文字或数据转换为自然流畅的语音输出。TNT 计算机的语音合成效果非常逼真，可以模拟不同的声音、口音、情感，用户可以根据自己的喜好选择不同的语音角色，如男声、女声、儿童声等（见图 6 – 20）。

图 6 – 20　TNT 计算机产品

资料来源：https：//baijiahao. baidu. com/s?id = 1726706480821907656&wfr = spider&for = pc。

每一次新的尝试都伴随着风险，TNT 计算机在语音交互方面的开发并没有足够成熟，因此也将语音这一交互方式的缺陷暴露无遗。2018 年 5 月 15 日，锤子科技在鸟巢进行了坚果 R1 手机和坚果 TNT 工作站的发布会，罗永浩展示了 TNT 计算机产品的各种功能和特点，现场出现了很多问题。首先是语音识别出错，在演示中计算机经常错误识别接收到的语音信息，这使人机交互效率大大下降，例如在演示表格软件的功能时，TNT 工作站连续数次未能正确识别罗永浩在会场中所要录入的几个数字。

此外，基于安卓系统深度开发的 Smartisan OS 在语音交互方面的兼容性也有待提高，部分系统层面的功能未能按预期实现。这些问题都说明今天的语音交互方式还存在许多缺陷，一方面是语音交互本身的局限性所致，另一方面也是 TNT 产品开发尚未成熟的原因。虽然这次发布会在网络上受到很多人的嘲讽和攻击，但从交互设计的角度观察，罗永浩和锤子科技在人机交互领域作出了勇敢的尝试，并在一定程度上展现了人机交互未来发展的可能性，仅就这一点而言，他们是非常值得尊敬的。

相对而言，小米 AI 音箱是目前相对成熟的语音交互产品。小米 AI 音箱是小米公司于 2017 年发布的一款音箱。小米把 "小爱同学" 作为 AI 音箱的唤醒词，可以实现日程、天气、路况等信息的反馈，设定闹钟、语音备忘等功能。虽然小米 AI 音响并不足够智能，特别是对于复杂问题难以作出正确的回答，在语音识别上也经常出现错误，但依托于小米生态链丰富的智能家居设备，小米 AI 音响已经成为智能家居设备重要的语音控制界面，用户只需要通过语音命令就可以方便地控制指定设备，如用户发布命令："35 分钟后卧室空调调到 26 度"，小米 AI 音响就能按要求完成空调的设定。虽然这样的功能距离 "智能" 体验还相去甚远，但已经能让普通用户充分使用语音界面，体验语音交互带来的便利。

综上所述，语音界面作为一种全新的交互方式具有其优势和劣势。可以预见，随着人工智能技术的飞速发展，语音界面很有可能成为视觉界面重要的补充方式，甚至在很大程度上替代视觉界面。在未来的交互设计中，语音界面交互路径扁平、解放视觉与双手、自然直接的优势将会被不断放大，成为降低交互复杂性的新方式。

6.3.3　自然人机交互

自然人机交互（natural human-computer interaction，NHCI）是指使用人类的自然行为作为交互方式的人机界面，使用户能够专注于任务而不需要进行烦琐的操作。自然人机交互的目标是创建一种简单、直观、有趣和非侵入式的交互方式，将人类的日常行为表达（如声音、姿势、手势等）集成到数字应用服务中，关注人们在日常生活中如何工作、玩耍和相互交流，并在此前提下完成与计算机的交互①。例如我们在日常消费中使用的自助购物柜和刷脸支付，就是一种对自然人机交互的有益尝试。人们只需要刷脸便能打开购物柜，取出自己喜爱的商品后，购物柜通过图像识别技术判定什么商品被取走，计算其价格并与刷脸时识别出的用户的消费账户交互，自动完成支付。在这一过程中，消费者几乎体验不到计算机的存在，也不太需要操作屏幕界面。

自然用户界面的发展可以追溯至 20 世纪 90 年代，史蒂夫·曼恩（Steve Mann）率先应用自然互动与实际环境相结合的方法，以取代当时主要的命令行界面（CLI）及图形用户界面（GUI）。可穿戴计算和现实增强的先驱者史蒂夫·曼恩提出了自然用户界面（nature user interface）的概念，即一种更适应人类需求和喜好，用户可以更自然更接近现实行为的人机交互方式。他认为，自然用户界面应该是一种"存在技术"（existential technology），即能够让用户感知到自己存在于一个扩展的现实环境中，而不是被机器隔离或控制②。曼恩设计并制造了多种自然用户界面的设备，如数字眼镜、智能手表、增强现实设备等。曼恩将这一创新领域命名为自然用户界面（NUI）、直接用户界面（direct user interfaces）以及无隐喻计算（metaphor-free computing）。由于史蒂夫·曼恩在自然交互领域卓越的贡献，他也被经常称为"可穿戴计算之父"。

2006 年，克里斯蒂安·摩尔（Christian Moore）等创立了开放性的研究社区，旨在推动与 NUI 技术相关的讨论和研发③。在 2008 年的一次大会演讲中，微软首席用户体验总监雷耶斯（August de los Reyes）将 NUI 视为从 CLI 过渡到 GUI 后的下一个发展阶段，但这种观点过于简单化，因为 NUI 实际上仍涵盖视觉元素，因此也包含图形用户界面。更精确的描述应为从窗口、图标、菜单、指针（WIMP）界面向 NUI 的过渡。

自 2007 年开始，欧盟及多个国际知名大学和机构纷纷投入自然人机交互领域的研究，并取得显著进展，包括微软、施乐、IBM 等在内的知名企业都开始关注自然

① D'Amico G., Del Bimbo A., Dini F. et al. Natural Human-computer Interaction [J]. In L. C. Jain & A. Ichalkaranje (Eds.), Multimedia Interaction and Intelligent User Interfaces：Principles, Methods and Applications. Springer London, 2010：85 – 106.

② Mann S. Existential Technology：Wearable Computing Is Not the Real Issue! [J]. Leonardo, 2003, 36 (1)：19 – 25.

③ Moore C., Lachmann T. & Van Leeuwen C. A Review of Gesture-based Natural User Interfaces for Computer-aided Design [J]. Computers in Industry, 2020.

人机交互并投入研发。在消费科技产品领域，多点触控交互设计、动作捕捉、空间定位以及语音交互等，都突显了直觉在交互中的重要性，旨在实现用户对产品的直观、自然的交互。

2010 年，微软公司的比尔·巴克斯顿（Bill Buxton）强调了 NUI 在其公司中的重要性，探讨了可用于创建 NUI 的技术以及其未来潜力。2011 年，丹尼尔·维格多和丹尼斯·维克松（Daniel Wigdor & Dennis Wixon）在其著作中详细阐述了创造自然用户界面的方法，准确区分了自然用户界面、用于实现自然界面的技术以及基于实际环境的用户界面等不同的概念，同时探讨了它们之间的关系①。同年，比尔·盖茨强调自然用户界面（NUI）的优势②："迄今为止，我们一直不得不适应技术的限制，以使我们的使用方式符合计算机运算规则和流程。通过 NUI，计算设备将首次适应我们的需求和偏好，人类将能够以最自然、最舒适的方式使用技术。"与需要用户事先学习交互逻辑和操作方式的命令行界面和图形用户界面相比，自然用户界面更符合目标用户在特定使用环境中的经验和思维模式。

自然人机交互中泛在网络起到了非常重要的作用。泛在网络（ubquitous）直译为"无处不在的网络"，然而其核心并不是指无处不在的互联网连接服务（如 Wi-Fi 或 5G 网络），而是试图构建感知不到计算机存在的计算机环境。

泛在网络最早由计算机科学家马克·韦泽克（Mark Weiser）于 1988 年提出，他设想将计算能力融入人们的生活中，使计算机不再是一个可见的实体，而是与周围环境融为一体的不可见计算资源③。这一理念的关键是将计算从桌面电脑中解放出来，使之成为无处不在的、随时可用的资源，以实现更加智能化和自然的用户体验。

理想中的泛在网络包含以下基本特征：（1）随处可用性。计算资源随时随地都可以使用，无须专门的设备或接口。其前提是计算机算力的极大发展，特别是云计算能力，将成为随时调用计算机算力的先决条件。（2）智能化：计算资源具备智能，能够感知和理解环境，提供个性化的服务和反馈。这种智能可以统一集中在一个处理中心，也可通过边缘计算的方式以"终端 + 云端"的方式完成。（3）自然互动。用户可以接近自然行为的互动方式与计算资源互动，如语音、手势、眼神、触摸等，无须学习复杂的界面。这是自然交互最具辨识性的外显特征。在最理想的自

---

① Wigdor D. & Wixon D. Brave NUI World：Designing Natural User Interfaces For Touch and Gesture ［M］. Elsevier，2011.

② Gates B. The Future of User Interfaces. Fortune ［DB/OL］. https：//blog. experientia. com/bill - gates - on - natural - user - interfaces/，2011. 11.

③ Weiser M. The Computer For the 21st Century ［J］. Scientific American，1988，265（3）：94 – 104.

然交互过程中，用户不必再像操作图像界面一样，需要一直紧盯屏幕，通过鼠标或者手指完成交互，而是只需要完成日常生活中的自然行为，在这些行为实施的同时，便已经完成了相关的计算机识别与计算工作。（4）自适应性。系统能够根据用户的需求和习惯进行自适应，提供更好的用户体验。（5）隐私和安全。在泛在网络中，隐私和安全是重要的考虑因素，需要采用先进的技术和必要的确认环节来保护用户数据和身份。以免在用户没察觉到的自然行为中泄露关键的隐私信息。

我们以消费者在超市的购物行为为例，描绘 Ubquitous 应用的理想场景。传统的超市购物行为需要消费者将挑选好的商品集中在购物车内，在离开超市前前往结账台，从购物车中将所有商品拿出，由超市收银员依次扫描商品二维码，获取商品价格并计算总价，消费者支付后再将商品逐一放回购物车。而在泛在网络环境下，每一件商品都集成了 RFID 卡，消费者只需将商品置于购物车内，然后将购物车推出超市，在离开超市前会经过射频扫描区域，系统获取购物车中所有商品的价格信息并计算总和，通过面部识别或其他支付手段，直接完成结账计算。在这样的场景下，用户所体验到的完全是自然的行为活动，抵达超市、挑选商品、离开超市，结账计算发生在用户感知不到的泛在网络中。当然，目前这样理想的自然人机交互场景还受到技术和成本的制约，未能真正商用，但我们已经可以充分想象其未来广阔的应用前景和对人机交互带来的颠覆。

截至目前，真正意义上的自然人机交互场景只存在于实验室，但与自然人机交互相关的各项技术储备都已经趋于成熟。（1）语音交互技术。前文已经详述过语音交互的发展。它允许用户通过语音与计算资源互动，不仅能理解用户的自然语言，还能执行指令、回答问题、提供信息等，使用户能够更加自然地与计算机交流。（2）虚拟现实技术。虚拟现实（VR）和增强现实（AR）技术将数字信息与现实世界通过视觉融合在一起，为用户提供沉浸式的体验。在泛在网络中，这些技术可以用于创建虚拟用户界面，使用户能够在虚拟环境中进行交互和探索。（3）生物识别技术。生物识别技术使用个体的生物特征（如指纹、掌纹、声纹、面部识别、虹膜、笔迹、步态等）来识别和验证用户身份。这些技术可以用于替代传统的用户名和密码，使身份验证更加安全和便捷。（4）体感技术。体感技术是自然人机交互中非常重要的技术之一，也是摆脱鼠标、键盘、触摸屏等输入介质，实现与日常行为联动的关键所在。包括识别手势、表情、眼动追踪、热身、肢体动作等能力。这些技术使计算机能够感知用户的动作和情感，从而实现更加自然的互动。（5）识别技术。识别技术包括图片识别、文字识别、物品识别、语言识别等能力。这些技术能够有效提升计算机的知觉能力，使计算机能够理解和处理不同类型的信息，从而更好地满足用户的需求。如图片识别技术可以帮助用户识别物体或场景，文字识别技术可以将印刷文本转化为可编辑的电子文档。

以自然的行为方式与计算机互动，这是人类经常设想但尚未完整实现的交互形式，摆脱传统 GUI 界面的限制，随时随地在日常生活中完成与计算机的联系，甚至在感知不到计算机的情况下使用计算服务，这才应该是计算机为人类服务的终极形态。随着更多的设备和环境变得智能化，用户将能够享受到更加自然、便捷和个性化的体验。自然人机交互技术还有望在医疗、教育、娱乐和工业等领域产生深远的影响，提高生活质量并推动创新。当然，现在距离实现真正意义上的自然人机交互还有很长的路要走，需要解决现存的挑战并开发新的技术解决方案。

展望未来，人机交互将朝着人机融合的自然交互方向发展。随着智能计算机对可交互信息的理解和可靠性的提升，机器能够像人一样感知情感，主动与人进行交互，并实现人与机器相互学习的融合互动。未来的人机交互形式将是多种多样的，实体用户界面（tangible user interface，TUI）、有机用户界面（organic user interface，OUI）、自然人机界面（natural user interface，NUI）以及脑机界面（brain-computer interface，BCI）等都将成为重要的人机交互形式。可以预见，在未来人们将不再困在屏幕或某种设备旁，而是在轻松自在地进行活动的同时，就可以充分享受计算服务和互联服务，信息只在我们需要的时候被召唤和显示，这才是人与计算机最终的协作关系。

6.3.4 平静技术

平静技术是人机交互观念中尚未被广泛关注的领域。在有限注意力一节中我们阐述了今天用户的注意力已经成为重要商业资源，所有的交互媒介都在不遗余力地争夺用户的注意力，通过各种夸张的、闪烁的、变幻的方式提示用户："这里有信息"，在不断地要求用户实施交互行为。很显然，这样的局面对于注意力资源极度有限的用户而言是非常苦恼的，我们不断被手机通知打断手头的事情，不停地被微信消息干扰思考，不停地关注外部世界纷繁变幻的提示信号，所谓碎片化的信息接收场景，不仅指媒体内容的碎片化，也指用户注意力的碎片化。

20 世纪 80 年代，宝马公司等汽车制造商率先在其汽车中引入语音提示功能，旨在向用户传达简单信息。这一举措迅速在全球范围内得到推广，然而其反响却十分不尽如人意，消费者普遍对此持负面态度。当车门未关闭时，汽车会不断发出"车门未关闭，请关闭车门"的语音提示，这种强烈而直白的语音提示让人觉得汽车正在"说教"，认为语音提示传达基本信息的做法过于唐突。宝马公司在接下来便调整了策略，采用轻柔的音乐提示替代语音提示，其他汽车制造商也纷纷效仿。

自此，平静技术这一概念开始为人们所关注。平静技术也被称为"消隐的技术"，由马克·威瑟和约翰·希利·布朗（Mark Weiser & John Seely Brown）首次提出①，其设计理念的核心目标是将用户的注意力从技术本身转移到他们的目标或任务上，从而使技术成为生活的一部分，而不是生活的中心。这种理念的提出是对20世纪90年代信息过载问题的回应，当时的技术设计主要关注功能和性能，而忽视了用户的感知和体验。

平静技术试图通过将信息呈现方式从中心转移到周边，使人们能够在需要时访问信息，而在不需要时则可以忽略信息。边缘注意力（peripheral attention）是一种平静技术中的重要概念，是指让用户在不影响其主要任务的情况下，通过边缘视觉或听觉感知到一些重要或有趣的信息，从而提高用户的注意力和情绪。边缘注意力的概念于1996年提出②，在信息过载的时代，设计者应尽量减少用户的认知负荷，让信息在用户需要时才显现，而不是一直占据用户的中心注意力，例如，智能手表的轻微震动就是典型的边缘注意力的应用案例。再如，通过改变室内的环境光来传达天气预报的设计，也是利用边缘注意力提供信息的设计方案。

平静技术的另一个关键理念是"信息最小化"，即只提供用户需要的信息，避免不必要的干扰，如智能手机的"勿扰模式"，可以在特定时间或场合自动屏蔽通知，从而减少干扰。平静技术的设计原则包括尊重人类有限的注意力，通过合适的界面设计将重要信息传达给用户，同时将不重要的信息保持在用户的"外围"（periphery），以减少用户的认知负荷。平静技术还强调设计应该注重用户的情境感知，根据用户的环境和需求调整界面的显示方式和交互方式，以提供更加自然和高效的用户体验。

在实际应用中，平静技术的设计可以通过各种方式实现，使用非侵入性的提醒方式，如震动、声音或光线变化，而不是弹出窗口或强制性的警告框；或者通过智能化的算法，根据用户的习惯和需求预测用户可能感兴趣的信息，并在适当的时间和地点提供这些信息，而不是等待用户的请求。智能家居系统在很大程度上可被视

①② Weiser M. & Brown J. S. Designing Calm Technology［J］. PowerGrid Journal，1996，1（1）.

为一种对平静技术应用，通过将各种智能设备连接到互联网，并利用传感器和智能算法，根据家庭成员的习惯和喜好，自动调节室内温度、光线亮度和音量大小，使家庭环境更加舒适和智能化。

用户界面研究专家安蒂·奥拉斯维尔塔（Antti Oulasvirta）及其团队提出了"资源竞争框架"的概念，用以解释注意力受干扰对任务执行的影响[①]。这一框架深入分析了信息设备之间的互动关系，以及如何促使用户在各种任务和外部事件之间进行注意力分配。在这一理论框架下，主要注意力与视觉密切相关，分为主要注意力、次级注意力和三级注意力。例如，驾驶员对道路状况的关注属于主要注意力的范畴；次要注意力则涉及更远的感知范围，比如人们对无须直接注意却能感知到的车载收音机广播；三级注意力则扩展至注意力范围的边缘，包括周围环境的声音、光线或振动等因素。

智能手机和可穿戴设备已成为人们日常生活中不可或缺的一部分。这些设备处于持续监测状态，并主动对用户的行为作出反应。因此，这些设备的状态指示器变得尤为重要。状态指示器是一种传达信息的有效途径，其特点在于平静和低技术含量，非常适合传递持续存在且较低优先级的状态信息。状态指示灯是一种最常见、最平静的状态指示器，它可以用来表示设备的工作状态或某种条件的存在。如苹果笔记本电脑的充电指示灯，其通过光亮和颜色提供未充电、充电中和充电完成三种状态的提示，是一种打扰度很低的被动指示方式，用户只在想要知道充电状态的时候，才会将视线移至指示器，获得状态信息。相较而言，主动提醒的方式则需要占用用户较多的注意力。过高频率的主动提醒经常为用户带来困扰，很多时候用户会被频繁手机提醒或者某个设备的报警器搞得不厌其烦。用户解决频繁警报问题最简单粗暴的方法是将电池拔出，如果忘记重新安装电池，则可能带来如火灾等更为严重的后果。

此外，环境知觉是平静设计中的另一个重要考量因素。环境知觉指的是那些我们通常选择忽略但仍然存在于周围环境中的信息[②]。这些信息并非用户主动选择关注的对象，而是被动感知的。例如汽车的胎压监测系统会持续监测车辆的轮胎压力，并仅在压力过低时向驾驶员发出警告，在正常驾驶过程中并不会主动去关注轮胎的

① Oulasvirta A. & Saariluoma P. Long-term Effects of Ubiquitous Computing in Complex Everyday Activities: Results from a Three-year Experiment [J]. International Journal of Human – Computer Studies, 2004, 61 (3): 255 – 275.

② Smith J., Johnson R. The Role of Environmental Perception in Calm Design [J]. Journal of Environmental Psychology, 2020.

压力情况，但是当轮胎压力过低可能会影响到驾驶安全时，系统才会主动引起驾驶员的注意。再如，智能家居系统可以通过感应器检测房间的温度、湿度、光照等环境因素，自动调整空调、加湿器、窗帘等设备的状态，以保持室内环境的舒适度。用户在日常生活中并不需要时刻关注环境因素数据，但是当环境变化到需要调整设备状态时，系统会自动进行调整，启动设备，此时用户才会被动地感知到设备对环境作出的调整。

美国学者安珀·凯斯（Amber Case）在《交互的未来》[①] 一书中提出了平静技术设计的八项指导原则。

一是减少所需注意力。好的设备应该让我们能够将注意力快速集中到产品身上，获取了所需信息或达到目的后，就把注意力转回，去处理更多其他需要处理的事，而不是一直被它无休止地吸引。

二是创造平静生活。作为设备不应企图随时引起用户的关注，而是应当以平静的方式显示设备当前的实时状态，让使用者知道系统是可控的，从而让用户内心感到安宁。

三是有效利用边缘注意力。平静技术不仅会利用注意范围的中央地带，还会利用其边缘地带。事实上，人们的注意力会在中央地带和边缘地带之间来回切换。

四是发挥各自的优势。计算机和人类的行为不一样，各自有擅长和不擅长的领域。人类遇到棘手的事会觉得烦躁痛苦，也不能和计算机一样没日没夜地工作，必须休息、需要进食、需要社交、需要快乐、欢度假日、寻找爱人、获得成就感；而计算机并不具备主动性和情感体验，对于复杂世界的认知往往是机械的、死板的，但计算机拥有超高的工作效率和不间断的工作耐力。因此，出色的设计应充分发挥机器和人各自的优势。

五是合适的信息媒介。语音交互在今天已经越来越普及，若需要机器与人沟通流畅，就需要让机器具备语境意识及人际关系意识。语音的交互界面和视觉交互界面一样都需要使用较多的注意力资源，而人类的注意力是有限的，如果想实现更加平静的互动，就需要通过并行的方式呈现信息，根据信息量来选择相应的信息传输渠道。

六是出现问题时仍然可用。设计师和技术人员往往基于常规状态去研究如何让

---

① 安伯·卡斯（Amber Case）. 交互的未来：物联网时代设计原则［M］. 蒋文干，刘文仪，余声稳，等译. 北京：人民邮电出版社，2017.

产品用得更加高效，但设计师同样不能忽略极端用例下产品的反应，在出现故障后是否还能继续被使用。有些设计师和开发人员都会认为用户一定会按照正规的方式使用设备，但事实上用户犯错的现象非常普遍，一旦用户不按正常步骤使用产品，设计物就会遇到这些极端用例。

七是最低技术解决问题。设计一件简单的物品，往往需要经历非常复杂的过程。优秀的设计师往往会关注每一个微小的细节，穷尽他们所能想到的每一种极端用例，删除每一个不必要的功能，直到无从精简为止，使用最少的组件来降低系统复杂性，从而减少出现故障的可能性。

八是遵守社会规范。我们所说的"正常"的技术，是指与当前的社会规范相吻合的技术，也可以说是社会规范在经过调整后接受的技术。要想成功地推出产品，就必须深入地去研究用户群的文化特征。

平静技术的理念对当今的技术设计产生了深远影响，特别是在物联网、智慧办公和可穿戴设备等领域。平静技术强调的是技术应该服务于人，而不是主宰人的生活，通过将技术消隐，人们可以更好地专注于目标和任务，而不是被技术所干扰。实际上，平静技术的应用不止于交互设计领域，在生活中同样有平静技术智慧的应用。

Van Halen 乐队巡回演唱会合同中，存在一个著名的"绝对不要出现棕色巧克力豆条款"，这是该乐队的技术人员用来判断合约人是否读过合同的一种很聪明的手段。Van Halen 乐队常常乘坐装满各种设备的半挂汽车外出巡演。有时候，一些比较小的舞台根本无法承受这些设备的重量。好几次，巡演地的工作人员低估了舞台设备的重量，险些危及观众的安全。于是，乐队主唱大卫·李·罗斯（David Lee Roth）决定在合同中加入一项条款：绝对不要出现棕色的 M&M 巧克力豆。这是一个巧妙平静技术的使用案例，通过该条款，乐队将与演出有关的各种不确定因素都压缩进单一的指示器：如果碗里有棕色的 M&M 巧克力豆，那么合约人所布置的舞台就有可能存在技术缺陷。大卫·李·罗斯在他的自传中这样写道："如果我在后台发现碗里有棕色的 M&M 巧克力豆，那么就会按照图纸检查整个舞台布置。每次都会找到某个技术缺陷。"

综上所述，本章从信息供给模式、图形界面和新的交互形式三个方面，阐述了交互形式变革对交互复杂性的影响。这些影响既包含了宏观层面的考量，如信息供给模式、信息结构等，也包含了对微观层面的观察，如图形界面的认知规律和各种全新的交互形式。通过本章的阐述不难发现，在新技术的加持下，交互的复杂体验正在由用户端迁移向开发端，人工智能等技术已经开始替代用户承受这些复杂决策，让用户可以通过自然方式直达目的，消弭了由图形界面层级筛选所形成的烦琐感；另外，对于交互设计的实践者而言，深刻了解用户的认知规律，并尝试以新的交互形式呼应这些规律，可能为未来的设计工作指明道路，新的交互形式必然带来新的使用体验，"好的体验"这一终极设计目标的标准和内容，也因此得以扩展。

第7章

思维方式的新视角

在社会性因素混叠的解释中，我们已经初步涉及了思维方式的讨论，思维方式作为设计思维的底层影响因素，决定了设计师在设计各个环节的设计决策，包括需求分析、定义问题、构建问题解决路径等，可以说思维方式是形成设计特质的潜在决定性因素。在这个全球文化大融合的时代，我们需要寻找到一个相对稳定的观察坐标，来理解由社会性因素带来的设计复杂性的内在逻辑，从新的视角观察设计文化的重新整合。在这一整合过程中，设计的复杂性从对社会性因素的考量迁移到对设计特质的构建上，唯有完善、自洽、一脉相承的设计文化特质的生产机制，才能不断衍生出充分考量社会性因素的设计结果，从而形成思维方式—文化内容—社会要素多维度协调的设计结果。

7.1 设计的融合与特质

7.1.1 全球文化融合与冲突

关于全球化的讨论，从 20 世纪 90 年代后期开始逐渐成为热议的话题，而关于全球化的实践，则可以追溯至更早的大航海时代。全球化的核心推动力是经济的全球化，随着交通运输技术的发展，劳动分工从国家内部逐渐蔓延到国家之间，逐渐形成了全球化的生产协作网络，在这一过程带来了大尺度的分工协作，催生了更多的经济收益和更强的市场活力，但同时也形成了全球范围内的文化趋同。

　　随着信息交流的日益频繁和便捷，人们有机会看到各种不同的文化形态和生活方式，那些较先进入现代化的强势文化，便开始了其扩张之旅，文化间的差异开始逐渐减小，文化的多样性正在减弱，特别是传统原生文化，在现代化的进程中与现代生活发生断裂，打破了文化应有的演化式发育方式，伴随着生产协作范围的扩大，文化的融合与同化现象正以前所未有的速度进行着。文化的全球化与本土化开始成为核心议题，正如美国学者萨缪尔·亨廷顿（Samuel Huntington）所言，"21 世纪作为文化世纪的开始，各种不同文化之间的差异、互动、冲突走上了中心舞台，这已经在各个方面表现得非常清楚。在一定程度上，学者、政治家、经济发展官员、士兵和战略家们都转向把文化作为解释人类的社会、政治和经济行为最重要的因素。"[①] 面对全球化所带来的文化趋同效应，如何保持文化的多样性，发现不同文化在现代文明中的价值，如何让民族文化活跃在今天人们的生活中，成为在这场全球化的文化冲突中需要解决的问题。

　　观察文化发展的历史不难发现，文化的成长发育一直以来都与文化的碰撞、融合密不可分。例如，19 世纪后半期的法国印象主义就在东西方文化的交流中受到了东方绘画的影响。梵高、高更都吸纳了中国画和日本浮世绘版画的绘画特点，作品中包含了很多东方绘画的观念与精神，并影响了整个印象主义绘画风格。再如，中国内陆的农耕文化不断与北方的草原游牧文化相互借鉴、融合，也造就了多文化混合的辉煌大唐文明。唐朝的辉煌与其丰富的文化融合性密不可分，从皇室的血统、盛行的宗教，到长安城的建制、人口以及贯穿亚欧两陆的丝绸之路，无一不展现着多种文化相互交融带来的巨大的文明魅力。同样，由关外的满族人所建立的大清王朝成为中国最后一个帝王朝代，虽然清朝的语言主体仍然是汉语，但已经深深地烙印上了满族的印记，特别是在中国东北的语言系统中，存在着大量的由满语音译而成的单词，这些单词已经成为今天人们生活中的常用语言。

　　综上所述，文化交融的形式多种多样，模仿（imitation）、掠夺（spolia）、挪用（appropriation）、借用（borrowing）、同化（assimilation）、交流（exchange）、迁移（transfer），无论采用哪一种交融形式，人类的文化一直以来都处在或主动或被动的交流与融合过程中，同时也一直存在着抵抗与排斥。那么，我们又应当如何看待今天全球化背景下的文化趋同现象呢？英国学者彼得·布克（Peter Burke）认为，目

---

　　① 萨缪尔·亨廷顿. 文明的冲突与世界秩序的重建（修订版）［M］. 周琪，译. 北京：新华出版社，2010：13.

前全球化可能出现四种结果：（1）同质化，各种文化都消融在一起。（2）抵制或"反全球化"。（3）文化复语现象，也就是全球文化与地方文化的结合。（4）新型合成品的兴起①。

全球一体化的进程导致传统国家间的差异变得模糊，国际协作的深化使世界形成了若干经济与文化的共同体，从而在一定程度上打破了原有的国家边界。在国家或特定社会内部，政治、经济、文化、教育、环境等社会要素相互融合渗透，导致社会的复杂性加剧，各领域之间的边界变得模糊。

随着网络的拓展与深化，数字世界与现实世界的联系日益紧密，特别是大数据与人工智能的兴起，使人类生活空间开始超越传统的三维视角。如何从这种模糊的发展态势中寻找新的秩序和发展规律，是设计师需要关注的更宏观的设计问题。

笔者认为，与其将全球化与本土化视为一对矛盾冲突，不如将其看作是两个持续存在相互共存的文化现象，正如大众文化（mass culture）与利基文化（niche culture）彼此互补②。尽管疫情后世界动荡加剧，出现了一些逆全球化的事件和观点，但数字网络早已将人类链接为一个密不可分的整体，在经济和社会层面的合作也已成为常态，实际上全球化的过程早已完成，人类已经连接成为一个不可分割的命运共同体。

文化复语现象最有可能成为未来世界的主要文化形态，现代文明已经成为今天人们认可并共享的文明形态，以现代文明作为文化的主干，各个国家、地区不同的传统文化与之融合，形成基于现代文明的新的民族文化形态，应是大部分文明所选择的发展道路，共享了人类现代文明的成果，又保存了人类文明的多样性，而在这样的融合过程中，今天全球化所带来的部分负面效应，也会在一定程度上得到消解。因此，寻找传统文化在现代设计中的价值，并保持其鲜活的生命力，成为今天设计领域研究的重大课题。

设计工作中社会性因素混叠带来的复杂性，在全球化的背景下被进一步放大，设计师不仅要考虑本土文化带来的影响，也需要考虑设计结果的跨文化能力。更重要的是，如何在复杂的设计工作中找到具有普适性的观察和思考路径，找到相对稳定的观察—评价坐标，成为构建设计特质的关键。下文将以中国设计语言为主要观察对象，观察在寻找中国设计特质的进程中所进行的尝试及成果。

---

① 彼得·布尔克（Peter Burke）. 文化杂交［M］. 杨元，蔡玉辉，译. 南京：译林出版社，2016.
② 泰勒·科文（Tylor Cowen）. 创造性破坏：全球化与文化多样性（*Creative Destruction*）［M］. 王志毅，译. 上海：上海人民出版社，2007：22.

7.1.2　中国设计特质的探索、问题与新视角

在应对复杂设计问题的过程中，如何找到诸多社会性因素中相对稳定的、核心的控制性因素，并以此形成新的设计视角来思考设计问题，或许是消解设计复杂性、提升本土文化适应性、强化设计跨文化能力的一种可行的方法。那么，什么是具有中国特质的设计表达范式或设计方法？其精神内核是什么？它又将如何根植于设计师的设计观念之中？

"设计特质"是指在设计活动中，由于不同国家或民族的历史、文化、价值观念等因素的影响，所形成的具有独特风格和特点的设计特性。这一概念源于对不同文化背景下设计现象的观察和研究，旨在探讨设计与文化之间的紧密关系。设计特质早期研究者如塞萨·娄（Setha Low）提出了设计与文化之间的关联性，并试图从民族心理学和人类学的角度解释设计特质的形成[①]。英国设计史学者约翰·赫斯柯特（John Heskett）进一步深化了对设计特质的理论探讨，强调了设计在传承和表达文化价值观念方面的重要性[②]。中国学者孙德明在其著作《中国传统文化与当代设计》中，深入探讨了中国传统文化对现代设计的影响，指出了中国设计特质在当代设计实践中的独特性和价值[③]。

笔者认为，中国的设计特质通过审美情趣、信息组织形式、价值观传递等方式存在于设计方案之中，是对中国思维方式、历史进程、哲学观念、社会文化的一种凝缩体现。所谓中国设计特质是一个宽泛的概念，其内涵和形式是不断动态发展的，与时代风貌、设计观念的演进、技术的发展以及社会结构等因素紧密相连。

纵观各个时期的中国式设计，其内涵虽然在不断演进变化，但却有一个关键性的因素贯穿始终：对"精神性"的重视[④]。所谓精神性是指在认识世界和造物的过程中，不仅关注事物本身的属性和规律，同时赋予事物超越本身功能的象征意义和道德属性，并将其纳入精神性的解释体系中（如阴阳、五行、数术等），使事物从意义上产生普遍联系。正是由于造物过程中对精神性的重视，中国式的设计在实现了实用功能的同时，往往也融入了设计者对于世界的认识和强烈的象征含义，这样

---

① Low S. M. Cultural Aspects of Design：An Introduction to the Field［J］. Architectural Behavior，1988，4（3）：187–190.

② Heskett J. Toothpicks and Logos：Design in Everyday Life［M］. Oxford University Press，2002.

③ 孙德明. 中国传统文化与当代设计［M］. 北京：社会科学文献出版社，2015.

④ 全鹰. 论中国的传统精神形成与现代精神的建立［J］. 大众文艺，2016.

的精神性的表达不仅存在于视觉层面，更存在于设计产物的使用场景、使用方式和对人们行为的影响中。

中国的哲学体系中影响力最大的是儒家文化。而"儒"最初则诞生于祭祀祈福。"儒"最早被写作"需"，是指祈雨的巫师，胡适先生在《原儒》中提到，儒是"殷商的教士"，以"治丧襄礼（举办丧礼、祭祀，制定礼仪规则）"作为职业①。这里强调"儒"的起源是想说明儒家文化最初诞生于祭祀礼仪，因此其对于"仪式""意义""解释"的重视程度都是非凡的。在儒家文化中，人的行为包含了丰富的含义和多重衍生的结果，每一个行为不仅有着道德层面的约束，还包含了对自我和他人人生的影响，以及与天地万物的联系。在这样的精神性世界观的影响下，中国人的造物活动便成为人们思维方式和价值观念的一种表达方式。这一点与中国的绘画艺术观念是相似的。中国古代绘画被认为是"画者，文之极也"②（绘画是文化表达的终极形式），"画，心之文也"③（绘画是心境与人格的反应），作画被认为是像写作一样表达情感和思想的另外一种方式，作画时潜意识所流露出的哲学修养和价值观念，便是绘画艺术中的精神性体现。在中国的造物活动中，对精神性的表达同样是普遍存在的，是造物者思维方式、价值观念的一种外显化的表达。

随着西方哲学体系和科学技术引入中国，西方基于标准化、工业化的设计过程被中国的设计实践者所接受并大量应用。但中国人始终对于"物"中所包含的精神性成分情有独钟，这种由文化结构所决定的价值观念和审美情趣贯穿古今，也成为中国的设计实践者所追求的中国式设计的核心体现。随着中国经济和工业化的发展，中国设计开始逐渐从功能性向服务性转向，对设计中所包含的人文要素和附加价值的要求越来越多，设计师开始重新探索现代的中国式设计方式。基于传统符号再利用的"中国风"设计风格，曾一度被视为是中国式设计的代表，但随着时间的推移已被证明其未被中国市场所接受，这一问题将在下文中详细阐述。

中国的现代设计从民国时期开始萌芽，这一时期，受到西方文化和民族救亡思想的影响，在工业产品、服装、建筑、广告、印刷等各个设计领域，都在努力向西方学习，引进了大量的西方技术和设计观念。在随后的抗日战争和解放战争中，中国设计的发展基本上处于停滞状态。

新中国成立初期百废待兴，这一时期的设计大多处于纯功能性的低设计水平，

---

① 葛朝光.古代中国文化讲义［M］.上海：复旦大学出版社，2016.
② （南宋）邓椿.画继.
③ （清代）张式.画谭.

以廉价、耐用为主要设计目标，这时中国的设计工作基本上是由美术工作者来进行的，因此"图案"常作为设计的代名词出现①。经历了"文革"运动后，从20世纪70年代开始，中国的设计行业开始真正复苏，产生了一大批基于传统技法的设计作品，其中最为典型的是在动画设计领域，以水墨、京剧、剪纸等为表现形式的动画作品，在70年代末至80年代中期成为中国动画的一大特色②。在工业产品领域，设计也逐渐从耐用和功能过渡到了对多样性的追求。

随着1978年改革开放政策的实施，中国敞开国门，与世界展开了更为开放和频繁的交流，中国人开始努力学习西方的价值体系和先进的科学技术，经济和生活水平得到了显著的提高。但与此同时，由于一系列历史原因，中国在文化上出现了明显的断层，人们对于中国传统文化的深邃内涵感到陌生，但在生活中又实践着自古传承至今的价值观念，这种文化上的断层深刻地影响着当代中国的文化发展，也对中国设计领域的发展产生了巨大影响。这一时期中国的设计行业以学习西方的理论和方法为主，在设计实践中完全基于西方的价值体系分析设计问题、进行设计决策，设计行业依托工商业的进步得到了迅速发展，逐渐形成了全面西化的设计方法体系，这对于物质相对贫乏的七八十年代的中国而言，有着重要的价值和意义。

进入2000年后，人们生活水平逐渐提高。随着中国经济和工业化的发展，中国设计师开始探索现代的中国式设计方式。此时，成熟的西方设计观念已经成为中国设计师进行设计的普遍价值观念和方法，怎样将中国文化的特质在设计中展现出来，怎样将传统文化积淀与现代设计方法融合在一起，成为中国设计师困扰并关心的议题。

中国的设计观念经历了各个不同的发展阶段，设计活动的核心价值与时代的发展紧密相连，不断变化。但在中国设计观念的变革中，对精神性的诉求是贯穿始终的重要因素，也是探索现代中国式设计的一个重要参考方向。如何将中国的价值观念、文化内涵、审美情趣融入现代设计，形成具有文化活力与市场竞争力的"中国设计特质"，是当代中国设计师关注和不断探索的设计难题。

在现代中国设计特质的探索道路上，中国设计师首先尝试使用传统纹样作为设计差异性的表现形式。中国的传统文化中，存在大量带有明确含义的图形符号，这些符号与宗教仪式、民间传说有着紧密的联系，主要分为几何纹样、动物纹样、花

① 沈榆. 中国现代设计观念史［M］. 上海：上海人民美术出版社，2017.
② 屈菁，屈健."中国学派"与民族风格动画的当代思考［J］. 美术观察，2014.

鸟鱼虫纹样、吉祥纹样、人物纹样以及器物纹样六大类。其中较为知名的如云纹、如意纹、万字纹、团花纹、螭龙纹等①。这些纹样一部分用于宗教祭祀，另一部分则用于民间装饰。在设计中运用纹样最为知名的案例当属 2008 年北京奥运会的火炬设计。火炬的设计中，使用中国传统纹样云纹作为表面装饰，以书卷作为火炬造型，着重展现中国传统文化符号，给人们留下了深刻的印象（见图 7 - 1）。

图 7 - 1　2008 北京奥运会火炬设计

资料来源：http：//m. yezhishi. cn/info/152425. html；https：//www. 163. com/dy/article/EB770UKK05390TQD. html。

随着奥运会的举办，中国设计界开始了以"中国风"为主题的设计热潮，大量设计中尝试使用传统纹样作为表面装饰或设计元素，从标志设计到冰箱、手机的表面装饰，一时间传统纹样大量出现在中国设计市场。与此相伴的是对应用传统材料的追捧，木、竹、陶、泥等材料纷纷被用于设计品中，尝试通过对传统纹样、材料在设计中的应用来表达中国设计特质（见图 7 - 2）。

传统纹样刚刚应用在设计上时受到了消费者的欢迎，这种方式让我们看到了传统美学与现代产品直接结合的可能性，但很快随着传统纹样在工业品上的广泛应用，人们开始厌倦这种对纹样的滥用，其原因在于：传统纹样虽然承载了中华民族的审美记忆，但已长时间地脱离人们的日常生活，人们对于传统纹样的共感只能停留在符号形象的美感而失去了对其文化意义的解读，同时，像 2008 年奥运火炬这样能够将传统纹样与现代工业产品完美融合的设计少之又少，其设计难度是极大的。大部分纹样的应用与人们日常生活中的工业产品在审美上是相斥的，很难融入以现代设计语言为主体的现代环境中。因此，这种脱离了符号使用场景的设计，让人们无法

① 古月. 传统纹样［M］. 北京：东方出版社，2010.

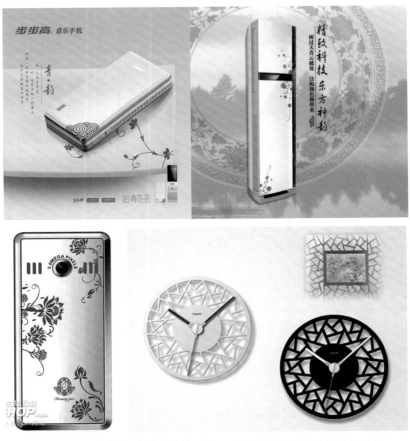

图 7-2　以青花瓷纹样设计的手机、空调和以窗棂纹样设计的钟表

资料来源：https：//baijiahao. baidu. com/s?id = 1793313387340147889&wfr = spider&for = pc；https：//www. jia400. com/baike/54528. html；http：//b2c. 958shop. com/changhong/cuxiao - 916. html；https：//www. nicepsd. com/works/139494／。

将其纳入日常审美体系中，久而久之演变成了一种纯粹的视觉装饰风格，并不能通过这种方式彰显中国设计的内在魅力和精神内核。客观来看，传统纹样是非常珍贵的设计资源，但如果仅被直接用作表面装饰，则显得生命力不足。

　　另一个对中国设计特质的表达探索是将中国传统文化中的知识体系转译到设计中，作为设计的表现形式或内容框架①。例如以五行元素为主题的画册设计，或是将五行概念转换为颜色、质地不同的茶杯。这种设计方式与前文所阐述的使用传统纹样的设计不同，并非直接将传统的视觉符号应用于设计中，而是通过对传统文化概念的视觉性转换来体现民族特征，相较于对纹样的直接使用，文化转载的方式更

―――――――――――
　　①　黄杰翰，林凤玲．以中国古代绘画理论构建"中国式"平面设计理论体系［J］. 美与时代，2017.

具有反思层面上的美感（见图7-3）。

图7-3 以五行概念设计的画册和茶杯

资料来源：https：//m. redocn. com/huace_5641196. html；https：//dehua. 1688. com/offer/542572283368. html。

我们可以观察到，在游戏和影视领域使用传统纹样和文化转译的设计方法往往是颇为成功的。因为游戏和影视作品所营造的恰恰是一个远离真实世界的虚拟环境，这些传统纹样和文化概念被转载至设计中，能够为观者带来强烈的猎奇体验和神秘感。以网易公司推出的手机游戏《神都夜行录》为例，其中应用了《山海经》传说中所出现的神怪形象作为游戏角色，以五行相克作为游戏战斗的重要元素，受到了广大玩家的喜爱，获得了很大的成功（见图7-4）。

文化转译的设计方法如果应用于日常设计则会出现问题。由于阴阳、五行等传统认知体系已经不是今天中国人认识世界的主要方法，与传统纹样相似，这些被转译到设计中的文化同样脱离了人们日常生活的土壤，除了给人们带来形式上的美感之外，无法从精神与内容上服务人们的当代生活，仍然仅成为一种提升审美趣味的设计手段，将传统文化转译至设计中所产生的服务效应比较微弱。

综上所述，在寻找中国设计特质表达的历程中，设计师往往陷入在一种强调民族视觉符号的思维中，而忽略了设计的真正价值在于"服务"而非"自我表现"。首先应该肯定中国设计师在视觉表现层面所做的努力，视觉表现形式是设计的立足点，也是设计物与受众产生交互的第一个媒介，理应是丰富多样的，观察中国设计作品，我们能看到很多中国表现形式的卓有成效的尝试，例如水墨、书法、传统技法在设计中的运用，以文化符号的形式从视觉上将现代设计与传统文化连接在一起，这是识别性和美感的一个重要来源，产生了设计服务价值。

图 7 - 4　游戏《神都夜行录》中的五行设定和人物角色

资料来源：作者手机截图；https：//sd.163.com/。

　　我们也应该认识到，寻找中国设计特质只停留在表现形式上是远远不够的，许多传统元素从原有的语境中被剥离出来，应用在与之格格不入的现代空间中，这种设计方式定然是生命力不足的。

　　观察近几十年中国特质的设计实践可以发现，几乎所有的关注点都集中在如何将传统视觉元素应用于现代设计、在表现形式上如何更具中国特色，基本上都是针对传统符号的应用和文化转译层面的研究，这远远不能作为中国设计特质的表达范式，正如唐纳德·诺尔曼（Donald Arthur Norman）的观点，纯视觉层面的情感体验往往是短暂的，而针对反思的设计则更具生命力①。因此，如何针对中国文化提供更具适应性的设计服务，让这些设计与人们今天的生活紧密相连，可能是寻找中国设计语言的一个思考角度。

　　文化一旦脱离对现实生活的服务作用、离开了具体的应用场景，其生命力将大大减弱。例如在传统的阿拉伯语中有6 000多种与骆驼有关的词汇，分别表述它们的颜色、体型、状态等。然而这些丰富的概念和词汇正在逐渐消失，其原因在于骆驼已经不再是阿拉伯民众主要的交通工具，其对于民众日常生活的价值削减了，文化的活跃度自然也就消失了。这一现象在设计领域同样适用，通过前文的观察与分

----

　　①　唐纳德·诺尔曼（Donald Arthur Norman）. 情感化设计（第2版）［M］. 张磊，译. 北京：中信出版社，2015.

析我们发现，在中国设计实践中，以通过传统纹样和文化转译来体现设计的特质，往往与人们今天的现实生活脱节，无法保持其在日常生活中的活力。

　　寻找中国设计上的差异，理应从传统文化中汲取营养，那么，传统文化与现代生活相连接的通道是什么呢？笔者提出假设：这种关联性体现在中国人的思维方式上。思维方式不同于文化内容，是人们理解问题、解决问题的思维工具，与文化的多变性不同，一个民族的思维方式一旦形成便具有了持续的稳定性，同时作为解决实际问题的思维工具，中国式思维方式也持续活跃于人们的生活中。因此，基于中国式思维方式进行的设计思考和设计决策，是形成中国设计特质的底层逻辑，是将中国传统文化积淀与现代设计有机地融合在一起的一种设计方法。

　　前文提到精神性是中国式设计的独特要素，而中国式思维方式正是这种精神性的集中体现。中国式思维方式作为中国文化的生产机制，与中国式设计观念中对"物"的精神性诉求相契合，通过思维方式在设计过程中的投射，将中国的价值观念、哲学文化、审美情趣都融合到了最终的设计结果中，与"中国风"设计风格所产生的融合效果不同，思维方式所带来的影响不是形式上的叠加，而是一种底层的创造逻辑。

7.2　思维方式与设计差异

7.2.1　思维方式的意涵、形成、属性

　　每个民族都有自己特殊的历史文化传统和思维方式。思维方式是在长期的生产、生活中积累起来的，稳定的思维习惯、思维方法，是指导人们看待问题、解决问题的思维工具，活跃在人们当下的生活中。由于各民族思维方式的产生条件和产生路径不同，因此不同民族持有不同的思维方式。思维方式的差异，是造成文化差异的重要原因。

　　思维方式是存在于一个民族中的稳定的思维方法，是民族成员对事物的共同认知和想象。一般而言，思维方式由知识、观念、方法、智力、情感、意志、语言、习惯八大要素组成[1]，这些要素相互联系，相互作用，形成一个动态、有机、复杂

---

[1] 连淑能.论中西思维方式［J］.外语与外语教学，2002.

的系统，也是思维方式差异的具体表现。思维方式的差异不仅存在于历史传统中，也为今天人们的生产生活提供着指导。

设计是一种创新过程，它涉及对问题的理解、解决方案的构想和实施。在这个过程中，思维方式起着至关重要的作用。思维方式影响着我们对设计问题的理解和生成设计解决方案的方式。例如，分析性思维倾向于将问题分解为更小的部分进行研究，而整体性思维则倾向于从整体上理解问题。思维方式不同于文化、观念、风尚，有着其独特的属性。一般来说，思维方式具有累积性、稳定性、继承性和背景性四个特点。

1. 累积性

思维方式的形成不是一蹴而就的，而是人们在漫长的生存实践中，通过不断调整和适应而累积形成的。思想是对行为经验的累积与保留。在累积过程中，思维方式逐渐形成体系，与民族的哲学观念相互交融，成为指导人们生存的思想工具。也因自然、人文条件的不同，不同地区形成了不同的思维方式，新的文化内容、经济结构、历史事件等因素不断地累积，成为思维方式发展的主要动力。

2. 继承性

思维方式一旦形成，便会伴随着文化、传统代代相传，通过教育教化、传统风俗、社会舆论等方式传递下去，成为人们思考问题、解决问题的思维工具。思维方式的传承往往是间接的，它的传承方式一般而言有书面和口头两种，书面方式是通过哲学、文化、知识的传授，人们在学习的过程中，逐渐构建、理解、接受文化背后隐藏的思维方式。另外，在人们的生活实践中，通过对历史、生活事件的评价，通过一次次对现实事物的处理，人们在生活中潜移默化地学习和接受了前人的思维方式。

3. 稳定性

思维方式是存在于人们头脑中的底层思维工具，因此它的变迁往往是缓慢的。相对于快速变化的文化现象，思维方式表现出更为漫长的变化周期。在经济结构发生变化、新的文化带来冲击时，思维方式往往不会发生剧烈的改变，人们通常是使用已有的思维方式对新的文化作出解释，以适应社会结构的变化。当人们完全接受新的社会结构和文化理念后，新的思维方式会累积到已有的思维方式中，重新形成一个自洽的体系，因此我们也能观察到，思维方式的改变与社会结构、文化内容的改变相比，是相对滞后的。

4. 背景性

思维方式作为一种思维工具，不能被直接观察，而是通过解决问题、构造文化间接地展现出来。思维方式的潜在影响往往是决定性的，决定了一个民族的文化的样式、审美倾向、人际关系，甚至决定了一个民族的发展路径。同时，思维方式也是一个民族全体成员思维方式的共性的集合，其渗透在一个民族的科学、道德、法律等各个层面，是一种普遍存在的指导性思想，是整个民族共同的精神财富。

受到地理条件、哲学体系、历史事件等影响，生活在不同地域的人们，在漫长的劳动实践中，逐渐沉淀形成了适应当地生活的独特思维方式，这些思维方式又在历史的演进中，以文化的形式凝结下来，通过传统、舆论、教育等方式一代代地传承下去。同时，一个民族的历史及文化又会反过来作用于思维方式，使其进一步稳固和发展。

（1）地理条件的影响

不同的地理环境提供了不同的自然条件，自然条件又决定了生活在当地的人的经济结构和生产方式，思维方式就在这些漫长的生产、生活实践中慢慢沉淀形成。因此可以说地理条件是形成思维方式的决定性因素。以中华文明和希腊文明为例。中国地处东亚，文明诞生于整块大陆，以农业生产为主，因此人口的流动性相对较小，不同地区间的思想交流较少，更重视与身边人的关系，因此渐渐形成了重视和谐人际关系的思维方式和文化内容。与之相反，希腊文明诞生于希腊诸岛，以狩猎和贸易为主，来自不同地区的人经常相聚又分离，各种不同的思想相互碰撞，逐渐形成了善于争论、逻辑思辨的思维方式。不同的思维方式对其后世的文明形态和文明成果，都有着决定性的影响。

（2）哲学体系的影响

哲学体系与思维方式的形成是相辅相成的。由于思维方式的不同，逐渐形成各地不同哲学体系的开端，随着这些哲学体系的日益完善，由哲学体系所形成的世界观、价值观，又进一步强化了人们的思维方式。与思维方式相似，哲学体系在潜在层面上影响着普通人的生活，作为文化高度凝结的产物，哲学体系是思维方式最直接的体现，也在很大程度上加固、延伸和改变着思维方式。

（3）文化内容的影响

在漫长的历史中，不同民族发展出了各具特色的文化内容，这些文化与思维方式互为因果、相互影响，思维方式影响着文化内容的生产，而文化的发展也反过来塑造思维方式。特别是在强烈的文化冲突中，文化对于思维方式的塑造作用尤为强烈。以第二次世界大战后的日本为例，战后美国对日本进行了社会政治改革，使日本的社会结构发生了巨大改变，日本人开始渐渐接受美式思维方式，在生产方式、办公环境甚至工作制服的设计上，都体现了美式务实、客观的思维方式。然而在人际关系和生活方式上，日本人仍然秉承着长久以来形成的谦逊、暧昧、隐忍的日本式思维方式，并仍然喜爱穿着和服居住和室。日本人在两种思维方式中渐渐找到了并存的平衡点，并能够在生活中泰然处之①。

（4）语言的影响

语言作为思维的表达工具，不仅起到了对思维方式的传承作用，同时也在一定程度上塑造着人们的思维方式。在字词的构造过程中，不同的思维方式和文化倾向，使其词义包含了不同的隐喻内容，而这些隐喻内容又在字词的使用过程中广为传播、深入人心，影响着人们对概念的理解。例如中文里"管理"与"管道"的"管"是同一个字。管道具有约束、控制的含义，而管理一词中使用"管"字，正是借用了约束、束缚的含义。而英语中管道（pipeline）与管理（manage）没有任何语义上的联系，manage 的词根是拉丁词 manu，意思是"手"。由此可以看出，中国人理解管理强调的是对人的约束与纪律性，而英国人理解的管理则强调了动手去做，强调了通过主动实施行为才能达到目的的含义。这样的差异，伴随着语言的使用而广泛传播，潜移默化地影响着人们的思维方式。

（5）历史、文化事件的影响

重要的历史事件或文化碰撞，会改变历史既有的发展路线，给人们带来强烈的观念冲突，让人们反思自身的思维方式和文化价值，这些反思对文化内容的作用力尤为明显，文化中出现的新鲜元素，丰富和改变了固有的思维方式。因此任何成熟的思维方式都不是单一价值取向的，而是复合并复杂的。

当然我们也必须承认，在复杂的历史进程中，上述影响的界限是非常模糊的，往往是多个因素混合在一起共同作用的结果，思维方式的形成是一个动态的、多因素共同作用的复杂过程。

---

① 彼得·布尔克. 文化杂交［M］. 杨元，蔡玉辉，译. 南京：译林出版社，2016.

7.2.2 设计差异的形成

设计是一种综合性的复杂人类活动,需要综合运用人类所累积的哲学、技术、人文知识,以及人类社会所构建出来的多方协作的商业体系。设计是为了达成有意义的秩序而进行的有意识而又富于直觉的努力[①]。设计工作经历了漫长的发展历程,从原始社会开始,经由手工艺时代、工业时代,伴随着人们的需求和欲望一直发展到今天。

受到交通能力的限制,在相对封闭的环境中,各个地区、民族孕育出了独具特色的文明形态,不同的思维方式、哲学体系、文化内容,共同组成了人类灿烂的文明。也正是在这样的差异中,不同地区通过生产、生活实践发展出了自身独特的设计哲学与设计形态,这种由文化差异所孕育出的设计差异,最适用于解决和满足当地的设计问题和设计需求,能够将设计还原到具体场景中,为真实世界提供有效的设计服务。

随着工业革命对传统生产方式的改变,批量化生产让现代主义设计风格在全球扩散开来,特别是伴随着全球化的进程,以商业为推动力,以现代技术共享为基础的现代设计方式成为设计工作的标准,以往由文化差异而形成的设计差异被抹平,设计的同质化成为工业时代后期设计界的显著特征,人们已经很难通过设计品本身识别地区差异。现代设计理念在获得了生产效率的同时,牺牲了设计为具体场景服务的价值,脱离了文化独特性土壤的现代设计,在提供设计服务的过程中经常表现出地区适应性问题。

于是人们开始反思现代设计多样性不足的问题,各个国家也都在尝试寻找更适合自己的设计发展之路,在设计中展现文化特质,从而提供更具本土适应性的设计服务。在这个过程中,我们看到一些国家已经逐渐展现出了在设计上差异,这种差异通常被人们解读为这个国家设计品所表现出来的设计"气质"或独特设计"风格"。

北欧设计,关注人们的日常生活,追求民主,功能朴素,是功能主义设计的典范(见图7-5)。以丹麦、瑞典、挪威等国为代表的北欧诸国,气候寒冷,重视家庭生活,由于远离欧洲大陆,传统的手工业得到了更多的保护。北欧设计青睐使用

[①] 维克多·帕帕奈克.为真实的世界设计[M].周博,译.北京:中信出版社,2012.

天然材料，关注普通人的日常需求，产品设计常常带有温暖的人情味。正如何人可教授所说：斯堪的纳维亚风格将现代主义设计思想与传统的设计文化相结合，既注意产品的实用功能，又强调设计中的人文因素，避免过于刻板和严酷的几何形式，从而产生了一种富于"人情味"的现代美学①。

图 7 - 5　北欧设计

资料来源：https：//www.163.com/dy/article/E949O8HC05381OBC.html；https：//zhuanlan.zhihu.com/p/315644766?utm_id=0；https：//huaban.com/pins/3323835240；https：//huaban.com/pins/1138492746；https：//www.163.com/dy/article/F23GHHOH05454HMA.html；https：//weili.ooopic.com/weili_18075804.html。

　　在东方的另一个国家，"人情味"的另一种表达方式成为韩国设计中的重要元素。韩国人性格开朗，直率，情感浓烈，这从传统韩服的冲突性的配色中就可见一斑，同时由于经济高度发达，韩国也成为时尚、流行文化的聚集地。韩国设计与其他国家的设计相比，展现出了更为浓烈的情感表达和设计可识别性。无论设计风格是甜美悦动，还是雅致安静，设计中都包含着饱满的情感、细腻的人文关怀和耀眼的时尚元素（见图 7 -6）。

　　与之不同，德国的设计则呈现出了另一种气质。气候干燥、多山的自然环境造就了德国人严谨的性格。以坚固耐用、注重效率为特点的德国设计，重视质量与功能，科技含量高，形成德国人独特的功能技术审美体系，充分展现了理性主义设计哲学。这与德国人深沉内向的民族性格和严谨规范的思维方式密不可分，从家用电器到日常用品，甚至是珠宝设计，都展现着德国设计的品质精良和秩序严谨，但由

――――――――――

　　①　何人可．工业设计史［M］．北京：高等教育出版社，2010.

于注重机械感和技术美学，德国设计中温情的感觉往往不足（见图7-7）。

图7-6　韩国设计

资料来源：https：//www. pinterest. co. uk/pin/107734616069597324/；https：//beauty. ulifestyle. com. hk/beauty/makeup/8749/% E7% 94% 9C% E5% 85% A5% E5% BF% 83 -% E9% 9F% 93% E5% 9C% 8Betude - house% E6% 8E% A8% E5% 87% BAberry - delicious% E8% 8D% 89% E8% 8E% 93% E7% B3% BB% E5% 88% 97；https：//www. facebook. com/innisfreeTH/photos/a. 649807935144964/1023654534426967/? type = 3；https：//happydream-market. co. kr/product/100130a11 - 1 -% EB% B6% 80% EC% B2% 9C - lg% EC% A0% 84% EC% 9E% 90 - 801% EB% A6% AC% ED% 84% B0 - 2010% EB% 85% 84 -% EC% A4% 91% EA% B3% A0% EC% 96% 91% EB% AC% B8% EB% 83% 89% EC% 9E% A5% EA% B3% A0/652/；https：//huaban. com/pins/1254674798?from = sameBoard；https：//post. smzdm. com/ju/list/895/；https：//www. duitang. com/blog/?id = 904806082；https：//www. young-beautyss. com/products/rever% E6% B3% A1% E8% 84% 9A% E7% 90% 83% E7% A4% BC% E7% 9B% 92。

图7-7　德国设计

资料来源：http：//www. 360doc. com/content/16/1127/11/38343367 _ 609878645. shtml；https：//www. amazon. de/ - /en/Rimowa - Deluxe - 850 - 40 - Business - Trolley/dp/B001Q6XI06；https：//www. pinterest. co. uk/pin/89016530106909507/；https：//www. zcool. com. cn/work/ZMTM4MjQwNDA = . html?；https：//www. 163. com/dy/article/DK9I1PNA0511AFST. html；https：//m. 58che. com/info/26236. html。

在设计上表现得更为自由的是美国。作为年轻的移民国家，英国先后四次移民，组成了今天美国社会的基础①。经过独立运动，第二次世界大战后美国实力不断增长，特别是战争中大批知名设计师移民美国，使美国迅速成为世界设计的中心。移民文化和多民族融合产生了文化的多元性，这使美国设计表现出了更高的自由度和对新生事物的好奇。实用主义与创新成为美国设计的代表性气质，同时处于世界商业结构中心的美国，如何在商业竞争中取胜，也是美国设计思考中的重要主题。伴随着文化传播，美国文化不断向外扩张，也在相当程度上影响了全世界看待设计的观点（见图7-8）。

图7-8 美国设计

资料来源：https：//www. adweek. com/brand - marketing/starbucks - launches - starbucks - studios/；extension：//bfdogplmndidlpjfhoijckpakkdjkkil/pdf/viewer. html?file = https% 3A% 2F% 2Fwww. apple. com% 2Fenvironment% 2Fpdf% 2Fproducts% 2Fdesktops% 2FMacmini _PER_ oct2014. pdf；https：//www. 4vi. cn/wen/345. html；https：//3g. niuche. com/news/detail_496467. html；https：//zhuanlan. zhihu. com/p/706491726；https：//baijiahao. baidu. com/s?id = 1798719119365230530&wfr = spider&for = pc。

在设计特质的展现上，日本设计可以说是独树一帜的。地处东亚的岛国日本，在第二次世界大战后以坚忍谨慎的民族精神迅速复苏。日本设计以小巧、简约、多功能、工艺平实为主要特征，日本设计师善于将活跃在文化中的哲学理念映射到设计中，中性色的大量运用让日本设计整体展现出安静、寂寥、冷淡之感，在设计品中常常传递着"物哀"② 的气质，营造出了独特的日本设计美学，这与日本的地理

① David Hackett Fischer. 阿尔比恩的种子：美国社会源流 ［M］. 王剑鹰，译. 桂林：广西师范大学出版社，2018.
② 王辉.〈源氏物语〉的梦及其宗教思想研究述评 ［J］. 湖北民族学院学报（哲学社会科学版），2017.

环境、民族性格和禅宗文化的影响都密不可分（见图7-9）。

图7-9　日本设计

资料来源：http：//www.51hbz.com/home-news-show-id-4035.html；https：//www.zhihu.com/question/27440922/answer/246231239；https：//www.douban.com/photos/photo/1658458257/；https：//huaban.com/pins/1571894444；http：//www.shejiol.com.cn/news/202211151626051.html；https：//www.sohu.com/a/529991542_322320；https：//jd.zol.com.cn/775/7759409.html。

由此可见，观察今天的设计领域，每个国家、地区都在努力寻找适合本民族的、承载了历史文化精神的设计特质，在一些设计较为发达的地区，已经逐渐形成了具有识别性的设计，并在进一步探索和发展。对于设计特质的探索不仅仅是表现形式上的努力，也并不仅只是为了制造民族认同，还是为了提供与历史积淀、人文环境、审美意识相符合的设计服务。

思维方式作为民族文化的核心部分，体现了一个民族的文化特征。不同哲学、地理、历史、文化渊源造就了不同民族或国家的思维方式差异。这些差异反映了社会性因素对人们思维方式的影响和制约。东西方思维方式的差异就是一个明显的例子。西方倾向于分析思维，强调逻辑和理性，而东方更倾向于整体思维，强调直觉和和谐。这些思维方式的差异，既是社会性因素的结果，又是社会性因素的表现。

在现代设计工作中，社会性因素与设计工作的混叠越来越多，因此思维方式对于设计的影响作用愈发明显。从更宏观的层面观察，思维方式影响着设计思维、设计的问题定义、设计解决方案的建构等多个层面。不同的思维方式决定了设计各方面的差异。这种差异不仅体现在设计的表面，如产品的外观、功能等，也体现在设计的深层，如目标战略、信息架构、解决方案的建构等。不同思维方式下，对于同一个设计问题的理解和解决方案可能会有所不同。

在西方思维方式下，设计问题可能更倾向于被细化和具体化，而在东方思维方式下，设计问题可能更倾向于被整体化和抽象化。在日本，设计师常常会将自然界的美学融入设计中，强调自然与人类的和谐共生；而在欧洲，设计师则更注重历史和传统的传承，强调设计作品的文化积淀和精神内涵。这些思维方式的差异不仅体现在设计的形式和风格上，更体现在设计的目的和意义上。

如果设计师不能从思维方式的视角出发进行设计思考，将在设计工作中面临越来越多的困难。设计思考本质上是设计问题解决方案的产出过程，它强调对问题的深入理解，以及通过迭代的过程来探索和测试可能的解决方案。在设计工作复杂度不断上升的今天，思维方式是一个有效地应对社会性因素导致的复杂性挑战的有效方法。随着全球化进程的不断加深，设计师在进行跨文化设计时面临着越来越多的挑战和机遇。一方面，全球化使不同文化之间的交流和融合变得更加频繁和紧密，设计师需要在设计中考虑到更多元化的用户需求和文化背景。另一方面，全球化也带来了文化同质化的风险，设计师需要保持对本土文化特色的保护和传承。因此，设计师在进行跨文化设计时，需要充分理解不同文化背景下的思维方式，以及如何将这些思维方式融入设计中，从而创造出兼具全球视野和本土特色的设计作品。

从思维方式的视角观察社会性因素在设计中的混叠我们可以看到，设计不仅是一种创新的实践活动，也是一种文化的表达方式。因此，设计师在进行设计工作时，需要充分理解和尊重不同文化背景下的思维方式，将这些思维方式融入设计中，从而在自洽的设计特质体系内应对设计复杂性带来的挑战。

7.2.3 中国式思维方式的特征

中国式思维方式具有哪些特征呢？通过文献整理发现①，针对中国传统思维方式的研究主要存在以下几个特点：首先是学术用语的混乱。不同学者对于同一种思维方式有着多种命名方式和阐述体系，初看中国式思维方式的特征非常多，但往往不同的名称指代的是同一种思维方式。其次是思维方式的主次关系不明确。不同量

---

① 受篇幅所限，具体文献目录参见附录。文献整理以东西方思维方式的比较为主要方式，通过差异比较来锚定中国式思维方式的独特性。

级的思维方式并列出现，不同思维方式间、思维方式与文化间的衍生关系混乱。因此本节将对内涵相同的思维方式进行合并整理，同时对于思维方式量级混乱的情况进行重新梳理，以思维方式之间的衍生关系为依据，重新构建思维方式的主次关系。

简言之，归类工作将主要集中在三个方面：（1）合并相似的思维方式。（2）整理思维方式的量级和衍生关系。（3）排除今天中国社会中已经不活跃和不具特殊性的思维方式。

通过整理研究文献基本上可以将思维方式归类于以下三个大类：

第一，联系型：注重事物之间的联系。这种对于联系的重视主要集中在两个层面，一方面是人与人之间的关系，重视人际关系中"和"的状态，重视伦理，并由此衍生出用于处世和自处的中庸思想。另一方面是人与自然的关系，衍生出了如天人合一、道法自然的观念逻辑。

第二，集合型：注重整体性的思维方式。中国传统思维方式中，倾向于将不同的事物视作一个整体，进行综合性的观察，由此衍生出了中国人所擅长的辩证性思维。同时，由于对整体的重视，产生了中国人的组合和集体主义观念。

第三，体悟型：重视直接的体验。由于对世界复杂性的认知，中国传统思维方式更倾向于通过直接的体验来理解世界，直觉、隐喻、言外之意在认识世界和表达思想的过程中显得非常重要，由此衍生出了中国人对于"意境"的追求和"取类比象"的表达方式。同时，由于经验多来自直觉，因此人们的评价系统是较为模糊的，情感在评价中的作用更大，习惯于使用归纳法，而不擅长演绎法。

综上所述，本书所讨论的是今时今日正活跃在中国社会中的、被广泛接受和使用的思维方式，它们对于设计师实施中国式设计决策有着重要的决定性作用。当代的中国式思维方式及其衍生关系重新整理如图 7-10 所示。

在重新归类的思维方式中，将中国式思维方式划分成了联系型、整体型和体悟型三大类，这也是中国式思维方式最为突出的三个特征。每一种特征又有其分支内涵和衍生思想。下面对中国式思维方式的三个特征进行详细阐述。

1. 特征一：联系型思维

（1）内涵及形成原因

观察中国人的思维方式，重视事物之间的联系是一个显著的特点。中国人在面对问题时，优先关注的并不是事物本身，而是事物所处的背景、势态，以及事物之间的联系，并且基于对联系的判断进行认知和行为决策，优先考虑维系联系的和谐

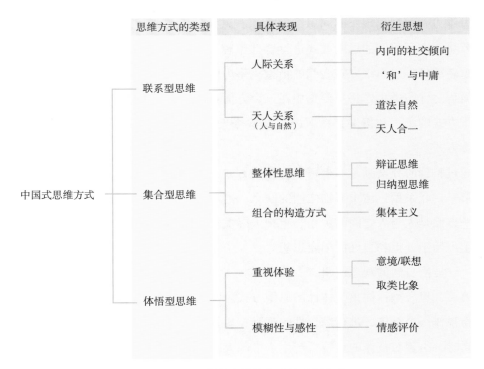

图 7 – 10　中国式思维方式的重新归类

资料来源：笔者绘制。

性。这种对联系的重视不仅表现为多个事物之间的关系，更重要的是它锚定了事物之间的彼此作用规则。在 Nisbett 的研究中，有大量关于联系型思维方式的实验研究①。例如，要求被试者将"牛""鸡""草"三张图片进行分类，具有东方思维方式的被试者（中国、韩国、日本人）多将牛与草分为一类，而西方被试者则多将牛与鸡分为一类。实验简单而又直接地证明，东方的思维方式更关注事物间的联系与内在因果，而西方思维方式则更关心事物在物质层面的分类。再如，让被试者观察并描述鱼缸，东方的被试者常常首先描述的是水草、水和气泡这一类背景性事物，而西方被试者则首先描述鱼等主体性事物。

宏观地讲，中国文化形成了中国传统社会的"超稳定结构"②，在稳定的社会结构中，人们每天所面对的人和事物基本是稳定不变的，每个人都被绑定在特定的环

---

① 理察德·尼斯贝特（Richard E. Nisbett）. 思维的版图（*The Geography of Thought*）［M］. 李秀霞，译. 北京：中信出版社，2006.

② 费孝通. 中国士绅：城乡关系论集（英汉对照版）［M］. 赵旭东，秦志杰，译. 北京：外语教学与研究出版社，2011.

境和人际关系复杂的宗族体系内，因此相互理解并维系良性关系，成为中国人首要的生存哲学，一旦固有的关系体系被打乱，则难以在原有的环境中继续生存。与贸易民族和游牧民族不同，这些民族由于人口流动性较强，人们所处的自然环境、所接触的人时常发生变化，因此更重视通过契约和法律来规范人际关系。

同时，在漫长的农耕实践中，中国人保持了对土地的持续关注和尊重，形成了统一而持续的自然观。自然资源作为重要的生存和生产资料，中国人对其充满敬畏，并总结出一系列自然规律以便更好地适应农耕生产，基于太阳和月亮的阴阳历系统，以及关注气候变化与耕种关系的二十四节气，都是对自然规律的认识。在中国传统的自然观念中，人是从属于环境、自然和宇宙的。联系型思维方式受到哲学思想和文化传统的影响而得到进一步巩固，无论是儒家"和"的处世观念，还是道家"天人合一"的哲学理念，都是从联系的视角出发来观察和理解世界的。下文将从人与人以及人与自然两个层面来阐述联系型思维方式的具体表现。

（2）表现一：内向和谐的社交观念

虽然在经济领域和生活方式上，中国的城市人口和大部分农村人口已经完成了现代化的过渡，但中国人普遍的思维结构，并没有彻底完成由前现代（pre-modern）意识到现代意识（modern）的过渡，个人意识仍然是包裹在家庭、宗族、团体和社会中的，表现出一种观念上的从属关系。

这种个人意识包裹在集体中的人际关系状态，在古代民间的"宗族体系"管理模式中表现得尤为突出。极强的乡土观念衍生出了中国以宗族家长为中心的地方管理体系，在这种体系中，为社会提供主要约束的不是法律机制，而是宗族礼法，因此可以说中国古代社会的实质是"礼治社会"，这种"礼"的观念对于大众的约束作用是柔性的。费孝通先生认为"礼"是社会公认合适的行为规范[①]。礼的维持依靠的是传统，礼并不像法一样有着明确的规定，它更像是一种共识，一种柔性的制约力量。在礼治社会人们的道德观察是内向的，孔子所说的"克己复礼"便是要求人们通过严于律己来实现对礼的遵从，这样的观念并不提出对他人的要求，而是通过自我修养来达成社会理想。这与"法治社会"是极为不同的，法律要求人们尊奉超越了个人和集体的刚性的共同行为准则，是有着更强监督作用的外向型行为约束。无论在中国古代还是现代，"礼"都成为比法律更深入人心的社会规范。

进入现代社会，随着社会结构的改变，传统的宗族管理体制正在瓦解，大家族

---

① 费孝通. 乡土中国［M］. 北京：北京大学出版社，1998.

被不断拆解，取而代之的是以小家庭为单位的自我管理模式，但人们对于人际关系的重视和内向的自我管理却仍未改变。即便是在现代社会，中国人由人际关系所构建起来的约束体系，仍然比书面契约更具说服力和效率。

由于传统社会的低人口流动性，决定了中国人内向、温和的社交观念。相较于通过协作才能生存的游牧社会和通过交换才能够发展的贸易社会，农耕社会的社交观念呈现出隐私性、封闭性的特点，中国人的社交模式自古便是内向的、间接的、细腻的、温和的。即便到了现代社会，进入高度劳动分工协作的时代，中国思维中对于"陌生人"仍然存有较高的警惕，这与西方开放的社交观念有着巨大差异。因此，以联系型思维来理解设计问题和用户行为方式是非常必要的。

（3）表现二：人与自然的从属关系

中国人的宇宙观中，人是从属于自然的，老子在《道德经》中便有关于这种从属关系的精辟阐述："人法地，地法天，天法道，道法自然。"从这样的思维方式中我们能够直观地看到人与自然的从属关系。在老子的《道德经》里，探讨了宇宙的起源与运动。中国的自然观通过一系列的从属关系，将人与自然联系在一起，将视角最终导向"人法自然"（人遵循自然规律）。因此在中国的传统思维方式中，人们在面对与自然的冲突时，往往采取了顺应、妥协的态度，与之相对应的古希腊文化和希伯来文化，则强调人与自然的冲突和斗争，有着非常强烈的人类自我中心意识。以认识自然、改造自然、征服自然为核心的西方自然观中，自然一直被作为改造的对象。也正是由于东西方人与自然思维方式上的差异，将两个文明引向了不同的发展脉络。

从人与自然的思维方式中衍生出了天人合一的理念，由庄子提出的天人合一认为，人世间的万物都与上天一一联系，是自然的一种反应，因此天人合一就是要与先天本性相合，回归到根源中去。这种对应观点与后文将要阐述的取类比象的表达方式有着紧密关系。天人合一的理念自提出以来，在漫长的历史中逐渐演变和丰富，特别是随着宋明理学的发展，对天人合一的内涵产生了较大的影响，但其阐述的人与自然的逻辑关系和认识世界的方法论，始终没有改变。到了近代，随着科学精神的引入，天人合一的内涵也逐渐被现代人引申向了环保理念。但无论其内涵如何变化，观察中国人的内心世界，希望与自然和谐相处的愿望始终没有改变的。

2. 特征二：集合型思维

（1）内涵及形成原因

中国式思维方式与西方相比是相对复杂的，呈现出一种非线性、多线程的结构。

在中国式思维方式中，集合型思维方式是其另一个鲜明特征。集合型思维包括了两个层面的表现，一是整体性思维，二是组合的构造方式。这两个层面在内涵上有所差异，但都是将不同的事物集合在一起，共同进行认知，因此称之为集合型思维方式。

在观察大量的自然和人文现象后，中国人察觉到事物彼此是广泛联系的，认为一个结果的产生不是单一因素所能够决定的，其中必定包含了复杂而微妙的连锁反应。在一定程度上，中国人将世界视为混沌而不可分割的整体，在这个整体中各种因素彼此连接、相互影响，特别是将一个事物置于复杂的关系网络中观察时，这种不可分割的观念被进一步强化了。因此，中国人更愿意以整体性的视角观察世界，从更高的维度认识其中各元素的相互影响作用。这与西方将事物进行拆解的分析型思维方式截然相反。这种独特的思维方式存在两种表现形式，一个是在认知层面上的整体性思维，另一个是在实践层面上的组合观念。

（2）表现一：整体性思维

中国人善于从系统的视角去观察世界，认为世间万事万物都存在直接或间接的联系，独立地看待一个事物是不完整的，无法真实地了解事物的本质。而在西方的思维方式中，则常常将这种联系视为一种"干扰"，认为只有将事物孤立起来观察，才能获得对其本质的认识，在这一点上，东西方的思维方式的侧重点不同，所获得的认知结果也不尽相同，两种思维方式解决了人类认识世界的过程中不同层面的认知问题。

此外，整体性思维衍生出了中国哲学中非常重要的辩证思维方式。辩证思维要求人们观察到一个事物正与反、好与坏、利与弊的两个方面，将两个方面视为一个整体去理解，并尝试通过从更高的维度重新认识事物，从而超越正反两方面的冲突。在 MIT 的关于"相对判断"和"绝对判断"的心理学测试中发现，亚洲人相比美国人更易于作相对判断。在参考了背景信息后作出相对判断时，中国人的脑部活动较少，能够更轻易地得出结论，而在做不参考背景因素的绝对判断时，反而表现得特别不安，心理压力更大①。在中国传统哲学中，儒释道三者也都非常重视对矛盾的认识和对宇宙的理解，要求人们从整体上看待事物，理解万事万物都存在两面性。儒家思想关注事物之间的平衡和谐，道家思想重视个人的超越以及与自然的关系，佛教思想则注重人与自然、与宇宙的和谐共处，从整体性的视角进行内观，追求内

①　彭凯平．文化与心理：探索及意义 ［R］．2009．

心的平静与释然。

最后，由于善于综合分析而非逐项拆解，因此形成了非常典型的归纳型推理方式。例如贯穿《易经》的认识论全都是归纳法的。而西方文化则更擅长从一般规律到特殊现象的演绎法。与西方相比，中国式思维方式善于归纳，但演绎能力比较薄弱，对演绎的方法也缺乏信任和认同。

（3）表现二：组合观念

集合型思维的另一个表现是把彼此有联系的事物组合在一起，作为事物的延伸或产生新的事物。观察中国的语言系统我们不难发现，其呈现出以组合构造为基础的二维结构。汉字是"字本位"的，即每个汉字有其单独的含义，通过字与字的组合产生新含义的"词"，这与英语系统的"词本位"是截然不同的。例如"新（新的）"与"鲜（鲜活的）"组合为单词"新鲜"，而英语系统则直接使用单词"fresh"，这也是英语词汇量非常庞大的原因所在。而从文字构造的角度进行观察，东西方文字都是由基本的文字构造元素来构造文字的，英语体系的构造元素为 26 个字母，中文则是笔画部首，而这种构造的基础部件达 560 个之多[①]。在构造方式上与英语字母的排列组合不同，汉字采用了更为复杂的间架结构，部首元素间相互作用、变形，形成新的整体。

这种组合型的构造方式在汉字的形声字中表现尤为突出。形声字是由两个部分复合而成，由表示意义范畴的意符（形旁）和表示声音类别的声符（声旁）组合而成。如"粒、指、扑、济、孩、防、饭"都是典型的形声字，左边的部分代表指示其意义范畴，右边的部分表示其发音。更为极端的例子是"biang"字的发明，如图 7-11 所示，其表示中国陕西关中地区的一种面食，因在制作过程中会发出 biang biang 的声音，因此得名。biang 字共由 11 个部首组合而成，是典型的由组合型思维构造的文字。

这种组合观念通过语言渗透到中国思维的各个层面，使人们习惯于通过组合来完成意义的演化和功能的进化。直到今天，中国人仍然习惯于将事物组合在一起，从而形成一个有机的整体，并认为经过组合的事物具有一种"完备感"，可以通过对于各个部分的功能调用来实现一系列目的，这一倾向也表现在面向中国市场的产品设计中。

---

① 潘一禾. 超越文化差异：跨文化交流的案例与探讨［M］. 杭州：浙江大学出版社，2010.

图 7 - 11　biang 字

资料来源：http：//www. 360doc. com/content/17/0429/11/29499233_649553340. shtml。

3. 特征三：体悟型思维

（1）内涵及形成原因

中国式思维方式的另一个特点是对"现象"的格外关注。中国人对于事物的变化、转换有着深切的认识，也正因为对现象的关注，中国人很早便意识到世界是复杂多变的，甚至是无规律、不可知的，因此发展出一套以直觉为基础的体悟型思维方式。所谓"体悟"，既有通过切身体会而参透某种道理的意思，也有"直觉"的含义①。由于重视事物的现象变化而非规律，因此中国古代文化中对于"直觉"和"领悟"的理解方式格外重视，无论是老子的"道"，还是后来道家所讲的"炁（气）"和"太极"，都不能用逻辑思维方法来认识它们，而需要依靠直觉来体会和把握。

相对于西方思维方式，体悟型思维方式不善于分析和演绎，而善于通过文字的阅读和亲身地体验对事物进行整体性的理解和把握，并作出判断和评价。这就如同启功先生所描述的中国语言特征一样：汉语句子的语序灵活，词语组合方便，只要语义搭配得上，事理上明白，就可以粘连在一起②。

体悟型思维方式衍生出了中国非常重要的艺术审美观点：意境。几乎中国所有的传统艺术无一不展现出对意境的追求，这种与隐喻、想象连接在一起的审美倾向，成为中国自古传承的最高审美标准。另外，中国人通过体悟对事物进行的评价判断，

---

① 戴胜华. 中国传统思维方式及其现代化的理性思考［J］. 河北师范大学学报（哲学社会科学版），2005（28）：5.

② 启功. 古代诗歌、骈文的语法问题［J］. 北京师范大学学报（社会科学版），1980.

往往是情感化的、模糊的。这种模糊性的特点在日常思维中同样也表现得非常明显，在语言、行为上，总是讲究含蓄、意会，是典型的高语境文化。因此，中国社会的评价机制常常因为建立在情感基础上而显得模糊不清，与西方相比，人的主观因素在评价中的作用更大。

综上所述，体悟型思维是理解中国文化重要的思维方式，通过丰富的想象，产生意境之美，能够在已知信息的基础上理解其更深层次的含义，特别是在文学艺术领域，体悟型思维常常能够为创作赋予独特的东方韵味，这是西方思维方式所不具备的。但同时，由于整体性思维以及体悟型思维重视直观体验的原因，中国古代社会始终未能从内部孕育出科学体系，体悟型思维的优缺点成为传统中国人文领域争论最多的话题之一。

（2）表现一：体验优先

由于中国人更多地将注意力放在对现象的发现和理解上，因此直观的体验和长期积累的经验成为人们认识世界的重要工具。通过体验认识世界、理解世界的方法，为中国人赋予了丰富的想象和联想能力，其最典型的表现就是对"意境"的追求。不同于西方文学艺术写实的表达方式，东方文化表现出更多地对想象力的要求。例如，"风花雪月"一词，如果拆解开来理解"风""花""雪""月"，我们所能看到的仅仅是日常景物，而"风花雪月"组合成一个词后，便是在表达 Romantic 的含义，这便需要观者使用想象力将四种事物构建成为一个场景，从场景中体会单词以外的浪漫之意。这种表达方式对于西方善于拆解分析思维的人们来说，往往是难以把握的。再如，在中国的绘画作品中，常常出现"泼墨""留白""点睛"等表现手法，这些表达方式都不是直接描绘现实中的景物，而是营造一种意境，通过观者的想象达成理解和抒情。这种对意境的追求，衍生出了中文语境中"弦外之音""背后之意"的特殊表达方式，表达者常常通过暗示、隐喻的方式委婉地提出自己的想法，以免破坏彼此和谐的人际关系，因此也形成了中文高语境的文化形态，在与西方简明直接的低语境文化交流时，常常造成误会。

同时，由重视体验衍生出了中国非常重要的"取类比象"的认知方法。取类比象是通过对相似事物的比喻、模拟，来协助理解或加深印象。例如，中国古人常说"天无二日，人无二君"，中国人认为这样的阐述方式合情合理且生动易懂，而西方人常常认为这两句话之间不存在联系。中国传统解释体系中经常出现的"五行"和"阴阳"，都是典型的取类比象认识方法。再如，《道德经》中的"上善若水，水善利万物而不争""治大国，若烹小鲜"，都是通过比喻来辅助理解的典型案例。这种方法虽然不够严谨，但却能够生动、迅速地解释复杂概念，并且为认识事物提供了更多的视角和更大的想象空间。

（3）表现二：情感性与模糊性。

由于对体验的重视，中国人在面对事物进行评价时往往表现出一种"模糊"的状态，这种模糊来自对事物整体性的把握，因此在体悟型思维方式中，评价往往来自对感受的积累，这种积累机制与设计中"用户体验容器"的模型非常相似①。中国文化重视"心"的作用，这里的"心"指的并不是人的心脏器官，而是象征着整个人的精神、情感和思想。因此中文常常强调核心，赞美忠心，而中文中的"心智"概念也不同于西方的"mind"，前者更侧重于情感层面的含义。华夏文明主客一体，认为心灵包含万物，可以做到天人感应。而西方文明主客分离，强调"脑"的作用，理性具有神性，与世俗相分离。

中国社会甚至整个东亚社会都更加重视情感在评价中的作用，经常会将一系列事件联系在一起形成一种模糊的情感上的判断。如在汉语言中，常常可以看到对情感夸张描绘的词汇，如"福如东海""寿比南山"，中国人理解为美好的祝愿，而西方人则常常视为谎言，无法产生共感。将这样的情感引申，我们便能观察到东西方在情感表达上的差异，例如，在中国的传统绘画中特别爱画虎，但极少画"笼中虎"，在中国人的直观感受中，"笼中虎"有悖于老虎的天性，人们看到会感到难过。而在西方的诗歌中，常常可以发现类似"笼中虎"描绘，诗人通过这种矛盾的生存方式，揭示尖锐的对立关系，来展现诗歌的张力，这是两种截然不同的情感表达途径和表达立场。

这种模糊性也体现在日常生活中，例如，在东方的料理中更多地使用了模糊的计算单位，如"少许"或"片刻"等，而西方则使用了更为精确的计量方式，如"3/4 tea spoon"。东方模糊的计量方式要求烹饪者更多地通过体会和经验来保证食物的味道，因此在亚洲料理的学习过程中，由大量实践而获得的经验性感受是学习的关键。

中国式思维方式主要呈现出重视事物之间联系和相互作用的联系型思维，从整体去观察世界的集合型思维，以及强调直觉体验和情感作用的体悟型思维。三者内在存在着根源性的联系，将三种思维方式还原到真实世界，这三种思维方式的界限

---

① 斯蒂芬·安德尔森（Stephen P. Anderson）. 怦然心动——情感化交互设计指南［M］. 侯景，译. 北京：人民邮电出版社，2012.

往往是模糊的，常常混杂在一起发挥作用。中国式思维方式在很大程度上保持了稳定性，是穿越时间一直活跃在人们思维世界中的思维工具。但对于思维方式的重新归类也说明，思维方式是在不断演进和更新的，特别是随着信息交流的日益密切，各个国家的文化地域边界开始变得模糊，中国式思维方式在其保持主体性的同时，也不断地与新的思维方式杂糅，呈现出了更强烈的融合性。

综上所述，这些特有的思维方式是中国人解决问题的底层逻辑，也是形成中国式解决方案的核心机制。中国的设计特质不应仅体现在视觉层面，其更应该是一种"中国智慧"的体现，这种智慧就包含在人们对问题的定义与解决过程之中。中国的设计特质不应仅是一种视觉风格，更应该成为一种新的设计文化的生产机制，使文化的存量能够转换为新的设计动力，是超越对传统再现的、更具活力的设计表达方法。将中国式思维方式投射在设计中，通过思维方式的差异，形成具有中国哲学精神和文化内涵的设计方案，不仅能够更好地解决中国本土的设计问题，同时也能形成具有跨文化能力的中国设计范式，在解决社会性因素混叠的复杂设计问题时，提供相对稳定和自洽的观察坐标。

7.2.4 · 跨文化设计语言

人类文化的流动或是发生在文化群体内部，或是发生在不同的文化群体之间。正是在与其他文化交流的过程中感受到的差异，人们才更深刻地意识到自身文化的特质。文化系统的遗传性、变异性和选择性[①]，让文化的发展不可能独立存在，必然与周边环境、世界格局有着紧密的联系。在信息流动能力相对较弱的时代，文化间更容易保持彼此的独立性，在吸纳新的文化意识的同时，原生文化的主体性并未受到明显的挑战。

随着人类信息交换能力的增强，特别是网络信息技术和交通技术的飞跃，今天世界的文化碰撞频率大幅提升，人们有机会观察到更多的文化形式和生活方式。今天文化的融合速度在人类历史上是前所未有的，原生文化的主体性、人类文化的多样性，在全球化背景下，是否也会面临前所未有的挑战？关于全球化与文化多样性的议题，不同学者给出了不同的观点。鲁斯·贝内迪克特（Ruth Benedict）在其著

---

① 理察德·道金斯（Richard Dawkins）. 自私的基因（*The Selfish Gene*）[M]. 卢允中等，译. 北京：中信出版社，2012：245 – 247.

作《文化模式》中提出，文化的融合是一个复杂而漫长的过程，只能通过"濡化"（enculturation）的方式进行①，文明内部的文化生产机制决定了其发展模式，发展模式的差异成为文化多样性的来源之一。泰勒·科文（Tylor Cowen）则认为文化的迁移与其规模有关，小而贫穷的文化将在"文化贸易"的作用下，逐渐向大而富有的文化迁移，虽然文化间的差异性有所损失，但文化内部的多样性得到增加②。萨缪尔·亨廷顿认为文化多元化将要终结的观点是十分幼稚的，世界正在从根本上变得更加现代化和更少的西方化③。在关于全球化与文化多样性的讨论中，不同学者提出了各自的观点，有些观点甚至是针锋相对的，但都无一例外地阐释了保持文化多样性的重要意义。如果将世界文化视为一个整体系统，那么系统内部的多样性决定了整个系统的弹性④，即在面对风险时所表现出的鲁棒性（robustness）。人类文明的活力正是来自其丰富性，也使其拥有了在经历了整体性破坏后，仍能迅速恢复的能力。

各个文明在漫长的历史中，积累的文化存量和文化的生产机制在今天的延续和发展，成为文化多样性的根本来源。笔者认为思维方式的差异是文化差异的根源，也是在现代社会生活中仍然具有活跃性的思维工具。思维方式在影响人们选择倾向的同时，也为文化的生产提供了足够的自由空间，与流行性观念对文化生产的强烈约束不同，思维方式的间接影响性，为文化内容的生产与演绎提供了更多的可能。

我们将视角回归到设计领域。在工业生产、技术共享、国际贸易等因素的影响下，设计领域的多样性问题同样不容忽视。在设计实践中，设计方案的构建是典型的思维活动，思维方式作为一种思维媒介，将传统文化的存量和现代设计产业连接在了一起，使传统文化在现代设计中仍然能够保持鲜活的生命力。这种生命力的重点并不是传统的再现，而是在创造一种与传统文脉相连接的，且能够被今天人们所接受的、能够被全球受众所解读的设计差异。

---

① 鲁（Ruth Benedict）. 文化模式（*Patterns of Culture*）［M］. 王炜，译. 北京：三联书店，1992：47 – 58.

② 泰勒·科文. 创造性破坏：全球化与文化多样性（*Creative Destruction*）［M］. 王志毅，译. 上海：上海人民出版社，2007：75 – 76.

③ 萨缪尔·亨廷顿. 文明的冲突与世界秩序的重建（修订版）［M］. 周琪，译. 北京：新华出版社，2010：71.

④ 布里安·沃克，大卫·萨尔特（Brian Walker, David Salt）. 弹性思维：不断变化的世界中社会 – 生态系统的可持续性（*Resilience Thinking：Sustaining Ecosystems and People in a Changing World*）［M］. 彭少麟，等译. 北京：高等教育出版社，2010.

在本章第 2 节中我们已经阐述了由于脱离了使用场景，传统样式和文化转译等设计方法虽然提供了符号化的文化识别性，但并不利于设计的国际传播与共享，对本土市场的适应性也不足。而思维方式则提供了一种根源性的差异，这种差异影响着设计师的设计决策和选择，当这些决策和选择以现代设计的表达方式呈现出来时，便获得了被其他文化圈所理解的可能性。基于思维方式的设计差异，在现代主义设计语言的表达下，具备了跨文化传播的能力，相较于民族性的设计语言，通用设计语言在全球化背景下更具传播性，而由设计方案所展示出的思维方式的特质，才是一个国家从文化系统中派生出的设计特质，是自然形成的、底层逻辑的、具有现实活力的设计语言。

中国式思维方式与现代设计体系的连接将获得两个层面的收益：第一，提供了具有生命力的设计差异。中国式思维方式并不约束设计的具体形态，而是从设计决策、信息构造等层面提供设计差异，保证了设计结果的丰富性。同时，作为现代社会中人们的思维工具，中国式思维方式拥有足够的活跃性，它是传统文化存量在现代社会中具有生命力的存在形式，而思维方式在设计中的投射，也成为设计差异在现代设计体系中重要的存在形式。第二，由于借助了现代设计的表达语言，思维方式差异所形成的设计魅力更容易被其他文化圈的受众所理解，也拥有了更强的扩散能力。现代设计语言不仅是一套完整的设计方法（或过程），同时也与工业生产方式、国家经济结构和大众审美诉求等因素紧密相连。因此，通过现代设计语言阐述中国式思维差异，是设计差异能够被全球解读的重要方式。

中国学者费孝通在其全球化和文化多样性的研究中，多次提出了"各美其美、美人之美、美美与共、天下大同"的世界文化发展愿景[①]，其观点的核心是：不同文化间应保持各自优良的文化特征，同时，应当接受、欣赏并保护文化间的差异，从而实现不同文化的和谐共处，使世界文化达到和谐发展的状态。这是非常典型的中国式愿景，但费孝通先生并未在其著作中提出具体的实现路径。如果仅就设计领域而言，笔者认为，思维方式在现代设计中的投射，或许是实现设计差异被广泛地理解，并彼此和谐共存路径之一。

---

① 费孝通. 全球化与文化自觉——费孝通晚年文选［M］. 北京：外语教学与研究出版社，2013.

下 篇 小 结

下篇（第 5 章至第 7 章）探讨了数字交互设计复杂性的迁移。随着新兴技术越来越多地应用于设计领域，传统的设计工作模式正在发生改变。大数据让理解用户变得更加理性和全面，多学科协作让设计解决问题的能力不断扩展，设计观念的更新、新交互形式的出现以及从思维方式出发进行的设计思考，都在将交互设计的复杂性向设计流程的再组织、智能算法、交互机制和思维体系迁移。

首先，大数据为设计师深入全面地理解用户提供了技术支撑，设计师可以不再依赖传统调研方法和基于经验的用户洞察来分析用户需求，数字媒介对用户行为的"全天候"记录，很大程度上直接反映了用户的真实需求，设计师只需在此基础上进行合理设计决策、展开设计创意，就能够在很大程度上实现对最终体验目标的追求。同时，跨专业的设计协同也在很大程度上缓解了设计行业自身知识的局限性，将设计问题的复杂性迁移到多学科协作的组织关系中，实现设计能力的拓展。

其次，各种新的交互形式正在产生与完善的过程中。传统图形界面逐级筛选所带来的复杂交互体验，在新的交互形式中将不复存在，人工智能算法在新的交互形式中扮演了重要的角色，是"用户体验"这一终极目标拥有全新的实现路径。

最后，从中国思维方式出发进行的设计思考，在全球化背景下为中国设计特质的建构提供了稳定的参考坐标，使设计中的社会性因素在稳定、自洽的设计特质体系内被充分考虑，形成与真实世界、与复杂社会紧密相连的具有内生适应性的设计解决方案。

中国传统思维方式的文献整理

　　学术界一直不乏关于中国传统思维方式的研究和讨论，学者们从不同的角度、不同阐述体系对中国传统思维方式进行归纳和解释，学术界出现了百家争鸣的现象。由于不同的学者使用不同的阐述框架体系，因此研究成果也显得纷繁混乱。本书的研究抓取了 CSSCI 检索（中文社会科学引文索引）中的论文和书籍中，近年来关于中国传统思维方式的研究成果，观察不同学者对于中国传统思维方式的阐述与分类。在下文的整理中，直接引用文献中对中国传统思维方式特征的命名，同时，很多学者使用了中西方对比的分析方法，因此将对照组的内容也一并列出。

附表 1　　　　　　　　　　　　　中国传统思维方式文献整理

文献基本信息			
作者	文献名称	文献类型	出处
王南湜	中西思维方式的差异及其意蕴析论	论文	天津社会科学，2011 年第 5 期
思维方式的内容			
中国传统思维方式		西方思维方式（对照组）	
思维方式的名称	内涵	思维方式的名称	内涵
现象思维	关注非实体事物，以整体动态的视角观察世界，认为世界具有混沌性、随机性和自组织性。善于对现象进行类比、隐喻、象征。将理想设定为与现实世界、具体场景相联系的，不与现实世界分离的升华世界（例如仙境）	概念思维	关注实体事物，以局部静态视角观察世界，认为世界具有逻辑性、规则性。善于对概念划分定义，进行推理。将理想设定为超然于真实世界以外的、永恒不变的规律性的超然世界（例如天国）
时间本位	天人合一、主客一体的方式对待天地万物。从时间的角度看人与天地万物，永远是一个浑然有机整体，尊重事物的自然整体状态	空间本位	主客对立、分离的方式对待一切事物。喜欢采用分析、剖解的方法，强调事物间的分别，看重具有明显空间排斥特性的物质存在

附表 2　　　　　　　　　　中国传统思维方式文献整理

文献基本信息			
作者	文献名称	文献类型	出处
陆文静	中西方传统思维方式差异研究	论文	学术交流，2008 年第 4 期

思维方式的内容			
中国传统思维方式		西方思维方式（对照组）	
思维方式的名称	内涵	思维方式的名称	内涵
辩证/整体性	善于从整体看待问题，并能发现一个事物对立的两个方面，并思考对立两面之间的联系	个体/分析性	善于将分体拆分，独立地观察拆分后的每一个要素，并进行分析
模糊性	善于把握事物的总体特征，但忽略了对本质的探究	精确性	善于探究本质，给定明确的概念，重视定量分析和精确计算
迂回式	由于重视他人的感受，常常以隐晦的方式表达观点，注重"面子"	直线式	直接地表达观点，且观点明确，认为事物非黑即白，非对即错
感性直觉/具象	认识世界时更倾向于经验归纳，重视直觉、体悟。用具象的方式表达概念	理性逻辑/抽象	认识世界时更倾向于逻辑分析，重视推理、论证。用抽象的方式表达概念
伦理性	注重如何处世做人、人与人之间的关系的协调，探讨人生哲学、伦理哲学和寻求善良	科学性	注重对自然的认知，用知识、逻辑、思辨和实证精神改造和发展世界
过去思维	崇拜祖宗，敬老尊师，重视经验和年龄。不敢轻易挑战传统	未来思维	不崇拜权威，强调怀疑、批判和否定精神，很少崇拜祖宗，不相信命运

附表 3　　　　　　　　　　中国传统思维方式文献整理

文献基本信息			
作者	文献名称	文献类型	出处
连淑能	论中西思维方式	论文	外语与外语教学，第 115 期

思维方式的内容			
中国传统思维方式		西方思维方式（对照组）	
思维方式的名称	内涵	思维方式的名称	内涵
伦理型	对事物的判断标准建立在血缘宗法关系基础之上，关注现实社会政治和伦理道德，强调伦理秩序	认知型	对事物的判断来自自然规律，关注事物的本质，分析自然构造，重视本体论、认识论和方法论
整体性	将人与自然、人间秩序与宇宙秩序、个体与社会看作是一个不可分割、互相影响、互相对应的有机整体	分析性	倾向于以独立、静止、元素化的观点考察和分析事物，对事物整体进行拆分并分析

续表

思维方式的内容			
中国传统思维方式		西方思维方式（对照组）	
思维方式的名称	内涵	思维方式的名称	内涵
意向性	以主观视角为中心。用主体的修养代替对客体的认识，认为自身内心体验是一切认识的出发点	对象性	以客观视角为中心。通过认识自然来把握和征服自然，将主体和客体分开，区分内心世界与外部自然界
直觉性	借助直觉，即通过知觉从总体上模糊而直接地把握认识对象的内在本质和规律	逻辑性	注重理性，重视分析、实证，借助逻辑，在论证、推演中认识事物的本质和规律
意象性	注重比喻、类比的作用。通过意象—联想—想象来阐述观点，辅助理解	实证性	注重事物的因果和逻辑联系，通过实证、案例辅助理解
模糊性	对事物的判断来自模糊的体验，对概念没有明确的边界划分，有很强的伸缩性	精确性	通过明确的概念界定，对事物进行不可变的明确划分
求同性	追求社会和人的统一、同步，重视文化、知识的承接性	求异性	重视差异，鼓励怀疑、批判精神，重视对理论的颠覆性创新
后馈性	尊重经验，推崇传统，面对新事物倾向于使用前人的理论体系进行解释。缺少怀疑、批判和否定精神	超前性	对未知事物充满好奇，不断挑战前人的理论，创建新的认知观念和理论体系。缺少敬畏与克制
内向性	思考问题的结论最终返回到人自身，强调安静、内观才能领悟和适应宇宙规律	外向性	思考的终点归结于外部自然，强调对实际的改变与征服
归纳型	注重现象，倾向于对实践经验和内心体悟加以总结、归纳，成为"格言式"的经验并传承	演绎型	注重对规律的探索和应用，从一般规律去认知事物，理解问题

附表4　　　　　　　　　　中国传统思维方式文献整理

文献基本信息			
作者	文献名称	文献类型	出处
代杰	中国传统思维方式的特征及形成原因	论文	哈尔滨学院学报，2004 年 8 月
思维方式的内容			
中国传统思维方式		西方思维方式（对照组）	
思维方式的名称	内涵	思维方式的名称	内涵
经验综合性	重视从整体理解事物，通过经验作出判断	—	—

思维方式的内容			
中国传统思维方式		西方思维方式（对照组）	
思维方式的名称	内涵	思维方式的名称	内涵
整体思维	将自然和社会结合起来进行考察，视作一个整体来理解，把认识的主客体包容在一起，把每个事物作为普遍联系的有机整体	—	—
直觉思维	不依靠逻辑，通过直觉、顿悟来理解复杂事物，从而实现对事物的整体认知	—	—
辩证思维	关注一个事物对立的两个方面，思考对立双方的联系，并试图超越矛盾寻找统一	—	—
务实思维	强调思维、知识的实用价值，反对知识因过于抽象而不能直接为实际生活服务	—	—
意象思维	关注事物间接表达出来的意味，通过隐喻和想象隐晦接地表达复杂的思想和情感	—	—
保守思维	重视传统，依赖经典，习惯于从已有的文化中寻找解释。突破性和创新性不足	—	—

附表 5　　　　　中国传统思维方式文献整理

文献基本信息			
作者	文献名称	文献类型	出处
潘一禾	超越文化差异：跨文化交流的案例与探讨	书籍	浙江大学出版社，2010 年

思维方式的内容			
中国传统思维方式		西方思维方式（对照组）	
思维方式的名称	内涵	思维方式的名称	内涵
整体思维	注重"大局"观念，将多个事物视为一个整体看待	—	—
类比思维	倾向于使用比喻、类比阐述观点，善于用历史暗示当下	—	—
关系思维	重视人际和事物之间的相互联系和关系变化	—	—
对称思维	注重概念的"成对"出现，有阴必有阳，关注事物对立的两面，辩证地看待问题	—	—

续表

思维方式的内容				
中国传统思维方式		西方思维方式（对照组）		
思维方式的名称	内涵	思维方式的名称	内涵	
集体思维	重视集体观念，集体利益高于个人，讲究"面子"	—	—	
情理思维	感性评价高于理性评价，遇事首先采用带感情的道德评价	—	—	
意会思维	与清晰的语言表达相比，更喜欢使用"隐喻"和"意会"来表达	—	—	
直观思维	习惯于通过直观的体验理解和表达事物，不善于抽象的、概念性的表达	—	—	

　　除上述已经列出的文献，关于中国传统思维方式的研究成果还有很多，但从文献转载数量和内容整理的完整度上来看，上述五篇文献是最具代表性的。除此之外，关于中国传统思维方式的研究文献还有：

作者	主题	文献出处	时间（年）
侯玉波	文化心理学视野中的思维方式	《心理科学进展》	2007
王树人	中国象思维与西方概念思维之比较	《学术研究》	2004
杨蔚	中国传统价值观与传统思维方式相关性探析	《理论学习与探索》	2001
李爱琴、王迎春	从创世神话看中西传统思维方式差异及其根源	《佳木斯职业学院学报》	2018
原理	中西思维方式比较——以茶与咖啡两种文化为例	《北京科技大学学报》（社会科学版）	2017
潘忠岐	中国人与美国人思维方式的差异及其对构建"中美新型大国关系"的寓意	《当代亚太》	2017
吕俞辉	辨识不同，"异"中求"通"——略论中西思维方式的差异与跨文化交际中的障碍	《学习与探索》	2012
强月新、陈星	线性思维、互联网思维与生态思维——新时期我国媒体发展思维的嬗变路径	《新闻大学》	2019
王宏平	中国传统思维方式在对外汉字教学中的作用探析	《长沙大学学报》	2017
夜阑	中西方思维方式差异对我国大学英语写作的启示	《黑龙江高教研究》	2016
苗东升	系统思维与复杂性研究	《系统辩证学学报》	2004

续表

作者	主题	文献出处	时间（年）
Liang Yang, Hongfei Lin, Yuan Lin	Sentiment Analysis Based on Chinese Thinking Modes	*Natural Language Processing and Chinese Computing*	2012
LI Ji-feng	The Enlightenment of Chinese Traditional Thinking Mode on Modernization	*Journal of Harbin University*	2009

复杂性的守恒与转移

　　执笔至此，我关于交互设计复杂性的思考已大部分落于纸上。关于复杂性的讨论早在 20 世纪 80 年代便已展开，拉里·泰斯勒（Larry Tesler）的复杂守恒定律（又称"泰斯勒定律"）指出，在产品开发与用户交互过程中，每个环节都存在其固有的复杂度，并且存在一个临界值。一旦超过此值，过程便不能再简化，唯一可行的是将复杂性从一个地方转移到另一个地方。

　　长期以来，交互设计领域一直试图通过界面优化来增强用户认知、优化用户行为，从而减轻用户的复杂感。然而，随着社会对数字产品和服务需求的不断加深，数字产品的可变性使得其设计复杂性成倍增长。单纯关注使用层面的交互复杂性已远远不够。交互产品和服务不再只是工具，数字化生活已成为大多数人的生活方式。如果仍将数字交互视为单一的工具或技术，显然无法触及其底层逻辑，亦未能全貌观其对人类的深远影响。交互复杂感有着怎样的形成机制？这种复杂性将转移到何处？新兴技术又将如何改变整个设计产业？这些核心问题虽然深刻影响着交互设计工作和用户体验，但在宏观构造层面的讨论依然匮乏。

　　实际上，交互复杂性难以被简单量化和度量。同一交互服务在不同应用场景下用户所体验到的复杂感完全不同；同一功能目标在不同的应用场景下也会产生截然不同的架构设计。我们见证了生活中的数字服务从无到有的变化，体验了与世界连接方式的颠覆。当我们从信息、思维、文化、社会等多维视角重新审视交互设计时，便会惊讶地发现数字技术的进步并未消弭交互的复杂性，反而使人们陷入了更复杂的技术罗网之中。数字技术提升了完成单一任务的效率，却也带来了无穷无尽的新任务；信息网络提供了海量的知识，但碎片化信息却难以整合串联；通信技术连接全球，却使面对面的交流更加困难……不得不承认，数字服务在很大程度上让生活变得更加广阔，也变得更加复杂。

交互设计的核心任务之一正在于认识并对抗这些复杂性。消除复杂本身就是一件复杂的工作，这也是交互设计师必须面对的使命。新兴技术为交互复杂性的转移提供了更广阔的空间，使我们的讨论不再局限于图形界面和用户认知。

在体验层面，新的交互模式正在将复杂性从前端向后端迁移，用户将获得更直观、单纯的交互体验，交互诉求直达目的，设计模型与用户模型无限接近，而复杂的交互行为将以智能算法的形式向开发者迁移，转为大量复杂的对语义、目的、行为识别算法的开发和人工智能模型的训练。另外，以用户体验为导向的设计趋势使得人们将注意力从产品的功能价值转向情感价值，在交互过程中如何引发、促进甚至模拟用户的情感交流，成为体验层面设计的另一个焦点。

在信息层面，提高信息效率是弱化交互复杂感的重要手段。在这个信息无限丰富的时代，如何帮助用户筛选信息、以何种方式向用户供给信息，是设计师的社会责任所在。如果完全以商业逻辑和用户喜好为导向，虽然交互的复杂性也得以向后台迁移，但也将随之带来许多如信息茧房、广告轰炸或者价格歧视等不易直接被观察到的社会负面影响。

在产业层面，随着生成式人工智能技术的发展，设计生产力正在经历颠覆性变革，设计产业的生产关系必将重建。智能技术的介入将彻底颠覆传统数字产品的创意、生产及交付模式，交互设计所涉及的知识范畴也将不断拓展。在设计产业的跨学科协作中，良好的协作机制、实时信息共享和更智能的知识调用，能够有效地将复杂设计问题迁移到多维知识领域中，从而通过知识协作达成复杂问题的分解。同时，随着全球文化交流日益紧密，以思维方式为锚点，从文化内部形成更具生命力的设计特质，建构更适应本土文脉的现代设计语言，也为设计产业的跨文化发展提供了基础。

交互设计是一个无限丰富的研究领域，关于其复杂性问题仍待专家学者不断研究和探索，书中不足之处，也期望各位指正和补足。

最后，我要感谢所有在本书撰写中给予帮助的师长、同事、朋友和同学们。感谢李长青教授为本书提出的宝贵修改意见，在我迷茫时为我指点迷津，让我以更广阔的视角观察设计问题，深究其深层逻辑。感谢张卫院长、赵岩教授和郑曦教授在本书撰写过程中的大力支持。感谢祝智天、沈菲童、李早临、丁星灿、徐荣蓉、陈帅等研究生同学的辛勤校对。感谢经济科学出版社刘莎编辑专业、高效的工作和多轮校对调整，使本书能够顺利出版。

　　作为教师和设计师，我力所能及之处是极有限的。最终靠得住的，还是整个时代的理性和感性。数字交互不仅是一种技术、一门学科，也是我们与自己、与他人、与世界对话的一种方式，更是一扇已经徐徐打开的未来之门，正如威廉·吉布森所说："未来已来，只是尚不均匀。"

李　昕

2024 年夏